简明化学史

王伟群　陆　真　主编

图书在版编目（CIP）数据

简明化学史 / 王伟群, 陆真主编. — 上海：上海教育出版社，2021.8（2022.8重印）
ISBN 978-7-5720-1027-9

Ⅰ.①简… Ⅱ.①王…②陆… Ⅲ.①化学史－世界 Ⅳ.①O6-091

中国版本图书馆CIP数据核字(2021)第163229号

责任编辑　李玉婷
美术编辑　蒋　妤

简明化学史
王伟群　陆　真　主编

出版发行	上海教育出版社有限公司
官　　网	www.seph.com.cn
地　　址	上海市闵行区号景路159弄C座
邮　　编	201101
印　　刷	上海商务联西印刷有限公司
开　　本	700×1000　1/16　印张 20
字　　数	326 千字
版　　次	2021年8月第1版
印　　次	2022年8月第2次印刷
书　　号	ISBN 978-7-5720-1027-9/O·0002
定　　价	59.00 元

如发现质量问题，读者可向本社调换　　电话：021-64373213

《简明化学史》编委名单

主编 王伟群　陆　真

编委 钱海峰　邱道骥　孙树萍　张欣华　胡兰萍

前　言

"结合人类探索物质及其变化的历史与化学科学发展的趋势,引导学生学习化学的基本原理和方法,形成化学学科的核心观念;引导学生关注人类面临的与化学有关的社会问题,培养学生的社会责任感、参与意识和决策能力"是新一轮化学课程改革的重要理念,也是实现化学教育立德树人根本任务、发展素质教育、弘扬科学精神、提升学生核心素养的重要举措。为了适应我国化学教育的改革和教学发展需要,全面提升师范生的教师素养,在教师的职前、职后教育中对他们进行化学史教育,让他们对化学发展过程中的科学思想方法有深刻理解,我们在化学师范专业的建设计划中,将该书作为高等师范化学教育专业该门课程的教学用书。

我们的前辈苏州大学金立藩教授(1909—2008)曾在20世纪80年代编写了《化学简史》书稿。金老先生是新中国化学教育研究的开拓者之一,为我国化学教育事业的发展奉献了毕生精力,桃李满天下。由于种种原因,他的《化学简史》并未正式出版,先生生前同意我们在参考原稿的基础上重新编写出版。本书由王伟群(苏州大学)和陆真(南京师范大学)主编,邀请邱道骥(南京师范大学)、孙树萍(烟台师院)、张欣华(大连大学)、胡兰萍(南通大学)、钱海峰(台州学院)等老师共同完成本书的编写工作。

全书内容包含古代、近代、现代化学三篇共十四章和附录。古代化学篇由陆真、邱道骥编写,主要介绍中国古代灿烂的实用化学历史,欧洲的医药化学和冶金化学发展历史。近代化学篇由王伟群编写,主要介绍了化学科学形成和发展的过程,阐述化学各分支学科的形成与发展的过程,描述了科学家对化学发展的重大作用。现代化学篇由张欣华、胡兰萍、钱海峰、孙树萍、邱道骥、王伟群编写,力图全面反映化学科学最新发展,展现中国化学家做出的贡献,强调了化学与其他学科形成的交叉学科的发展趋势。附录列出了120年来诺贝尔化学奖获奖情况,以便读者查阅相关信息。全书由王伟群、陆真和钱海峰负责统稿。

本书可适用于高等师范院校化学教育专业学生,课程与教学论(化学)、学科教学(化学)专业研究生的化学史课程的教材或其他课程的参考教材,亦可作为中等学校化学教师和综合理科教师进修用书或教学参考用书。

目　录

第一编　古代化学

第一章　火中的物质变化：从蒙昧到文明 …………………………… 3
　第一节　陶器的出现与瓷器的发展 ………………………………… 3
　第二节　金属与冶炼 ………………………………………………… 11
　第三节　造纸工艺 …………………………………………………… 16
　第四节　火药 ………………………………………………………… 24

第二章　古代朴素的物质观：原始理论的萌芽 ……………………… 29
　第一节　物质构成的观念 …………………………………………… 29
　第二节　关于物质变化的观念 ……………………………………… 34

第三章　炼丹术和炼金术：实验科学的始祖 ………………………… 36
　第一节　中国炼丹术的兴衰 ………………………………………… 36
　第二节　炼丹书和炼丹术 …………………………………………… 38
　第三节　阿拉伯的炼金术 …………………………………………… 41
　第四节　欧洲的炼金术 ……………………………………………… 44

第四章　医药和冶金：人文化学的发端 ……………………………… 47
　第一节　中古时期的医药学 ………………………………………… 47
　第二节　中古时期的冶金学 ………………………………………… 54
　第三节　中古时期有关化学的著作 ………………………………… 56

第二编　近代化学

第五章　从事实到理论：化学科学初形成 ········· 65
第一节　波义耳元素概念的形成 ········· 65
第二节　燃烧现象本质的研究 ········· 68
第三节　一些重要气体的发现 ········· 71
第四节　拉瓦锡氧化学说的建立 ········· 75

第六章　从宏观到微观：原子分子学说的建立 ········· 79
第一节　化学基本定律的发现 ········· 79
第二节　道尔顿的原子论 ········· 85
第三节　原子-分子学说的建立 ········· 90

第七章　从分散到系统：元素周期律的发现 ········· 98
第一节　元素周期律发现前的准备工作 ········· 98
第二节　元素周期律的发现 ········· 108

第八章　从无机到有机：结构理论的发展 ········· 118
第一节　活力论的破产和科学有机化学的诞生 ········· 118
第二节　有机结构理论的兴起 ········· 121
第三节　经典有机结构理论的建立 ········· 125

第九章　从综合到分化：分支学科的形成 ········· 137
第一节　分析化学的形成 ········· 137
第二节　物理化学的形成 ········· 142

第十章　近代化学工业的兴起与发展 ········· 148
第一节　硫酸工业 ········· 148
第二节　纯碱工业 ········· 150
第三节　合成氨工业 ········· 153
第四节　染料工业 ········· 155

第三编　现代化学

第十一章　走向推理:化学理论新发展 …… 159
　第一节　原子结构的探索 …… 159
　第二节　同位素的出现和元素概念的转变 …… 165
　第三节　化学键理论的形成和发展 …… 170
　第四节　晶体结构的测定和认识 …… 177
　第五节　溶液理论及其发展 …… 182
　第六节　化学反应机理的研究 …… 185
　第七节　化学振荡和耗散结构理论 …… 191

第十二章　走向深化:传统学科新进展 …… 196
　第一节　无机化学 …… 196
　第二节　有机化学 …… 209
　第三节　分析化学 …… 222
　第四节　物理化学 …… 230

第十三章　走向交叉:化学发展新领域 …… 238
　第一节　生物化学 …… 238
　第二节　环境化学 …… 246
　第三节　能源化学 …… 258
　第四节　材料化学 …… 265
　第五节　化学信息学 …… 277

第十四章　多元分析:化学发展新趋势 …… 282

附录　诺贝尔化学奖获得者一览表(1901—2020) …… 294
主要参考文献 …… 308

第一编

古代化学

第一章 火中的物质变化:从蒙昧到文明

化学是物质科学的一个分支。化学作为一门科学学科只有短暂的历史,人类从原子和分子水平上研究物质的组成、结构与性质,以及化学反应和变化,迄今仅有200多年的历史。然而古代的实用化学和工艺却与人类发展的历史同步。对火的发现、利用和掌握是人类最早的化学实践活动。在云南元谋人遗址、山西西侯度遗址,就发现早在180万年前人类用火的痕迹。火,为人类获得了改造和利用自然强有力的手段,也为各种化学变化提供了条件。古代化学就是随着人们对火的应用范围扩大而发展起来的。制陶、金属冶炼、火药和造纸等实用化学工艺都是在对火的利用中相继发明的。

第一节 陶器的出现与瓷器的发展

一、陶器的发明和制陶工艺的形成

人类最早有意识地用火或是寒夜取暖,或是驱赶野兽,焚烧森林,把食物稀少、猛兽出没的大森林变成草原。在某次"烧荒"或"失火"之后,人们意外地发现,他们用黏土制作的器物表面起了神奇的变化:它们变得更加坚硬、有光泽而且不渗水。于是人们将黏土塑制成各种形状的器皿,晒干后烧烤,逐渐形成制陶工艺。

最早的陶器大约出现于一万年前,浙江省余姚的河姆渡遗址就出土了手工制成的陶器。陶瓷的发明是与人们的生产和生活直接联系的。在远古时期,人类就已经用树条编织器皿,并在外涂抹上一层黏土,晒干后耐用且不漏水。然而,在使用过程中偶有器皿的木质部分着火被烧掉,但黏土部分却变得非常坚硬,而且完全不渗漏。于是人们将黏土塑制成各种形状的器皿,晒干后烧烤,逐渐形成制陶工艺。

初期，陶器都是手工制作的，依泥质不同分为红陶和黑陶，烧成温度较低（700～900℃），质地粗糙，厚薄不均，易碎，并带有植物纤维和石英粒等杂质。当时多采用平地堆烧、泥穴树烧和竖穴窑烧方式。在距今五六千年前黄河流域的仰韶文化中，出土了细泥彩陶。这种彩陶造型独特，表面光滑，呈红色，绘有美丽的图案。细泥彩陶制作工艺大致为原料淘洗、澄滤，加工精制成型的陶坯，浸入细腻的陶泥浆中挂上均匀的陶衣，以天然矿颜料进行彩绘，最后烧制。由于这些陶器通常是露天烧制，铁元素被充分氧化，烧成后多呈红色或褐色。

距今 4 000 多年前的新石器晚期的龙山文化出土的黑陶，制陶技术有了明显的进步。陶坯器型精湛，有手工、模型和轮盘制作；陶窑结构和烧窑技术有了改进。窑形为竖穴窑，较仰韶文化的横穴窑加深了火膛，火口较小，空气充足，上部向内作了弧形收缩，便于封窑，炉温可达 900～1 050℃。窑坯受热均匀。在陶器将烧成时，一面猛加火力，同时封闭窑顶，以至窑内氧气不足，使陶器在还原焰中焙烧，陶土内的铁转为二价，呈灰黑色。龙山文化时期陶器的特点是质地细腻，胎薄（仅 1～3 mm 厚）色黑，造型优美，称为"蛋壳陶"。

龙山文化之后，白陶也开始流行。白陶采用高岭土作为制陶原料，高岭土中铝元素和钙元素的含量较高、含铁量低，纯净度高，可塑性强，高温焙烧后坚硬而洁白美观。高岭土的采用和窑炉改进后温度的提高为瓷器的发明提供了基础。

图 1-1 人面鱼纹彩图陶盆
仰韶文化　中国国家博物馆藏

图 1-2 龙山文化黑陶
中国国家博物馆藏

新石器时代的制陶工艺，除了在中国发现外，还在古埃及、西南亚以及古印度等地区发现。

古埃及人最初制造的也是红陶和黑陶，质地疏松，易吸水，烧成温度不高。

后来,他们先在陶器外面涂抹陶浆形成黑陶,再将含氧化铁泥料加入配料,描成红色图案,制成彩陶。从埃及古城底比斯一个古墓中发掘出一张公元前 1800 年的壁画,上面绘着一个陶工跪在一个盘轮前塑造一件器皿,可见当时的制陶技术已有一定的水平。

古埃及人在制陶的过程中还制造出了玻璃。传说是古埃及人想从沙中提取金,他们在沙中加入苏打作为助熔剂,苏打与沙共熔,结果产生了玻璃。另一说是腓尼基商人从埃及运苏打,在河岸沙地上架起苏打块作炉灶烧水,苏打和沙熔在一起生成玻璃。不过当时的玻璃并不透明,透明的玻璃是后来罗马人改革了制造工艺制得的。

西南亚地区,主要是底格里斯河和幼发拉底河流域以及叙利亚和巴勒斯坦一带,发掘出一批 3 000 多年前的有柄陶器。在印度河流域发现了许多文化遗址,称为哈拉帕文明,距今 4 500 多年。那里出土一批绘有象形文字和动植物纹样的陶杯,可见那时当地的制陶工艺已相当发达。

二、施釉技术的发明和瓷器的发展

早期陶器的表面都非常粗糙,吸水率较高,较为笨重。后来的制陶实践发现,在陶坯表面涂上石灰或草木灰,制成的陶器表面能形成一层光滑明亮的玻璃状物质。人们把这种物质叫作"釉"。早在商代,我国就发明了釉陶和原始青瓷。对商周出土的釉陶进行分析发现,当时的釉主要是石灰釉。

石灰釉属于高温釉,将它涂在基本上是瓷土的陶坯上,在 1 150~1 200℃高温下熔烧,就能形成青色的釉层。较高的烧结温度、高岭土为坯加上施以釉彩,原始的瓷器出现了。瓷器质地光滑坚硬,吸水率低,便于洗涤和储藏液态食物,因此得到较快发展。

我国春秋战国时期,江南地区原始青瓷器生产达到鼎盛,生产规模较大和集中的是浙江萧山和绍兴地区。当地为瓷土丰富、水源充足、山林茂盛的半山区,便于窑的建造,当地的窑大多是具有南方特色的龙窑。

龙窑是在商代圆窑的基础上根据南方丘陵地形的特点而发展起来的。将火膛和窑室为一体,窑身倾斜,低端为火膛,高端为排烟口;依山爬坡,窑身呈长条形,宛如火龙,故称龙窑。龙窑装烧面积大,抽风力强,升温快,可以迅速达到高温,很适宜烧制高温瓷器。这种窑型一直延续到近代。

图 1-3 古窑

从东汉末年到六朝时期,瓷器工艺已趋完善,此时的青瓷器胎质细而坚致,通体涂有浓绿的原釉,形成我国独特的瓷釉风格。

在长期的生产实践中,工匠们大致了解到瓷器的烧制过程分为氧化、还原、冷却三个阶段,其中烧成关键在于控制还原和冷却两个阶段的气氛。因为在高温时,釉和胎中的铁都是三价,呈黄、棕色,只有在还原和冷却时,控制好还原气氛,才能使铁还原为二价,釉色才能呈现色调纯正的青翠色,烧成优质的青瓷。

石灰釉烧制温度较高,颜色不够鲜亮。几经尝试以后,人们发现了低温釉和中温釉。低温釉又称铅釉,它的主要成分是 $PbO-Al_2O_3-SiO_2$ 或 $PbO-SiO_2$。低温釉的本色是透明色或白色。它的出现为白瓷的盛行奠定了技术基础。

白釉瓷器始于南北朝,经隋朝到唐朝时已形成与青瓷齐名的一大瓷系,在唐代有用"南青北白"来描述当时制瓷业的特点。在我国北方,瓷土中含铁量较低,相对加工方便,釉料呈乳浊淡青色。随着采用高质量的坯料和中低温釉,瓷器的白度越来越好,精品已达到体薄釉润、光洁纯净的水平。其中以邢窑的白瓷为最著名(今河北省丘县)。李肇在《国史补》中记载:"内丘白瓷瓯,端溪紫石砚,天下无贵贱通用之。"可见当时瓷器的生产规模及产量是很大的。

三、釉彩的发展与中国瓷业的大繁荣

低温釉的发明使中国陶瓷器的发展进入一个五彩斑斓的时代。低温釉可以和多种发色剂共熔,创造出色彩丰富的陶器或瓷器。

唐三彩是我国古代陶瓷的珍品,不过它不是瓷器,是唐代铅釉陶器的总称。它以白色黏土作胎,用含铜、铁、钴、锰等元素的矿物作釉料着色剂,以铅灰为助熔剂而配制成各种低温色釉,在800℃左右烧成。釉色主要呈黄、绿、蓝、白四色,但实际上还有深绿、翠绿、赭、褐等多种颜色。在焙烧中,呈色金属氧化物随铅熔剂扩散和流动,相互浸润,形成斑驳灿烂的色彩。其中蓝釉是钴氧化物的呈色,证明了青花釉料起源于唐代。除生活用品外,唐三彩的明器、俑类作为艺术器,集中产于都城西安和东都洛阳。唐三彩色彩绚丽、工艺精湛、造型奇特,特别是吸收了我国西域和西亚的艺术风格而蜚声海外。

到宋代,瓷业进入繁荣时期,其制瓷业分布全国,形成了定窑、耀州窑、钧窑、磁州窑、龙泉窑和景德镇窑著名的六大窑系。制瓷业也进入了成熟时期,如在工艺和流程上有了明确的分工,工艺上分为选料、配料、制胎、施釉、火工等工种,流程上分为选土—练泥—制坯—素烧—上釉—烧成等步骤。这种生产上的分工促进了制瓷专门技术水平的提高。

值得一提的是钧窑(河南禹县)最早出现的"窑变"现象。这是由于釉料中混入了各种呈色金属元素,特别是铁和铜等,在窑中熔烧时,在不同的温度和氧化还原焰中,成釉显各种颜色。因控制条件差异,出现了当初未曾预料的颜色。由于这些"窑变"产品颜色怪异,五光十色,光彩照人,又无法复制,故成为珍品。它也打破了青、白瓷的单纯色调。

龙泉窑位于浙江南部,具有优越的自然条件,即当地有丰富的瓷石和硬质黏土,从南宋时使用石灰碱釉,形成具有独特风格的梅子青、粉青釉等青瓷。石灰碱釉在高温下流动性差,釉层厚些,烧成外观也显得饱满,釉色柔和淡雅,达到了青瓷工艺的顶峰。

图 1-4 明宣德斗彩鸳鸯卧莲纹碗

从宋代开始,景德镇逐渐成为我国南方的重要制瓷地区。该地区原料丰富,交通便利,来自各地的工匠带来各地的制瓷经验,推动了瓷业的迅速发展。景德镇瓷器界于青白两色之间,被称为影青瓷。瓷坯胎薄,釉色似白而隐现青色,坯体有暗花纹饰,内外可见,白度和透光度好,色泽如玉,有假玉器之称。

景德镇瓷器的发展体现在瓷土和釉料配方的改进。由于采用瓷石加高岭土的二元配方,明显增加了氧化铝的含量,烧成温度提高,采用含钴的矿物颜料在瓷胎上绘画,再上透明釉层,烧成后得到白色中呈现蓝色花纹的釉下彩瓷。钴颜料颜色鲜艳,釉下彩不易褪脱,素雅明净,深受人们喜爱,成为景德镇主流产品——青花瓷器。

宋朝出现了专为宫廷生产瓷器的官窑,集中了大量熟练的工匠,生产不计成本,精益求精,成品出窑后,除选中的瓷器外,其余全部销毁。南宋官窑瓷器具有胎细釉润、色青带粉红、蟹爪纹开片和紫口铁足等特征造型,故现存官窑瓷器大都是价值极高的精品。

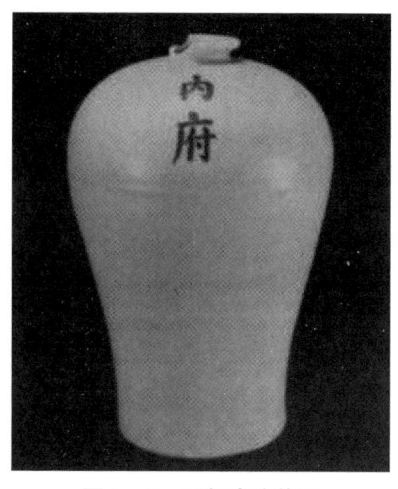

图 1-5 明初内府梅瓶

到明代中后期,陶瓷业、冶铁和采煤等行业部分进入手工业的工场发展时期。经历宋、元数百年的连续发展,景德镇成为中国瓷业兴盛和发展的中心。明代初期,皇室在景德镇设立了御器厂(官窑),专门烧制宫廷使用的瓷器,每年都要进贡数以万计的瓷器。至宣德年间就有官窑 58 个,一次烧就龙凤瓷器 44 万多件。至明代后期,民营窑场大量增加,产量是官窑的数倍。以青花为主的瓷器生产进入黄金时代。此时青花瓷器经历多年的工艺和原料的改进,其特点为胎细洁白,釉薄莹亮,青色淡雅。除供应宫廷所需外,还选出珍品以满足对外交流和赐赏。郑和七下西洋,每次都携带大量青花瓷器和彩瓷作为礼品。同时大量瓷器通过海上"丝绸之路"传入欧洲、阿拉伯地区。

明成化时期,窑工们凭长期的实践经验能更好地驾驭不同的选料和配方,掌握了制作釉上彩或釉下彩的方法,烧制出丰富色彩的斗彩瓷器。先在生坯上画好花纹图案再上釉,后入窑烧制的彩瓷,叫作釉下彩;在上釉后入窑初烧后的瓷器上加以彩绘,再经炉火烘烧而成的彩瓷,叫作釉上彩。釉上彩可以达到六种颜色以上,有鲜红、油红、鹅黄、杏黄、孔雀绿、孔雀黄等。釉上彩和釉下彩的精细烧制表明工匠们对色釉和烧制温度掌握技术已达炉火纯青地步。明永乐年间成功烧出茶红(宝石红)全红瓷品。明正德年间已有纯正孔雀绿和黄色的瓷器。

窑工将 $PbO-SiO_2$ 二元系统的低温色釉改为 $PbO-SiO_2-K_2O$ 三元系统的釉料,由于采用了石灰釉,提高了 K_2O 含量,使色釉透亮明快,纯白如牛乳色,为彩绘釉提供了极好的底衬面。

明代瓷业的繁荣还表现在工艺技术的进步。首先作坊分工更细,专业化程度高,按流程分解成多道工序,专人制作,保证了质量,提高了效率,有"共计一坯工力,过手七十二,方克成器"的说法;其次对原料处理和配方更加精细;第三对窑炉进行改造,根据釉料和坯胎的特点,创造了蛋壳窑。窑长 15~20 米,容积可达150～200立方米，大大提高了烧制质量和产量，充分显示了劳动人民的聪明才智。

到清代的康熙、雍正、乾隆三个时期，经济都较为繁荣，百业兴旺，三位皇帝都对瓷器非常偏爱。制瓷工业继承和发展了明朝的成果而达到历史上最辉煌的高峰。景德镇是这段时期的瓷业中心。官窑、民窑俱盛，青花和彩瓷并茂。《浮梁县志》记载"现有窑数已近三千座之多。集聚工匠数千人，一片繁荣景象"。

此时期制瓷工业技术进步主要为：第一，对明代的制瓷工艺和瓷器品种进行了提高和创新。运用青花颜料烧制的青花瓷器更鲜艳、纯净、层次分明。发明了釉上蓝彩和墨彩，制成的康熙五彩浓艳动人。到雍正年间，以粉彩代替五彩，使斗彩的图案与色泽愈发艳丽清逸。第二，对古代制瓷工艺的仿制取得

图1-6 清乾隆青花折枝花果纹蒜头瓶

卓越成就。对战国金银错壶、唐三彩，以及定窑、汝窑、官窑、钧窑瓷器的仿制达到纯熟的程度。雍正年间，工匠们仿制的龙泉青瓷、汝窑、官窑、钧窑的产品达到了以假乱真、真伪难辨的程度。明代失传的铜红釉和釉里红，也得到恢复和发展。第三，创制出新的彩釉品种，如蓝釉、墨釉、粉彩、珐琅彩、釉下彩以及含有黄金的胭脂红。

康熙年间发展和创造出珐琅彩瓷和粉彩瓷，使彩瓷工艺达到顶峰。景泰蓝是在明景泰年间，瓷器工人以铜胎为底，围以金丝或银丝，施上青绿色厚瓷，填上各种色釉而烧成的。在此之后，工匠们又在铜、玻璃和瓷胎上用珐琅彩描绘而得珐琅彩工艺品，专供玩赏和宗教、祭祀供器。粉彩瓷是在含铅材料中加入一种叫"玻璃白"的含砷玻璃料，使材料呈现乳白色的效果，能分化各种颜色使呈现不同深浅的色调。

除景德镇作为瓷业中心外，当时福建德化窑、广东石湾窑、江苏宜兴窑也比较兴旺。宜兴最著名的产品是紫砂陶器，采用色紫质细、含铁量高的特殊陶土作原料，在1 100～1 200℃的氧化气氛中烧制而成，具有特殊的细微结构，陶壶既不渗水又有良好的透气性，小巧玲珑的紫砂壶成为宫廷贡品。

十一世纪,我国的制瓷技术传播到了波斯,而后又传播到阿拉伯、土耳其和埃及等国家,十五世纪中叶又传播到意大利和威尼斯,欧洲才开始生产瓷器。

自清乾隆以后,中国封建社会开始没落,同样制瓷业也从康熙、雍正、乾隆三朝的鼎盛时期走向没落,由于帝国主义的侵略和军阀割据,曾在世界文明和艺术史上占有重要地位的陶瓷业一度衰败。中华人民共和国成立后,才开始了新的发展时期。

第二节 金属与冶炼

新石器时代后期，人类进入了石金并用时代，我国在公元前 5000 年左右进入石金并用时期。人们在使用石质材料时发现了天然铜，发现铜可以锤打成型，可以拉延，有灿烂的光泽。因为在用火和制陶方面积累了经验，有条件将天然铜加热熔化后倒入容器内，待冷却后形成各种铜件。

一、青铜与青铜合金

青铜是铜与锡或铅熔铸成的合金，呈青色。铜在加入锡或铅后，熔点降低、硬度提高，冷凝时略胀大，其铸造性好、气孔少、表面光滑而饱满，具有广泛的应用性。青铜工具的出现，在人类生产力发展上起了划时代的作用。

中国古代青铜器是享誉世界的文物，自史前时代到战国末年，有三千多年的历史。中国古代青铜器是中华文明璀璨的艺术瑰宝，是具有中华民族特色的智慧杰作。与世界其他地区的青铜器相比，中国青铜器具有显著特点。中国的青铜器不仅用作生产用具，更被广泛应用于文化活动，具有很好的历史、文学、艺术价值。我国关于青铜器的研究发端于北宋，形成了具有独特学术价值的"金石学"。被称为"千古第一才女"的宋代词人李清照的丈夫，就是著名的金石学家。

我国于夏末商初进入青铜时代，经历了夏、商、周和春秋，到商代晚期，青铜器制造进入了鼎盛时期。

1939 年河南安阳武官村出土的司母戊鼎是迄今发现的最大青铜器，因鼎底部铸有"司母戊"而得名，重 875 千克，高 113 厘米，宽 78 厘米，其中含铜 84.77%、锡 11.64%、铅 2.79%，该鼎造型瑰丽浑厚，鼎外铸有花纹，是商代采矿、冶炼、制范、焙铸等技术达到很高水平的代表。

《管子·地数篇》曾记载了商代铜矿勘探："上有磁石者，下有铜金；上有陵石者，下有铅、锡、赤铜；……此山之见荣者也。"

图 1-7 司母戊鼎

1974年在湖北大冶铜绿山采矿遗址发掘的两个古代矿井,采用竖井、斜巷、平巷相结合多中段的开掘方式深达 50 余米。在矿井中还发现斧、锛等青铜质地工具。矿井附近堆积的冶炼炉渣有 40 万吨之多,表明当时的开采、冶炼规模相当大。当时炼铜的主要矿石是孔雀石,与木炭混合,放入熔锅或熔炉中,加热鼓风,木炭燃烧产生高温使矿石熔化,同时产生 CO,使铜矿石发生还原而析出铜。到春秋战国时期,已有鼓风设备,熔炉内衬有石英砂和黏土做成的陶范,采用浇铸技术铸造。

在长期的生产实践中,工匠们摸索出将铜、锡、铅以不同比例调配,从而制得不同用途的青铜合金。先秦《考工记》记载了六齐说:"金有六齐,六分其金而锡居其一,谓之钟鼎之齐;五分其金而锡居其一,谓之斧斤之齐;四分其金而锡居其一,谓之戈戟之齐;三分其金而锡居其一,谓之大刃之齐;五分其金而锡居其二,谓之削杀矢之齐;金锡半谓之鉴燧之齐。"纯铜熔点为 1 083 ℃,加入锡,锡占比 15% 时,合金熔点降低到 960 ℃;锡占比达 25%,合金熔点为 800 ℃。纯铜硬度为布氏硬度 35,含锡 5%～7% 时,硬度增大到 50～65;含锡达 7%～9% 时,硬度为 65～70;含锡达 9%～10% 时,硬度为 70～100。青铜中锡成分占比达 15%～20% 时最为坚韧,含锡量升高,逐渐变脆;"斧斤"是工具,"戈戟"是兵器,都须坚韧,故平衡硬度与韧性很重要。青铜颜色随着含锡量的增加而变化,由赤色、赤黄、橙黄到灰白色。

《考工记》中还记载了调剂后看火候控制精炼过程:"凡铸金之状,金与锡,黑浊之气竭,黄白次之;黄白之气竭,青白次之;青白之气竭,青气次之;然后可铸也。"黑浊之气是初期金属中含有木炭,故先有黑烟,后有黄烟,随温度上升,铜锡开始熔化,产生青色的气焰,当熔化后完全熔合,然后才可以浇铸。

图 1-8 铜奔马

图 1-9 越王勾践剑

古代名剑多是青铜铸造,二十世纪中后期,我国在湖北、河南、陕西等地出土了"越王勾践自作用剑""吴王夫差剑""秦始皇兵马俑剑"等青铜宝剑。这些宝剑在地下埋藏了两千多年,出土时仍然光亮无锈,十分锋利。这表明当时的铸剑工匠已经很好地掌握了金属结晶技术和金属表面抗氧化处理技术。

二、铁与钢的冶炼

青铜冶炼技术的发展和社会生产需要,促使人们去寻找更多、更好的金属资源。铁矿石储量丰富,分布广,逐渐为人们所认识和利用。

自然界中铁矿分布很广,藏量丰富,多以赤铁矿、褐铁矿、磁铁矿等氧化物形式存在。由于铁矿石熔点较高,不易被还原成单质,故铁的利用晚于铜、锡、铅等金属。

人类最早了解铁约在公元前 2500 年。中国古代用铁约始于商代,到西周已进入铁器时代,至春秋时期铁的冶炼技术已基本成熟。恩格斯评价说:"它是在历史上起过革命性作用的各种原料中最后的和最重要的一种原料。"铁的优良性能和应用,使得生产工具效率提高,大大促进了生产力的发展。铁器发明后被广泛应用于制造生产工具,青铜工具逐渐被铁制工具所取代。

早期炼铁大多采用"块炼法"(固体还原法),把铁矿石和木炭一层加一层地放在炼炉中,点火焙烧。在 650~1 000℃条件下,利用木炭的不完全燃烧产生的一氧化碳,使铁矿石中的氧化铁被还原成铁。由于炉内温度不高,被还原出来的铁流出沉到炉底。待炼炉冷却后,设法将铁取出。这种铁块表面夹杂炉渣而很粗糙,呈海绵状,使用价值不如青铜,因此被称为"恶金"。后来人们在实践中发现,如果将"恶金"反复加热,压延锤打,将其中杂质挤出,并以冷水猛淬,就可以形成实用性远超青铜的生铁。

至春秋中后期,我国的炼铁技术已较为成熟,在"块炼铁"之后,又发明了生铁冶铸技术。冶炼生铁炉温可达 1 100~1 200℃,随着铁与碳混合,熔点随之降低,当含碳量达 4.3% 时,熔点仅 1 146℃,可将铁完全熔化,得到液态生铁,能方便地浇铸成各种复杂的器型,提高了生产率。从河南各地冶铁遗址可以发现,到西汉时期竖炉已达 5~6 米,容积达 50 立方米,已有相当规模。

块炼铁(熟铁)、生铁和钢都是铁碳合金,主要区别是含碳量的多少。熟铁含碳量低(0.04% 以下),生铁含碳量高(1.7% 以上),钢的含碳量则介于二者之间

(0.04%～1.7%)。随着冶炼工艺的不断发展,生铁中的含碳量不断降低,逐渐发展出炼钢技术。一开始人们还是使用反复加热锻打的老办法,进一步降低生铁中的含碳量。由于要锻打许多次,因此用这种方法炼出来的钢被称为"百炼钢"。锻打用的是物理方法,费时费力,后来劳动人民又发明了利用氧化原理来降低生铁含碳量的"炒钢法"。炒钢就是将生铁加热到熔融状态,不断搅拌来增加铁碳熔融物和氧气的接触,使其中的碳氧化,同时硅、锰等杂质也被氧化后与氧化铁形成硅酸盐夹杂物,最后形成钢。这样的方法不仅省力,而且冶炼出的钢质量更佳。

利用炒钢的方法还可以将生铁转化成熟铁。熟铁软、可塑性高、易于成型,可以用来制作模具。但熟铁器具硬度不高、容易变形,用途不是很广。因此熟铁还是用作炼钢原料。春秋晚期发展起来的熟铁渗碳技术,即将熟铁反复加热后锻打,加热中向铁中渗碳,锻打使组织致密,使氧化铁-硅酸盐的夹杂物被挤出,晶粒细化,性能改善而形成钢。东汉末年,发展出了以熟铁为原料的"百炼钢"制作方法:以熟铁或炒钢为原料,增加加热锻打的次数,可以获得性能更加优良的钢材。历代朝代记载的名剑宝刀,大多都是用百炼钢锻制而成。古代的鱼肠剑和宋代的蟠钢剑采用高碳钢和低碳钢复合锻制而成,使得剑刃锋利而剑身富有弹性。明代宋应星在《天工开物》中记载:"刀剑绝美者,百炼钢包外。"

图 1-10 明代炼铁炉和炒铁炉串联的操作方法
(摘自喜咏轩刊本《天工开物》)

生铁炒钢,温度和含碳量难以控制,在实践过程中,冶炼工匠摸索出了改进的方法:把生铁和熟铁按一定比例调配,共同加热至生铁熔化灌入熟铁中,使熟铁含铁量升高而成钢。通过调配可以比较准确地控制钢中含碳量,再经过反复加热锻打而除去杂质,使组织均匀,最终生产出质地均匀、性能良好的钢材料。这种技术称之为"灌钢"。北宋沈括在《梦溪笔谈》中说:"所谓钢铁者,用柔铁屈盘之,乃以生铁陷其间,泥封炼之,锻令相入,谓之团钢。"其操作方法是在炼钢炉中把熟铁条屈绕成盘,把生铁陷在盘中,用泥密封,防止加热时氧化脱碳,待炼成后再加以锻打,炼成灌钢。

我国古代钢铁冶炼史,凝结了劳动人民的智慧和辛勤劳动的汗水。

第三节　造纸工艺

造纸、火药、指南针和印刷术对人类的文明发展起了巨大的促进作用,被世界称为我国古代科学技术的四大发明。

一、纸的发明

我国古代发明的湿法造纸工艺仍是今天现代造纸的基本工艺原理,其中从原料到纸浆,纸的漂白、染色和上胶等工艺都是以化学变化为主。因此,造纸史也是我国古代实用化学史的一部分。

文字发明以后,人类对记录文字的物品的需求日益强烈。一开始人们用岩石、动物甲骨记录文字,后来人们用金属、陶瓷来记录文字,再发展到用纸草、竹简、丝帛来记录文字。用这些方式都存在一些缺点,或是书写效果不好,或是价格高昂,或是材料笨重,或几种缺点兼而有之。人们迫切需要发明一种物美价廉的文字记录用品。造纸术就是在这样的背景下走上了历史舞台。

关于纸的发明最初记载为东汉蔡伦造纸。据《后汉书·蔡伦传》记载:"自古书契多编以竹简,其用缣帛者谓之纸。缣贵而简重,并不便于人。伦乃造意,用树肤、麻头及敝布、鱼网以为纸。元兴元年,奏上之,帝善其能,自是莫不从用焉。"1957年,在陕西省西安市郊区的灞桥又发现了年代不晚于汉武帝时期的古纸。对古纸成分的分析表明这些古纸的主要成分是麻纤维。这说明,至少在公元前二世纪时,我国劳动人民就已经发明了造纸术。当时的纸主要是用麻、葛加工制作而成的。

古法造纸至少需要经过如下步骤:

1. 原料预处理。将大麻、苎麻原料洗涤切碎,除去杂物。

2. 浸泡制浆。原料中除麻纤维外,还含有半纤维素、果胶、木素等。经过浸泡可将原料麻中的色胶、果胶等可溶物除去。

初刻本插图八三:斩竹漂塘　　初刻本插图八四:煮楻足火

图1-11　《天工开物》中造纸的两个工序:斩竹漂塘和煮楻足火

3. 舂捣打浆。将浸泡沤制而得到的碱性纸浆倒入石臼中舂捣,使纤维素柔软,可塑性增强,提高成纸后的泡度。

初刻本插图八五:荡料入帘　　初刻本插图八六:覆帘压纸

图1-12　《天工开物》中造纸的两个工序:荡料入帘和覆帘压纸

4. 抄纸。经舂捣后的纸浆经清水反复洗涤漂净,得到纯净的棉絮状的纤维素。加进清水,制成纸浆,用一种方形或长方形的竹制或丝制网筛纸模抄纸,湿纸经晒干或晾干,即成可用纸张。

图 1-13 《天工开物》中造纸的一个工序:透火焙干

二、蔡伦与造纸技术的革命

蔡伦虽然不是造纸术的发明者,但他对造纸术的改进是革命性的,足以让他彪炳史册。

蔡伦于永元九年(公元 97 年)兼少府尚方令。少府主管皇室的物资与国家税收,下设尚方令若干。蔡伦任尚方令期间,对造纸原料与过程作了大幅改进:

1. 拓宽了原料来源。树皮是比麻类更加丰富的原料,蔡伦采用树皮来生产皮纸,使得纸产量大幅度提高。

2. 改进了造纸技术的若干环节。由于树皮中木质素、果胶等杂质含量较高,树皮的脱胶与制浆难度要比麻类大。蔡伦对原料进行反复的蒸煮和舂捣,还往浆水中加入石灰石和草木灰。草木灰中含有较多的碳酸钾,在水中发生水解而呈碱性:

$$CO_3^{2-} + H_2O \rightleftharpoons HCO_3^- + OH^-$$

若将石灰水与草木灰混合,反应后溶液碱性更强,使成浆效果更佳:

$$K_2CO_3 + Ca(OH)_2 \rightleftharpoons 2KOH + CaCO_3 \downarrow$$

加草木灰水的石灰水碱性适中,既有利于成浆,又不易破坏纤维素。汉代的碱液蒸煮制浆至今仍是现代造纸工业碱法制浆的前驱。

公元 105 年蔡伦将制造出的第一批优良纸张献给汉和帝。蔡伦献纸后,纸开始广泛为日常生活所应用。至东晋末年(公元 404 年),朝廷下令以纸代简:"古无纸,故用简……今诸用简者,皆以黄纸代之。"由于蔡伦被封为"龙亭侯",为了纪念他在造纸上的巨大贡献,人们将他发明的新纸称为"蔡侯纸"。

三、造纸技术的后续发展

1. 造纸原料的扩展

最早的植物纤维纸都是麻纸。直到近代,手工麻纸仍有生产。东汉以麻纸为主,到蔡伦时代,又利用树皮(主要是楮皮)造纸。此后,各类皮纸纷纷问世。

魏晋时期,除楮皮纸外,还发明了桑皮纸和藤皮纸,并利用麻料与树皮料渗合为原料造纸。从西晋到唐代,剡藤纸曾名重数百年。浙江剡溪附近当时盛产野生青藤等,藤纸即利用其韧皮纤维为原料所造。后来,由于大量砍伐古藤,原料来源锐减,晚唐以后,藤纸便逐渐停产。据明代宋应星的《天工开物》记载,唐末的薛涛笺是用木芙蓉皮为原料制成。唐代,人们还利用某些香树如栈香树、沉香树、白瑞香树等树的树皮造纸,这种纸被称为香皮纸。

竹纸是唐代中叶出现的。九世纪初李肇著《国史补》中提到了韶州的竹笺。用竹造纸是我国造纸技术史上的又一重大革新。麻纸和皮纸都是利用植物茎干的韧皮纤维部分为原料的,而竹纸的原料则是整根竹竿,竹纸的发明使造纸原料大为丰富,标志着造纸术的显著进步。由于竹竿坚硬,所含木素比麻类、树皮都高出许多,因此,竹料制浆难度较大,必须改进碱性蒸煮,提高其制浆效率,使木素尽量除去。我国在唐代就解决了这一难题。竹料制浆可以说是近代木浆造纸的起源。

竹纸生产在北宋时期随着印刷术的发展得到很大发展。两宋时,江浙所产竹纸最为著名。宋代嘉泰年间(公元 1201—1204 年)《会稽志》记载:"今独竹纸名天下,他方效之,莫能仿佛,遂掩藤纸也。"由此可见,竹纸的兴起也是藤纸衰落的原因之一。

明清两代,竹纸仍然大量生产。《天工开物》对竹纸的生产技术有详细记载,并附有造纸流程图。宋应星将造竹纸过程概括为"斩竹漂塘""煮楻足火"(碱液蒸煮)、"荡料入帘"(打浆、抄造)、"覆帘压纸"和"透火焙干"等五个技术环节。

竹纸和皮纸是宋代以后最常用的纸。宋代，还有人以竹、树皮或麻混用造纸。宋初，还发明了用麦秆、稻草造纸。苏易简《文房四谱》记载："浙人以麦茎、稻秆为之者脱薄焉。以麦蒿、油藤者为之者尤佳。"此外，宋代还以废纸为原料，除去墨迹污物，与新鲜纸浆渗合造纸，名为"还魂纸"。现存有北宋初年的还魂纸实物。

至今享有盛名的宣纸，其原料为青檀树皮。青檀为榆科，青檀属。我国仅有安徽泾县、宣城、太平等地生长。宣纸渊源颇古。据《新唐书》记载，唐代宣州生产的纸为贡品。宋人周密《澄怀录》里说："唐永徽（公元650—655年）中，宣州僧欲写《华严经》，先以沉香和楮树，取以造纸。"青檀与楮树相似，因此有人认为此所谓楮树即青檀。如果真是这样，那么唐代的宣纸即与近代宣纸一样，都是用青檀皮为原料生产的。宋代，安徽徽州地区已是当时的纸业中心之一。宋末，泾县开始生产宣纸。到明代，泾县纸已扬名天下。

2. 纸药

中国古代造纸术中，往往要在纸浆中添加某些植物黏液（古代纸工称之为"纸药"或"滑水"）。关于纸药的发明年代，历史文献中无明确记载。有人认为，纸药是"发明造纸术的关键"，由此推断纸药的发明与造纸术的发明在时间上是一致的，并断定蔡伦发明了纸药。此说当然不可能得到确证，不过，纸药的发明年代应与造纸术发明年代相去不远。

黄蜀葵、杨桃藤等植物的黏液是古代常用的纸药。据现代研究表明，植物黏液显微图像呈网状结构，将它加入到溶液中后，黏液即向四周展开。这种黏液的网状组织能阻止纤维的下沉，因此，纸药的作用之一是作为悬浮剂，使纸浆中的纤维分散均匀。黏液的稠度随存放时间的延长而逐渐变小，这一特性也为古代纸工所发现和利用。

纸药的主要作用在于它可以防止纤维互粘，使湿纸易于分张或揭分。南宋周密《癸辛杂识》记载："凡撩纸必用黄蜀葵梗叶，新捣方可撩。无则沾粘，不可以揭。如无黄葵，则用杨桃藤、槿叶、野葡萄皆可。但取其不粘也。"清《临汀汇考》记载："羊桃深山中，造纸者取枝叶捣汁，以分张备物致用，缺一不可。"上述文献都明确记载了纸药的作用在于使新鲜的湿纸不致互相粘连，便于晒纸时逐张分离。纸幅较大及打浆后纤维帚化程度高时，不用纸药就难以揭分。纸幅较小的纸，不用纸药也可以揭分。

上述周密提到的黄蜀葵、杨桃藤、槿叶等植物之黏液制成的纸药,在近代手工造纸术中仍广为使用。我国能用以制备纸药的材料极为丰富,各地纸工根据各地所产总能找到一些其茎髓富含黏液的植物,用以配制纸药。纸药是中国造纸中的一项独特发明,曾先后传到朝鲜、日本等国。"纸药的秘诀,当初并未传授给西方国家,所以西方的手抄纸,在每层湿纸之间,不得不以毛布隔开的办法来补救。"

3. 纸的加工技术

(1) 染色。纸的染色历史十分悠久。东汉末魏伯阳著《周易参同契》已提到"蘖染为黄",就是把纸染成黄色。蘖即黄蘖,一名黄柏。黄柏皮中的小檗碱,呈黄色,既可作染料,又能防蛀。对此,我国古人也有认识。宋赵希鹄《洞天清录集》有"染以黄蘖,取其辟蠹"之语。

古人因崇尚黄色,而喜用黄纸。此外,还有红、青、绿等各种不同颜色的纸。东晋末年恒玄曾"令平准作青、赤、缥、绿、桃花纸"(《太平预览》卷605引《恒玄伪事》)。唐末著名的薛涛笺是一种五色小笺。北宋著名的谢公笺是谢师厚创制的,他把纸染成深红、粉红、杏红、明黄、深青、深绿、浅绿、铜绿等多种颜色,号称十色笺。据明代王宗沐《江西大志·楮书》记载,当时染纸所用的染料,染红色用红花、苏木,染黄色用栀子、姜黄,染青色用靛青。染纸的作法与染布基本相同。

(2) 施胶。施胶是改善纸的强度、熟度的一种手段。经过施胶而再砑光的纸,其强度增高,书写时不易晕染。最早的施胶剂多用淀粉糊,将淀粉渗入纸浆或涂刷在纸上。用淀粉糊施胶的缺点是年深日久后淀粉容易破裂剥落,亦易虫蛀。这种淀粉糊施胶法与纸药的起源密切相关,也可以说是淀粉浆纸药的一个变种,其起源当不晚于晋代。后秦白雀元年(384年)的衣物表面就有一层淀粉糊。唐代以后,一般采用动物胶作施胶剂,同时加明矾,使胶粒分散。施胶可以阻塞原料纤维间的细孔,使纸更抗湿,并能增加纸的强度。不施胶的纸称为生纸,经过施胶的纸称为熟纸。施胶有施于纸内和纸面两种方法,与淀粉糊法相似。

(3) 涂布。纸表面涂布技术,是将浅色矿物粉末与黏胶或淀粉糊涂在纸上,然后再砑光。经过涂布的纸,色白而平滑,纸面紧密,吸墨性能较好。过去认为涂布技术起源于魏晋时期,其证据如新疆出土的前凉建兴三十六年(348年)的纸表面就有一层白色矿物粉。但据对1986年在天水放马滩出土的西汉纸检验表明,放马滩纸两面都有均匀的矿石粉末,因此是涂布纸。由此看来,涂布技术在纸发明之初即已应用。常用于表面涂布的白色矿物有白垩、石膏、滑石粉[$H_2Mg_3(SiO_2)_4$]、石灰和瓷土($Al_2O_3 \cdot 2SiO_2 \cdot 2H_2O$)等。涂布前,须将浅色矿粉碾细,用它制成悬浮液,再把它与用淀粉与水共煮所得的溶液混合均匀。用排笔涂施此混合液于纸上,干燥后砑光,以去除刷痕。

唐代有一种著名的涂布纸,名曰"硬黄",它是一种染潢后再加蜡处理的蜡质涂布纸。其加工方法是,置纸于热熨斗上,以黄蜡涂匀。硬黄纸硬密光滑,防蛀抗水,故颇得当时人喜爱。此外还有一种白蜡笺。这两种蜡笺到宋之时代仍然流行。宋代著名的金粟山藏经纸即金粟笺,即为硬黄纸。唐代还有一种粉蜡笺,是魏晋时期的填粉纸和蜡纸相结合的产物。

(4)其他加工技术。水纹纸和金花纸都不晚于唐代。水纹纸的作法,或是在抄纸帘上用线编成凸出于帘面的纹理或图案,用此帘抄纸而得;或者用雕有图案的模型压挤纸面而得。唐代的衍波笺和鱼子笺,都是水纹笺。关于鱼子笺,北宋苏易简《文房四谱》卷四说:"以细布先以面浆胶令劲挺,隐出其文者,谓之鱼子笺,又谓之罗笺。"金花纸是借鉴建筑、漆工和服饰上的描金(或洒金)技术而制成的,有洒金、两金、屑金、片金、冷金等之分,视金片大小、密集程度不同而命名。金花纸所用的金粉不是铜屑,而是真金,将金粉洒在涂胶或涂有颜料的纸面上,晾干即可。还有用银粉的,则为银花纸。

明清时期的加工纸集历代加工纸之大成。能仿制历代名纸,如侧理纸、澄新堂纸、薛涛笺、金粟山藏经纸、明仁殿纸等,并推出一些新的加工名纸,如明宣德贡笺、羊脑笺,清梅花玉版笺、洒金蜡笺等。

四、造纸术向东西方的传播

纸是中国的独特发明。纸不但对中国文化的发展和传播作出过极其重要的贡献。也对世界的文明进步产生了深远的影响。

在国外,纸都是从中国传出去的。在古代埃及,莎草片被广泛使用作为书写材料。印度则利用贝多树的叶子作为书写载体。在古代欧洲,往往是从埃及进口莎草"纸";此外羊皮书是在羊皮上书写而成的。古代巴比伦有著名的泥版书。金石也成为古代东西方各民族使用的书写工具。但是,无论是莎草片、羊皮、树叶,更无论金石、泥版,都无法同中国的纸相比。所以,纸从中国传到东西方各国,所到之处,当地传统习用的书写材料迅速被淘汰,各国纷纷仿效造纸。

第一章 火中的物质变化：从蒙昧到文明

与我国毗邻的亚洲国家，与我国的交往通常更加密切，纸和造纸技术也因而较早地传入这些国家和地区。

在蔡伦改进造纸技术之后不久，在公元二至三世纪，纸就传到了朝鲜和越南。公元四世纪末，在中国纸工的帮助下，百济国开始造纸。不久，朝鲜半岛的高丽、新罗等国也掌握了造纸技术。其中，高丽的皮纸（楮皮纸，特别是桑皮纸）质量尤佳。唐宋时，高丽纸反而向中国输送，并深受中国人喜爱。西晋时期，越南人已学会了造纸术。晋代嵇含在《南方草木状》中记有大秦（古谓南方，包括今广东、广西和中南半岛的一部分）献蜜香纸事。三国陆玑所著的《毛诗草木鸟兽虫鱼疏》也提到过交州（今越南北部）盛产造纸原料楮树皮。纸张在七世纪已传入印度。

日本推古天皇18年（610年），"春三月，高丽王贡上僧昙徵法定，昙徵知五经，且能作彩色及纸墨"，日本人跟随昙徵学习造纸，这样，造纸术通过高丽又辗转到达了日本。

唐玄宗十年（751年），唐安西节度使高仙芝率部与大食军队在恒逻斯交战，高部大败，不少士兵被大食军队俘获，其中有一些是从军的工匠，包括纸工。据阿拉伯文献记载，正是这些被俘的唐朝纸工，把造纸术传到了大食国的撒马尔罕，并通过撒马尔罕传遍了整个阿拉伯世界。

经过阿拉伯国家与欧洲国家的流通，造纸术又传入了欧洲。1150年，阿拉伯人在萨蒂瓦（Xativa，今属西班牙境内）城建成了欧洲第一个造纸工场。公元1189年，法国境内的埃罗城附近也开办了一家造纸工场。1276年，意大利建成了第一家纸场。到十五世纪，造纸术已传遍了欧洲。到十九世纪，中国造纸术已传遍了整个文明世界。

关于纸对近代文明的巨大贡献，一位德国教授曾经这样说过："纸是中国人发明的，……纸在十三世纪已逐渐通行欧洲，不久即有印刷术的发明（指谷腾堡的活字印刷）。古书流行，学问才由少数人的变成多数人的，文艺复兴和宗教改革，都与纸到欧洲有密切的关系。"毫不夸张地说，如果没有纸，近代西方的科学革命和工业革命都是不可想象的。

第四节 火药

我国发明黑火药大约是七世纪左右,黑火药的主要成分是硝酸钾、硫黄和木炭,这三者是炼丹家和药物学家所熟悉的药品。如在汉代《神农本草经》中硝石被列为上品药,记载能治二十多种病。硫黄被列为中品药,记载能治十几种病。所以黑火药很可能是他们在炼丹过程中偶然发现的。由于硝酸钾、硫黄和木炭粉末的混合物呈黑色或褐色,遇火易燃,燃烧剧烈,故被称为黑火药。黑火药发明之后,也曾被用为药物,《本草纲目》中记载火药能治疮癣、杀虫、辟湿气、除瘟疫。

一、火药的发明和成分

中国古代有一种炼丹方法叫"伏火法"。就是把硫和其他易燃物混合后加热,使药性发生变化。黑火药的发明与"伏火法"很可能有关。宋代孟要甫《诸家神品丹法》卷五中转载唐初炼丹家兼医药家孙思邈的"丹经内伏硫黄法"。这个方法是用硫黄,硝石各二两研成粉末,放在银锅或砂罐内,挖一地坑,把锅放在坑内使之与地平,四面以土填实,将皂角子"烧存性"逐个投入锅内,使硫黄、硝石烧起焰火。等到炭消三分之一,就退火,趁未冷时取出混合物,就是伏火了。由此可知,孙思邈已经知道硝石、硫黄、木炭混合后点火发生的反应很剧烈,因而采取了容器埋在地下的措施,这就是黑火药的原始形式。唐代中期,清虚子在《铅汞甲辰至宝集成》卷二中有"伏火矾法"的记载:"硫二两,硝二两,与马兜铃三钱半各为末,拌匀。掘坑,入药于罐内与地平。将熟火一块,弹子大,下放其中,烟渐起"。马兜铃是藤本植物,果实如铃。这里所用的马兜铃,不论果实、茎或根都是含碳物质,所以这也是一张黑火药的方子。在郑思远的炼丹书《真元妙道要略》里有这样一段记载:"有以硫黄、雄黄合硝石并蜜,烧之焰起,烧手面及烬屋舍者",这里也提出了一个黑火药的方子。

从上面这些记载可知,我国在七世纪已有原始的火药了。但开始时,它的组成不固定,有时甚至只用其中的两个成分,如硝和硫,或硝和其他易燃的物质混合,有时甚至成分中没有硝。火药无硝,只能在空气中燃烧,不能发生爆炸和推动作用。人们掌握这三种火药成分是在不断摸索、不断积累经验、逐步提高认识的基础上得来的。后来民间就流传黑火药的成分为"一硝、二黄、三木炭"的配方了。至于我国究竟在什么时候开始使用含这三种成分的火药,至今尚未定论。一般以为是十三世纪的前期开始的,因为在十三世纪二十年代出现了爆炸性火器"铁火炮",在十三世纪五十年代出现了推动性原始火器"突火枪"。现存最早的关于爆炸性火药成分的资料是明初(1412年)的一本火攻书《天龙经》,上面记载了各种火药的详细配方:

表1-1 各种火药配方

火药名称	硝	硫	炭
乌铳药	1两	2钱	柳炭2钱
火炮药	1两	1钱	杉炭1钱7分
起火药	1两	1钱	柳炭1钱5分
信药	1两	1钱	葫炭3钱
喷筒发药(紧)	96两	5两	柳炭18两8钱
喷筒发药(慢)	96两	1两	柳炭57两6钱

从上表中可以看出火药的成分往往因用处不同而有差别,古人以为火药中硫黄多,爆发力大,炭多,推动力大,实则并不尽然。火药爆发的速率快慢还和配料的颗粒大小有关系:颗粒小,爆发快,爆炸力也大;颗粒大,爆发慢,爆炸力就小。现在黑火药的常用配方是硝石75%,硫黄15%,炭10%。

二、火药的应用

火药发明后不久就在军事上应用,以后又制成爆竹和烟火在娱乐上应用。在火药发明以前,古代军事家已用火攻的战术,在当时的火攻中,常用一种叫火箭的武器,它是在箭头上装有易燃的油脂、松香、硫黄之类的易燃物质,烧着后射出,用以延烧敌方的物资。《新唐书·李希烈传》中说他用了方士策,用火攻烧掉敌方的战栅和城上的防御物。但火箭燃烧较慢,火力小,又容易被扑灭,威力并不大。自从火药出现以后,用火药代替火箭上的易燃物制成火箭,燃烧时就猛烈了,杀伤力也增大了。据宋代路振的《九国志》记载:十世纪初,唐哀帝天祐元年,吴军攻打豫章时,使用了"发机飞火"火烧龙沙门。"发机飞火"就是用抛石机抛射的火药弹。这种抛石机古时称之为"炮"。

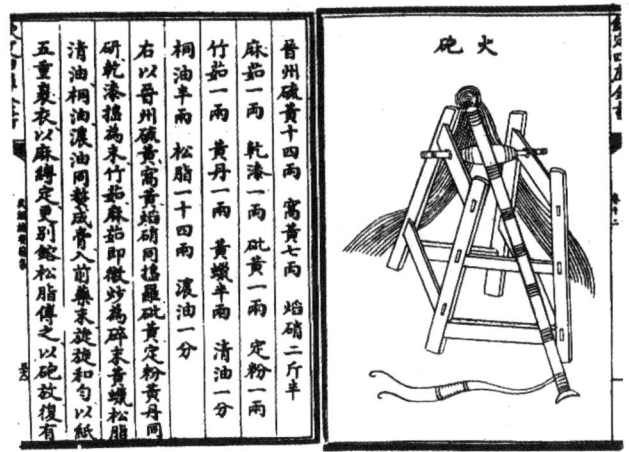

图 1-14　《武经总要》所载火炮及其火药法
（摘自文渊阁藏《四库全书》）

在北宋时期（960—1127年），火药武器发展得很快。970年，冯继升发明火箭法。1000年，唐福发明火箭、火球、火蒺藜。1002年，石普制火球、火箭。火蒺藜是用抛掷机械投送的球形燃烧物，能燃烧较长的时间。火蒺藜又名蒺藜火球，比一般火球小，数量多，散布在地上燃烧时，使敌人难以通过。在宋初（十一世纪前期），曾公亮的《武经总要》里有这样的说明："右引火球，以纸为球，内实砖石屑，可重三五斤。熬黄蜡、沥青、炭末为泥，周涂其物，贯以麻绳，凡将放火球，只先放此球，以准远近。""蒺藜火球以三枝六首刃，以火药团之，中贯麻绳长一丈二尺，外以纸并杂药缚之。又施铁蒺藜八枚，各有逆须，放时烧铁锥，烙透令焰出。"

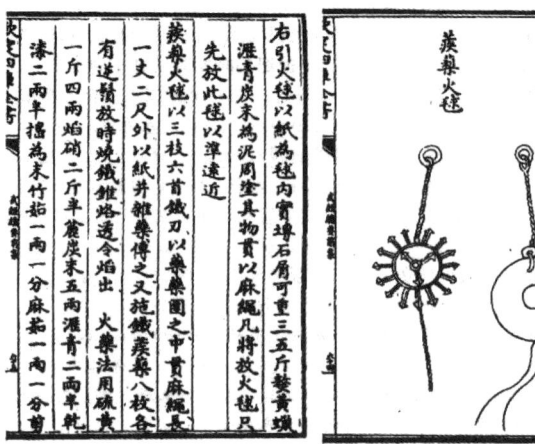

图 1-15　《武经总要》所载蒺藜火球及其火药法
（摘自文渊阁藏《四库全书》）

北宋末期（1125—1126年），金人攻北宋首都开封，宋人用火箭火炮抵御，但金人从俘虏处学会了制造火药的方法，他们也用火药来攻城。此后，宋、金、蒙古之间战争连绵不断，因时势的需要，火药和火攻方法的研究也不断有进展。1132年，陈规发明了火枪，它是用竹管装火药来发射的，实际上是一种喷火器。同一时期还出现了"铁火炮""震天雷"之类的爆炸性武器。1221年，金人攻蕲州（湖北蕲春），用铁火炮打入城内。1232年，蒙古人攻打金人开封时，金人用"震天雷"点火后从城上吊下，火药爆炸，威力甚大。《金史》中载："火药发作，声如雷震，热力达半亩之上，人与牛皮皆碎迸无迹，甲铁皆透"。震天雷也是一种铁火炮。据《辛巳泣蕲录》说："震天雷是瓜形小口器，用生铁铸成，厚有二寸"，铁火炮用铁铸外壳，爆炸时杀伤力自然大了。

火药除了军事上的应用外，还可以制造爆仗、火流星和焰火等，供娱乐所用。"爆竹声中一岁除"，不过中国古代最早的爆竹并不是用火药制的，而是将竹子燃烧，燃烧时发出爆鸣声。用火药制作的爆竹称为爆仗，大约出现在北宋晚期。南宋孟元老《东京梦华录》追记崇宁（十二世纪初期）以后京城繁华景象时，曾提到宫中放爆竹和烟火的情景。施舍《会稽志》说得更明确："除夕爆竹相闻，亦有硫黄作爆药，声尤震历，谓之爆仗"。至于当时的爆仗是用竹筒装火药还是用纸筒装火药则不清楚。南宋初年，吴自牧的《梦溪录》（十二世纪三十年代）里有"十二月有卖爆仗，成架烟火之类"，这里所说的"成架烟火"是用药线把许多灯火、"流星"、爆仗等连接起来，放在高一二丈的木架上放的，一经点火，可以连续施放出各种景色，如亭台楼阁、飞禽走兽之类，煞是好看。现在的烟火也称礼花，一般节日施放，把烟火球用迫击筒射向空中，然后爆炸成各色明亮的辐射线状，跟日本的"花火"相似。烟火也有制成"花筒"的，它是把火药和铁屑的混合物装在大小不同的纸筒里，用药线引燃后，喷出丈余高的火焰，发出璀璨的兰花状火星。"流星"施放时往往直飞高空，它是利用火药燃发时能向后喷射出火焰和气体，产生后作用的推动力而制成的。也有在地上跑的，如一种叫"地老鼠"的，引燃后是喷着火在地上乱窜的。"双响爆仗"也是利用这一原理制成的，它将火药分装在两室，引燃后先使第一次爆炸声响，然后引起第二室的火药爆炸，发出第二次声响。

火药在娱乐上的应用在南宋时已盛行，十三世纪著名学者赵孟曾赠诗给一位烟火制作者，称赞他的工艺"巧艺夺天工"。十四世纪后期《菽园杂记》中提到："成化间（1465—1487年）（宫中）流星、爆仗作，一切取榜纸为之。"火药在娱乐上的应用,不仅丰富了人们的生活,促进了火药的发展,同时也体现了当时高超的技术和工艺,要知道"流星"、爆仗的发射原理和现在的火箭与喷气飞机的原理是十分相似的。

三、火药的西传

早在唐代,我国与阿拉伯、印度、波斯等国海上往来贸易频繁,硝就是在那个时候跟医药和炼丹术一起传入阿拉伯的。当时阿拉伯人把硝叫做"中国雪",波斯人称之为"中国盐"。但当时他们只知道用硝来炼金、治病和制造玻璃,不知道用硝来制造火药。直到南宋理宗年间,少量的火药才由商人带到阿拉伯,不过重要的火药武器则主要是通过战争西传。

据史书记载,在十二、十三世纪之间,1215年蒙古人攻占了黄河流域和高丽(今朝鲜),1223年攻占了花剌子模(今哈萨克斯坦的土尔克斯坦),1231年攻占了波斯,1240年攻占了俄罗斯,1258年又攻占了报达。1279年来到南宋,那时元世宗忽必烈把首都从和林迁到大都(今北京)。蒙古人勇敢善战,定都后他们对中原古文明大加提倡和发扬,同时也随着战争很快把它们传入西方。火药在战争中传到阿拉伯的说法有两种:一种是,1261年,忽必烈的军队在叙利亚一仗中被击溃,阿拉伯人缴获了火箭、火炮、毒火罐等火药武器,从而学会了火药的制造方法和火药武器的使用;另一种说法是,忽必烈之弟旭烈兀在攻陷报达后,留右翼将军汉人高干为当地总督,此时传去了火药。在十三世纪晚期,阿拉伯人哈桑写了一本兵书,上面记载有火药配方,主要成分为硝石、硫黄和木炭,此外还有"中国铁""火枪""契丹火箭"等。显然,阿拉伯人的火药和火药武器知识是从中国人那里学去的。

欧洲在十二至十三世纪时,用拉丁文翻译了大量阿拉伯文书籍,火药、火器、炼丹术也随之流入欧洲。欧洲最早的一部火攻书籍,是13世纪后期希腊人马哥写的《制敌燃烧火攻书》。到了十九世纪,人们发现这本书原来是对十三世纪中叶阿拉伯人的一本著作的翻译本。书里提到"飞火""花炮""火箭"等,这些都是阿拉伯人从中国学去的。因此恩格斯明确指出:"现在已经毫无疑问,火药是从中国经过印度传给阿拉伯人,又由阿拉伯人和火药武器一道经过西班牙传入欧洲。"

第二章 古代朴素的物质观：原始理论的萌芽

理论、实验与经验知识是化学学科形成的三大要素。古代实用化学工艺之所以不能称为科学，除了缺少固定的研究对象以外，主要原因是没有形成系统的、统一的科学理论，并且缺少在科学理论指导下的实践。

虽然原子、化学变化、化学概念和原理是近代才有的产物，但任何一种概念和原理的发展都是一个历史的过程，正是经过对传统观念的扬弃，新的理论才能展现出力量。本章主要讨论古代与物质有关的化学观念。

第一节 物质构成的观念

在古代，化学知识虽然没有像近代那样形成理论体系，但是对自然界物质的构成、物质的变化、物质的结构等问题的认识和观念却被包括在对自然界本性的总的看法中，存在于古代哲学家的自然哲学中。

在生产、生活的实践中，人们已经发现，物质之间存在区别又有着多种关联。例如，黏土可以烧制成陶器，矿石可以冶炼出金属，木柴燃烧化为灰烬，粮食酿制变成美酒等等。人们从这些直接感知的具体物质形态的相互转化中逐渐开始思考物质构成的问题：一些物质之间能够发生相互转化，是不是可以推理出它们存在着共同的"本原"。另一些物质之间不能相互转化，甚至"水火不容"，是不是由于它们的本原不一样。那么"本原"是什么？

这种朴素的思维是人类所共有的。尽管不同文明对物质组成和构成要素看法不一，但是都坚持了从世界本身来说明世界的朴素思想。不仅如此，各种元素观的发展也共同经历了由少到多、由唯物到唯物与唯心相结合的发展历程。

一、中国古代的五行说

中国古代的五行说约出于商周之交。在生产、生活中,人们经常直接或间接地与金木水火土等物质打交道,观察到陶器来自土,而依赖于水、火;青铜来自金,而依赖于火与木(木炭);农作物的生长则需要土和水。于是得出结论:无水土便无法兴农牧,无木、火、水、金便无法冶金、制陶。思想家进一步归纳,认为水火金木土是生产和生活中五种要素,有必要将它们从宇宙中抽出来,专注地加以考察,考察它们物质形态的性质、变化及其相互关系,进而从思辨中找出它们变化的规律。推而广之,认为此五要素不仅构成农牧产物以及陶器和金属,而且是构成世界万物的元素,所以《国语·郑语》载有:"故先王以土与金、木、水、火杂,以成百物"。他们还认为:此五要素构成百物,并非一般机械混合,而是像陶瓷的烧制过程、铜铁的冶炼和谷物的成长过程那样,水火金木土要在变化中,在彼此交互作用中才能形成万物。如静止不动、不相互作用的陶土、水和火是不能制出陶器的;同样,矿石(土)、火和木彼此运动作用方能炼出金属。总之,要在运行中才有万物的生、灭。因此,将水火金木土称为五行,从而形成我国最早的、朴素的唯物主义自然观。

由于五行理论并不能很好地解释人们生活中的一些现象,如疯病、做梦,后期的哲学家又往五行学说中添加了一些唯心的成分。战国后期的哲学家荀况发展了老子"虚室生白""因虚生实"的观点,提出了气源说。他在《王制》中写道:"水火有气而无生,草木有生而无知,禽兽有知而无义,人有气、有生、有知亦且有义,故最为天下贵也。"他明确指出人、动物、植物、非生物都含有"气",所以"气是万物之源"。总体来说,关于气本原的学说,后世虽有一定的发展,但并没有产生像阴阳五行说那样广泛的影响。

二、印度古代的五始基说

在古代印度的哲学思想中,有一学派认为:世界上一切生物和非生物都是由地、水、火、风四大元素构成,他们强调感性知识是认识的唯一源泉。另一学派则主张:世界的一切都是从统一的原始物质发展而来,又在发展中拓展成了地、水、火、风及空五种物质元素,它们错综复杂地相互作用构成了世界万物。古印度哲学非常强调"空"元素的作用。中国人非常熟悉的佛教的根本思想"缘起性空",

其思想来源就可以追溯到五始基说。《西游记》里唐僧的大弟子即"悟空"。

三、古埃及的万物源于水的思想

在古埃及的思想家看来,地球像个由水支撑的扁平圆盘或方形盒子,故水是最重要的,世界是从水中创造出来的。巴比伦人爱好观察星辰,对他们而言占星术占有极重要的位置。他们认为太阳、月亮和五大行星都是世界的主宰,每一个星宿各自掌管地上的一些物体,包括当时最重要的金属。这种思想后来为炼金术士所继承,早期金属元素的符号都是行星的符号。例如:太阳代表黄金,月亮代表白银,火星掌管铁,金星掌管铜,土星掌管铅,水星掌管锡,木星掌管金银合金……

四、古希腊的世界图式

美索不达米亚和埃及这两个古代文明的宇宙论和科学家思想相互交融、彼此影响,在此基础上,形成了古希腊的世界图式。希腊是直接从野蛮时代进入铁器时代的长期从事航海的民族。他们能以旅行家的目光和感觉,兼收并蓄其他民族的文化和传统,所以哲学思想异常丰富和活跃。希腊思想家善于思辨,爱好概括,他们的思想构成了中世纪的和文艺复兴时期的科学的基础。曾游历过埃及、学过几何学和天文学初步知识的哲学家泰勒斯(Thales,约公元前624—公元前547年),把世界万物看作是水这种单一实体的不同表现形式,其理由是水能汽化(蒸发),又能凝固,故为万物之源,但他并未说明水何以能成万物。阿那克西米尼(Anaximenes,约公元前560—公元前500年)则认为万物之源与其说是水,还不如说是气,因为气受凝聚和稀散这两个相反过程的制约。气稀散则成火,凝聚则变成水、土和石头。这些过程沿着上述两个方向不断发生,万物都处于变化状态之中,气、液、固三态的变化,便形成了宇宙间整个自然体系的基础。后来赫拉克利特(Heraklitos,公元前536—公元前470年)发展了上述观点,但他主张火才是万物之源,因为火给人们的直观形象是欢跳活跃的,因此,他特别强调变化的永恒性,认为"一切都在流动":火沿着"向下的道路"运动凝聚为水,再凝聚为土,于是形成了世界;反之,世界沿着"向上的道路"运动再次变为火。此外,他还认为世间万物也是对立的,如白天与黑夜、夏天与冬天、冷与热、干与湿,这些对立面组成了宇宙,即大宇宙;而在小宇宙即人体中,也存在着同样的对立面,发生同样的连续变化。与此类似,也有古代学者把土视为万物之源的。

古希腊的分别认为水、气、火、土为万物之源的"单一元素论"者,都坚持世界统一于物质,并认为物质是永恒运动和变化的,这无疑是一种朴素的唯物论的自然观。单一元素论,各自根据客观事物,以一概全,似乎都言之成理,然而,仅以一个方面来推理,不能不带有片面性。因此,恩培多克勒(Empedocles,约公元前490—公元前430年)综合了各种见解,认为水、气、火、土皆为万物之基,它们都由不变的微粒组成。并假定这四种"基"在爱的影响下结合,在憎的影响下分离,这是用一组固定的力来说明物质离合的首次尝试,也是后来化学亲和力说的先声。恩培多克勒不仅采用了理论的方法,还利用了物理实验的示范来证明气是物体。这个实验中,他将一个底部和顶端开口的圆锥体(古时用来计时的水钟)浸入水中,当他们用手指堵塞其上口,水就不能完全充满整个容器。当他把手指移开,气就从顶端开口冲出。当然这一实例还不能称为现代意义的实验,但它表明在论证中人们已注重直接观察,这比单纯地推理前进了一步。

公元前439年,波斯战争以雅典的胜利而告终,古希腊的文化中心很快转移到雅典,雅典哲学家柏拉图(Plato,约公元前427—公元前347年),接受了恩培多克勒的观点,将四种"基"正式命名为"元素",并加以"发挥":"事物都是由无定形式的原始物质在空间取得形式后产生的"。他用机械的类比法赋予这四种元素以特定的几何形状,并以几何形状的分解和组合来表明这些元素的互变性。柏拉图关于几何形状是元素的属性的观点,当时倒是很受专心研究数学的毕达哥拉斯学派的欢迎。尽管柏拉图所说的元素与后世的元素观念毫无共同之处,但是他关于元素可以互变的思想对炼金术的理论有一定的影响。

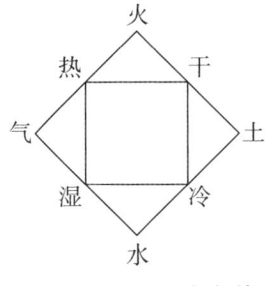

图 2-1 亚里士多德的四元素说

柏拉图的学生亚里士多德(Aristotle,公元前384—公元前322年)继承和发展了老师的思想,明确提出了万物的四元素说。认为原始物质可能使各种物体具有特定的形式,从而把元素看作是性质的载体。他还根据性质的矛盾性引入了对立观,指出一种物质的性质皆可归结为冷和热、干和湿等四种原性。这些性质两两结合就成了四种"元素"。如图 2-1 所示,火包括热和干的性质,土包括冷和干的性质;而湿与冷结合成水,热和湿

第二章 古代朴素的物质观：原始理论的萌芽

结合成气等。由此看来,亚里士多德的四元素说也是承认世界的物质性,这是唯物的。但是他又认为精神是第一性的,而物质是第二性的,因此他在四元素的基础上又加入了第五种元素,精神元素,并认为精神元素是崇高的。鉴于亚里士多德在西方学术界泰山北斗般的地位,他的五元素说一直影响了西方两千多年。

值得一提的是,在古希腊哲学家们提出的化学观念中,原子论的提出对近代化学的发展起到了至关重要的作用。恩培多克勒提出了组成万物的四种"基"都是由不变的细小微粒组成,这里包括了原子的含义,但并没有提出原子的概念。留基伯(Leucippos,约公元前 500—约公元前 400 年)和他的学生德谟克利特(Demokritos,公元前 460—公元前 370 年)把这种思想作了重要的发挥。他们假定一个虚空的存在,认为土、气、火、水四种元素的没有变化的原子在虚空中作不停地运动,这些原子有形状和大小,但颜色、气味和味道不是原子固有的。伊壁鸠鲁(Epikouros,公元前 341—公元前 270 年)赞同了原子论,并肯定地认为原子有重量。原子论是当时发展起来的最彻底的唯物主义的化学观,然而在当时,只能是人们在思辨中的臆测,没有充分的事实根据,更谈不上实验的验证,所以它并没有像四元素说那样为人们所接受。

第二节 关于物质变化的观念

世界是由少数本原组成的,而世界又是丰富多样的。如何用简单的本原解释复杂的世界,这就涉及物质转化的问题。可以说,物质的转化与物质的构成学说如一体之两翼,矛盾体之两端,相互少了谁都不行。

一、东方的阴阳五行学说

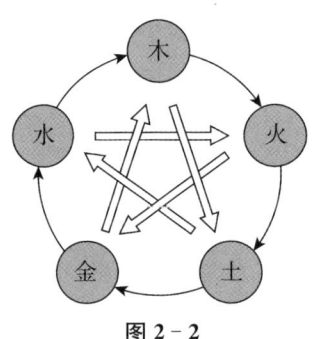

图 2-2

五行说主张事物是由金、木、水、火、土五种元素组成的。五行说还认为:金克木、木克土、土克水、水克火、火克金,故又有五行相克之说。同时,水能生木,木能生火,火能生土,土能生金。对五行相生、相克的关系,董仲舒在《春秋繁露》中说:"天地之气,合而为一,分为阴阳,判为四时,列为五行……比相生而间相胜(相克)也。"后人用图2-2表明了这种生克关系。图中沿圆周顺时针向表示五行相生,按箭头指向表示相克。这就是五行相生相克学说,这种学说具有朴素的辩证思想。

在五行说产生的同时,阴阳说也出现了。战国时代的道家老子,在《道德经》中说:"万物负阴而抱阳。"阴阳二字还见于其他一些战国时代的著作,当时人们普遍认为阴、阳是相互对立而又相互联系的两个"本原",它们来自生产和生活实践的经验总括。男与女、干与湿、冷与热等都是对立统一的自然现象或社会现象。就哲学意义而言,阴阳说是比五行说更为普遍、更为概括的理论,各自从不同的角度反映自然界的面貌,故二者很自然地结合起来形成阴阳五行说。

五行说把千差万别的物质存在形态归纳为客观存在的几种物质元素,并通过它们去寻找自然现象无限多样性的统一,认为宇宙由这些元素构成,所以,可以认为古代的五行说是早期元素论的萌芽。阴阳说运用矛盾对立统一的观念来说明自然界的变化,说明物质变化的规律。所以阴阳五行说的形成,不仅巩固了对世界物质观的认识,同时也触及物质形态变化的规律。但是阴阳五行说很快被古代哲学家用来解释天地间各种现象,大至宇宙的发生和发展(如太极图说)、社会的变迁和国家朝代的更迭、一年四季的循环;小到冶金、五色、五味,以及人体血气运行和丹药制炼。这种超越了理解自然现象的发展,只能被引向神秘化而走入唯心主义的歧途。

阴阳五行学说不仅影响了中国几千年,对东亚地区其他国家也产生了重要的影响。比如,韩国的国旗是太极旗,而太极的思想就是来自于阴阳五行学说。可以说,阴阳五行学说不仅属于中国,也是属于东方文化。

二、西方的物质转化理论

在希腊古籍记载中,化学主要为金和银的制备技艺。戴克里先之所以焚毁埃及人的化学著作,是为了防止埃及人因掌握化学而变得富有,以致反抗罗马人。由此可见,炼金术最早出现在埃及,是西方化学的起源。

炼金术士的代表人物贾柏认为,金属是汞和硫的化合物,不同金属之间的区别在于所含汞、硫比例不同。贱金属和贵金属有着相同的组成,只是贱金属里包含了较多的杂质。炼金术士把可以清除贱金属"下贱成分"的物质叫作"哲人石"。

许多人宣称曾经见到或拥有哲人石。中世纪欧洲最有名的炼金术师兼医生帕拉塞苏斯也曾说过自己熟知制作哲人石的方法。麦格努斯还讲过一个从英国主教那里听到的故事:一个衣衫褴褛的人来找波义耳。他让波义耳把一些锑和其他常见金属放在坩埚上熔化,然后拿出一些粉末状物质投入炉中就转身离开了。几个小时以后,波义耳发现坩埚里的金属都变成了黄金。

类似的故事还有很多。但从没有人能说出哲人石的配方或现场制成哲人石。

帕拉塞苏斯几经失败后发展了传统的炼金理论。他认为凡是能把自然原料转化为对人类有用的物品的科学都可称为炼金术。他主张,炼金术的目的不是金银,而是健康(制药)。在帕拉塞苏斯看来,四元素中火元素和气元素的代表物是硫,水和精神的代表物是汞,土的代表物是盐。如果身体缺少了哪种元素就可以通过补充相应的元素来治病。尽管帕拉塞苏斯的观点有一定的局限性,但他把炼金术的研究指向实用,清除了不少炼金术的神秘色彩,推动着化学研究朝医药化学的方向发展,这对化学的发展是非常有益的。

在古代朴素物质观的引领下,人们开始了波澜壮阔的化学研究实践,其中最有名的莫过于炼金术和炼丹术。

第三章　炼丹术和炼金术：实验科学的始祖

理论和实践的进步总是交织在一起。有了自然哲学的指导,化学开始以另一种形式——炼金术和炼丹术来发展。炼丹术又称金丹术,起源于中国的方士术,方士们企图从普通药物中炼制出"金液"和"还丹",使人服用后长生不死。炼金术则起源于阿拉伯和西方,以将物质转化为黄金,获得财富为目的,炼丹术和炼金术统称为"金丹黄白术"。在炼丹术和炼金术的发展过程中,发现了一些新的药物,促进了药物学和化学的发展,其实验方法和器皿,可说是现代实验化学的前身。

第一节　中国炼丹术的兴衰

炼丹术最早源于中国。我国古代有"人能成仙"的说法,认为人的肉体可借助于某种神奇药物而获得永生。史前神话中就有嫦娥偷吃了不死之药而飞奔月宫的"嫦娥奔月"。萧史和弄玉一对神仙夫妇的故事：因萧史炼得飞云丹,二人服之,萧史乘龙,弄玉乘凤,升天而去。到了战国时代,长生不老的观念十分流行。秦始皇在统一六国之后,立即派人东渡,去蓬莱仙岛寻求"仙人长寿不死之药"。秦汉以来,阴阳五行说以及冶金、陶瓷和酿造等化学工艺技术已有一定发展,人们掌握了一些物质的变化规律,成为寻求炼制长生不老药的基础。

到公元前140—公元前87年,汉武帝刘彻热衷于神仙长生术,司马迁在《史记·封禅书》里记载了李少君等炼丹家的活动。李少君对汉武帝说："祠灶则致物,致物而丹砂可化为黄金。黄金成,以为饮食器则益寿,益寿而海中蓬莱仙者可见,见之以封禅则不死,黄帝是也。"汉武帝则"亲祠灶,遣方士入海求蓬莱安期生之属,而事化丹砂,诸药齐为黄金矣",这是我国关于炼丹术的最早记录。

到东汉时期,炼丹术又与道教结合,带上宗教的神秘色彩,出现了中国炼丹始祖魏伯阳和他的著作《周易参同契》。这是一部世界上现存最早的炼丹理论著作。书中提到"火记六百篇，所趣等不殊""古记提《龙虎》，黄帝美金华"的记载。从中知道，东汉已有六百余篇的炼丹著作，其中最有名的是托名黄帝写的《龙虎记》。《周易参同契》还记录了许多古代化学知识和药物，如汞、硫、铅、铜、金、硅等元素

图 3-1　炼丹井

的化合物等。道教以老子为宗，倡阴阳五行和神仙之说，炼丹成为道家之学的一部分。

经两晋、南北朝到隋唐，道教的社会地位不断提高。李唐追老子（李聃）为鼻祖，奉道教为国教，炼丹术达到盛极时期。唐高宗曾召方士百余人入宫"化黄金治丹"。这一时期，具有代表性的炼丹家有葛洪、陶弘景、孙思邈等，并且有不少炼丹著作流传下来。所谓仙丹，实际是一些汞、铅、砷的化合物，对人体都有强烈的毒性。因服丹而致死的皇帝和显贵就有多人，仅唐朝就有太宗、宪宗、穆宗、武宗、宣宗等多位皇帝。因此炼丹家自己也对此发生怀疑。如《玄解录》中有这样说法："点化药多用诸矾石、硝、卤之类，共结成毒""金砂入五内有不死之兆，甚错矣！世人岂不知以前服者未有不死之人"。自宋代起，炼丹术逐渐改变方向，转到制药方面，不求长生，但求治病，或转到炼气养神方面，这就是所谓的"内丹"。到了元明两代，炼丹术逐渐衰败。

第二节 炼丹书和炼丹术

《周易参同契》是二世纪初东汉末魏伯阳总结前人炼丹术的经验,结合自己炼丹实践所得而写成的。将炼丹理论与实践相结合,记载了不少化学知识,如汞和硫的化合反应,写到"河上姹女,灵而最神,得火则飞,不见埃尘。……将欲制之,黄芽为根"。姹女指的是汞,黄芽指的是硫黄,意思是说汞加热时要飞散,但得到硫就化合成为硫化汞而固定下来。关于汞与铅生成铅汞齐时,说"太阳流珠,常欲去人,卒得金华,转而相亲,化为白液,凝而至坚"。这里"太阳流珠"也是指汞,"金华"是指铅。意思说汞和铅能制得固体铅汞齐。又说"胡粉投入火中,色坏还为铅",是说碱或碳酸铅遇赤热的炭火,被还原成黑色的铅。在描写金的性质时说"金入猛火,色不夺金光",即黄金在猛火中煅烧,金的颜色和光泽都不变。魏伯阳借金的性质提出:"巨胜(胡麻)尚延年,还丹可入口。金性不败朽,故为物宝,术士服食之,寿命得长久。"认为黄金既然不败朽,服后就可以得长生,这将黄金和炼丹联系起来。《周易参同契》还提出"同类能相变,异类不相成"的理论,说"欲作服食仙,宜以同类者,植木当以粟,覆鸡用其子,以类辅自然,物成易陶冶,……类同者相同,事乖不成宝"。

图 3-2 用水银,白矾和食盐制取水银粉(Hg_2Cl_2)

图 3-3 用水银和硫黄制取丹砂(HgS),是炼丹术和本草学中共同采用的化学方法

晋朝葛洪所著的《抱朴子》要比魏伯阳的《周易参同契》晚200年。《抱朴子》分内外两篇,内篇有二十卷,其中以《金丹》《黄白》《仙药》三篇比较集中地论述了制炼丹药和金银的方法。《抱朴子》这部书集汉魏以来炼丹术的大成,内容比《周易参同契》更丰富、具体。葛洪炼丹术的基本思想和魏伯阳的相似,认为"服金者寿如金,服玉者寿如玉""不得金丹,但服草木之药以修小术者,可以延年迟死耳,不得仙也"。他在《金丹篇》里说:"夫金丹之为物。烧之愈久变化愈妙,黄金入火,百炼不消,埋之毕天不朽,服此二物炼人身体,故能令人不老不死。"所以必须要服金丹。至于怎样去炼金丹,炼丹家都有一个共同的信念,就是五行相生相克的道理。他们深信金银可以从其他物质转化而成。这种思想是建立在机械性类比基础上的,即把金的不朽与人的生死加以类比,由于两者性质完全不同,结果也可想而知。在东汉时期,杰出的思想家王充在《论衡·道虚篇》里早已批判过。他认为万物的生长消亡是自然规律,"……物无不死,人安能仙"。葛洪说的铅和丹能相互变化,他已观察到了化学变化中的可逆性,但没有了解这种变化的实质。同样,在这本书里还谈到"以曾青涂铁,铁赤色如铜"。曾青是指胆矾,书里虽然没有说明怎样涂法,但从现在的化学知识看,这是曾青中的铜被铁置换出来黏附在铁器上而成的,属于置换反应。

炼丹术也有它积极的一面,第一,积累了不少化学知识。在炼丹过程中,用人工方法使物质相互转变,对一些物质和物质间的变化有了进一步的认识。首先,对炼丹术常用的汞、铅、硫三者的性质认识得更清楚了。《抱朴子》上有:"丹砂烧之成水银、水银积变又成丹砂"。其次是把汞制成汞齐。魏伯阳早已有关于铅汞齐的记载。梁朝陶弘景说:"水银……能消化金银使成泥,人以镀物是也。"这就是用汞齐镀金银的方法。《太清石壁记》上的"艮雪丹"就是锡汞齐。《周易参同契》中提出用"黄芽"来制伏水银使它固定下来。这些都是关于汞、硫的性质。第二,和医药联系起来,制得了好几种药品并能加以鉴别。例如升汞和甘汞的制法和性质。升汞又名"降丹",葛洪称之为"白雪"。唐王焘《外台秘要》引崔氏法叙述了它的制法。甘汞古名"升

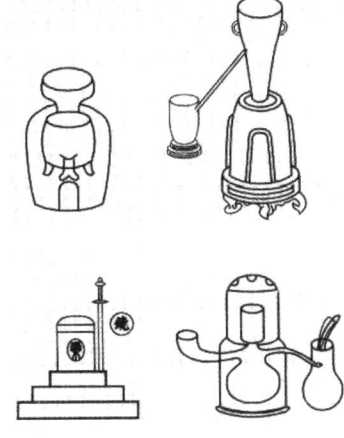

图3-4 古代炼丹器具

丹""白降丹"。唐孙思邈《千金要方》中的"飞水银霜法"就是升汞的制法。《庚道集》中叙述了用汞、硝石和明矾制取升汞的方法。另外，如硝石、朴硝、芒硝在汉朝以前常混淆不清，因为当时它们都是从泥土中提炼出来而且形状也很相似。我国第一个提炼出纯硝石的可能是晋朝的皇甫士安（251—282年），后陶弘景用他的方法分出了硝酸钾。为了与硫酸钠区别，特命名为"真硝石"，用撒在赤热的炭上看是否能促进急速燃烧和燃烧时有无紫色的火焰来加以鉴别。《太清石壁记》上有制"太一雄黄丹"，是把雄黄燃烧后制得氧化亚砷，金丹书上的"北庭砂"与《周易参同契》上提到的硇，就是氯化铵，说它有腐蚀性。在宋朝还从西北地区运进蓬砂（即硼砂）。葛洪提到炼丹所用的药物有水银、丹砂、铅、铅丹、铁赤石脂、硫、雄黄、雌黄、铜、石胆、消石、石膏、滑石、明矾等好多种。第三，创造了不少化学实验仪器。那时炼丹是在丹房里进行的，丹房里有不少设备，如"未济炉""既济炉""悬胎鼎""太一神炉"等都是各种式样加热所用的"丹炉"，或称"丹灶""丹鼎"，有称"神室"或"丹合"的反应器，还有研磨、蒸馏、升华等操作用的特殊设备，所以说炼丹术是近代化学实验的前身。

第三节 阿拉伯的炼金术

从唐朝初期至北宋是炼丹术的盛极时代,此时中国西域有一个国家"黑衣大食",国势强盛,疆域广大,连现在的伊朗一带(波斯)也在它的版图之内。大食帝国与唐帝国交往频繁,使节、商人、教士、学者、游客互相往来,开展贸易和文化交流。中国的炼丹术大约就是在这一时期和造纸术、医药学等一起流传过去。以后在阿拉伯又和希腊传过去的炼丹术相融合,进一步发展成为阿拉伯的炼金术。

阿拉伯炼金术是在八至九世纪间兴起的。它的阿拉伯语叫 al-kimiya。从阿拉伯炼金术所用的方法和药剂来看,它和中国炼丹术有许多相似之处。中国炼丹家常用汞、硫、丹砂和铅丹等为原料,阿拉伯炼金家也常用汞和硫,他们以汞为童女,既能起死回生,又能将铜、铁、铅、锡变为黄金。这和《周易参同契》上说的"河上姹女,灵而最神"以及《神农本草经》上所说的汞能"杀金、银、铜、锡毒"很相似。阿拉伯炼金家用以炼金的仪器设备,从许多阿拉伯语、拉丁语等古老文字写的手抄本上所附丹鼎图可以看出和中国炼丹家所用的丹炉、丹鼎、蒸馏器很相似。中国汉代有炼假金的,西方炼丹家也说:"凡只用药使外表成黄色、白色而贱质还在里面,这是骗局,所做的金银必非真的。"凡此种种,都说明了阿拉伯的炼金术和中国的炼丹术是一脉相承的,它是从中国传去的。但它们也有所不同,如中国炼丹家是以五行说物质可以相生相克为理论根据的,以炼丹为主;阿拉伯炼金家是以炼金为主,以"四元素说"为依据,认为物质可以相互转变,可以把一般金属炼成金银。

在八世纪时,阿拉伯炼金术的代表人物是贾伯(Geber,721—815 年)。他的原名是贾比尔·伊本·海杨(Jabir Ibn Hayyan),是一位学识渊博的医生。他所著的书籍很多,其中比较重要的有《炉火术》《物性大典》《东方水银》《一百二十卷》《完全的探索》《真实的发明》《智慧之箱》等等。阿拉伯炼金家认为金属可以相互转变,用水银可以将铜、铁、铅等变为黄金,用汞、硫、丹砂为原料可以炼金,都是这些书上提出来的。贾伯不但长于理论,在实践工作方面也做得很出色。贾伯对蒸馏、过滤、升华、焙烧等操作方法很熟悉,他用过水浴和灰浴(ashbath),在他的书里第一次提到硫酸、硝酸和王水。他详细说明了蒸馏明矾可制得硫酸,用硫酸和硝石反应可以制得硝酸,加硝酸于硇砂可得王水,他称硝石为"中国雪",因为是从中国运去的,他在《智慧之箱》里有这样一段记载:"先取一分胆铜,二分硝石,十分矾土,在蒸馏瓶中将混合物加热到通红,则液体从混合物中抽去,这样的溶液有很好的溶解作用。"这说的显然是硝酸的制法,在他的书里还这样描述辰砂的制法:"取圆玻璃器,放入一些汞,另取黏土瓦罐,里面盛黄色硫粉。将容器放在瓦罐上,用硫填到它的边缘。封瓦罐空隙,用文火将瓦罐放在炉火上烧过夜,此后就发现汞变成血红色的岩石。"

当时人们对于苏打和锅灰(碳酸钠和碳酸钾)不能辨别,而且把用不同方法制得的碳酸钾当作不同物质。贾伯曾用焚烧涠石和海草分别制得苏打和锅灰而加以区别。他还从所得的酸和碱的反应制得了许多盐,如硝酸钡、氯化汞、硫酸亚铁、氯化铵、硼砂等。贾伯还知道许多金属氧化物和硫化物,也知道金属与汞能制得汞齐。贾伯认为炼金家必须重视实验。他说:"谁不作研究和实验,则他任何时候都将一事无成,……术士们感到高兴的不是因为有了大批材料,而仅仅是因为得到了完善的实验方法。"

在贾伯之后,炼金术的著名学者拉泽(Alrazis,860—933年)也兼通化学与医药学,并且也主张炼金者必须重视实验。拉泽的炼金术著作多与医药学相结合,著有《秘典》《哲人石》《医学集成》等书。当时的炼金家认为炼金不是单纯的为了制取黄金,它也在找寻治病的圣药。拉泽把当时已知的物质分为四类:植物性的、动物性的、矿物性的、衍生性的。他把密陀僧、铅丹、赭石等都列入衍生物一类。他还把矿物分成六个部分:①醇(汞、硫、硇砂、雄黄、雌黄)、②金属、③石、④矾土、⑤盐、⑥其他。在他的著作中把白铜称为"中国铜",并说瑜石是从中国去的。在拉泽的著作中,还对炼丹家所用的仪器设备作了比较详细的介绍,有风箱、坩埚、烧杯、蒸发器、砂浴、焙烧炉、铁剪、勺子、锉刀等。拉泽所著《秘典》是一部炼金术的基本原理书,他的著作和实验对西欧炼金家具有很大的影响。

在十世纪时,阿拉伯又出现了一位著名的炼金家和医学家阿卜·阿里·伊本·西那(Abu Ali Ibun Sina,980—1036年),拉丁文中称他为阿维森纳(Avicenna)。他在医学上有较深的造诣,并曾研究过文艺、哲学和自然科学,是一个集阿拉伯炼金术、医学和哲学等知识大成的著名学者。阿维森纳有许多著作,其中以《医典》一书最具有代表性。这虽然是一部医书,但其中也有关于矿物的组成和对炼金术的见解。他把无机物分成石、可溶物、硫和盐四类。他认为石生于水同时受干素的作用而生成,明矾和硇砂是含有土和火的盐,金属是由硫、汞和决定金属本性的杂质所组成,汞是金属的精灵,硫使金属有可变性。这些说法虽然仍立足于四大元素论,但他的基本观点却与前人不同,他认为金属不能互相转变。他说:"我在任何时候也不会明白金属能由一种转变为另一种。相反,我认为这是不可能的,因为没有使一种金属转变为另一种金属的方法。"他认为炼金家只能得到贵金属的合金或使金属带有贵金属的颜色。阿维森纳的这个见解,当时并没有引起人们的重视。在十一世纪以后,阿拉伯炼金术逐渐带有神秘色彩,注重实际的实验精神被埋没,进而日趋衰落了。

第四节　欧洲的炼金术

炼金术传入西欧约在十一至十二世纪。在这以前西欧文化受天主教会宗教教条和烦琐的经院哲学的束缚，得不到发展。其时只有东南欧地处欧洲交通要冲的拜占庭帝国，和东方国家接触较多，在物质文化和思想上有一定的交往，引入了东方文化知识。在十字军东征以后，西欧和东方国家的贸易通路被打开，对西欧文化的发展起了促进作用。那时西欧的一些学者看到了东方国家具有高度的文化科学水平，把一些阿拉伯著作翻译成拉丁文，就这样阿拉伯的医学、天文学、数学、哲学传入了西欧。与此同时，阿拉伯的炼金术也被介绍到西欧，1144 年用英文译出了《炼金术的内容》一书，到了 1350 年，翻译的炼金术著作有七十多种，这说明炼金术在西欧相当兴盛了。

炼金术传入西欧后，就被封建统治者所操纵和利用。在中古时代后半期，欧洲各国迷信炼金术的封建统治者有英王亨利六世（Henry Ⅵ）和爱德华四世（Edward Ⅳ）、法王查尔斯七世和九世（Charles Ⅶ和Ⅸ）、丹麦王克利斯宣四世（Christion Ⅳ）、瑞典王查尔斯十二世（Charles Ⅻ）、普鲁士王佛利特力克一世和二世（Frederic Ⅰ和Ⅱ）等。此外，还有罗马教皇约翰二十二世（Pope John ⅩⅫ）。那时，宫廷里支起了炉火，驱使炼金术士们日夜炼金。许多天主教徒自己也是炼金家，丹房就成了教堂的附属物。炼金术和宗教以及帝王相联系，这种情况与中国汉代炼丹术和道家以及帝王相联系完全相似。当时欧洲封建统治者之所以热衷于炼金术，一方面跟他们贪得无厌、欲壑难填有关，另一方面与当时社会经济的变革也有关系，封建统治者对内压迫人民，对外扩张势力，要求国家的财富取之不尽，用之不竭。这样他们只有求助于炼金术，希望能点石成金，满足他们的欲望。然而炼金术毕竟是伪术，炼出来的实际上都是些伪金，而炼不出时，炼金术士就有入狱和被处死的危险。所以当时的炼金术弄得非常诡秘隐讳，有些帝王对此产生怀疑，而炼金术士对帝王也具有戒心。从十世纪到十六世纪六七百年间，欧洲的炼金术也有过反复，但多半统治者还是迷信此道。例如，在英王亨利六世以前，曾判定法律禁止炼金术，但亨利六世却热爱此术，加以提倡和保护，竟豢养炼金术士三千人之多，结果，使假金币流传甚广。法王查尔斯七世因和英国作战，需要黄金，于是甘心充当炼金术的奴隶，奉"哲人石"为神灵，结果也制造了许多伪金币。在十五世纪时,英国国会曾通过一条法令:"从今以后,无论何人,不准制造金银或用这种制造技艺,违者要论罪。"但炼金术没有因此销声匿迹,在此后一段时间,炼金术还是很盛行。英法政府仍用合金制造货币。

在十三世纪时,欧洲比较重要的炼金家有英国的罗吉尔·培根(Roger Bacon,约1214—1294年)。他是英国第一个炼金家,曾在牛津和巴黎学习过,当过僧侣,擅长天文和光学。他的化学著作有几十种,其中有十八本是炼金术的书。罗吉尔·培根曾因"巫术惑众"而被下狱,他因此著文自辩说:"人们认为奇怪的事情,其实是由于缺乏自然科学知识的缘故。"他相信亚里士多德的土、火、水、气四元素说和"原质"说,认为炼金术是叙述制备某些灵药的科学,当这些灵药投入金属或不完备物上时,能立即使后者变成完善物。他所说的完善物指的就是金银。培根认为汞、硫是原始物,汞是金属之父,硫是金属之母,黄金是由纯汞和硫制成的。他把炼金术分为理论和实践两种,认为理论炼金术是研究金属和矿物的成分和起源以及其他变化的,而实践炼金术是研究金属的制备、净化和各种颜料制造的。培根曾因观察到在密闭器皿中燃烧的灯火会熄灭而证明空气是燃烧所必需的。他曾在旅行中从阿拉伯人处得知中国火药的配方而带到英国,因此有人误认为他是火药的发明人。

早期的德国炼金家当推马格努斯(Albertus Magnus 或 Albert Groot,1193—1282年)为代表,他当过僧侣,搞过医卜星相之术,著有《炼金术》一书。他也相信金属是汞和硫所生成的。在他的著作中叙述了升华法和蒸馏法的操作,介绍了蒸馏瓶、水浴、炼金杯(Cupel)等仪器,还叙述了苛性碱、明矾、铅丹、砒石、酒石等物质的性质和制法。辰砂虽然是人们早已知道的物质,但在他的著作中提到了可用升华法制取。

法国炼金家吕律(Raymond Lully,1235—1315年)是培根的弟子,英王爱德华一世曾请他在造币厂中点金。他曾说:"假如海是汞做成的,我将使它变为黄金。"这当然是一种夸口,但他的同时代人却认为他真正制得了"哲人石"。吕律著有《伟大的艺术》一书,号称它是解决化学问题的真正指南,因而出名。

十三世纪时,人们相信只要能制得"哲人石",取一些加到正在熔融的贱金属里,就会使贱金属变成金银。至于"哲人石"的制法传说是由金、银、汞三者制成的。但所用的不是这三种金属的本身,而是它们的化合物氯化金、硝酸银和氯化汞。"哲人石"的制法传说可分为三个步骤。第一步是制备原料,先要制取纯净的黄金和白银,然后使它们溶解。溶解的方法是炼金家最为保密的,大概用王水溶解金,用硝酸溶解银,再用王水溶解汞而得金、银、汞三者的混合物。第二步是泡制,把制得的原料放在"哲人蛋"里泡制,即放在玻璃器皿中密闭后再放在一种特制的炉子上长时间地加热,有时需要几个月,模仿矿物在地下生成的样子。炼金家非常注意"蛋"中物质的颜色变化,起初混合物是杂色的,加热后顺次变黑、灰、白、绿、黄等颜色,最后变成红色。这时火候恰到好处,于是将红粉取出。第三步是固定,为了增加红粉的力量,将少量黄金先在坩埚中熔化,然后撒入少量红粉,加热,再撒入红粉,再加热,待相当量的红粉被黄金吸收后,即制得类似红铅的块状物,这就是"哲人石"。

炼金术士们常常把他们所搞的那一套弄得非常神秘,玄而又玄,令人难以理解。试看吕律在他所著的《太上妙术》中提出的一种逻辑公式:绕一同心圆旋转的七个同心圆,保持着一定位置,当圆旋转时,产生组合不同的时而有意义、时而无意义的字组。这些字组足可解决所提出的问题。吕律把它说成是神圣不可侵犯的学说,并对它的内容加以保密,他说靠这种固定公式,可以解决炼金术士所遇到的各种实际问题,这真是不可思议。

此外,中世纪炼金家还常用一些符号来代表他们所用的原料和进行的化学反应,炼金家考虑到天空中的物体与金属间很有相似之处,所以常用天文学的符号来表示金属。例如:用日月代表金银,用战神麦斯(Mars)的盾与矛表示铁,以金星维纳斯(Venus)的圆镜表示铜,用罗马土星神赛端(Saturn)的镰刀表示铅,用木星神朱庇特(Jupiter)的御座表示锡,用希腊水星神赫尔墨斯(Hermen)的蛇杖表示汞等。他们还用一些鸟兽来表示化学反应。例如:上飞的鸟表示升华,下飞的鸟表示沉淀,用两只鸟表示蒸馏,三只鸟表示挥发,狮吞日月表示金或银溶于一种溶剂中,新生胎儿用以表示制取"哲人石"的手续完全等。

尽管欧洲炼金术有其荒诞的一面,但一些炼金术士在实际操作过程中,完成了不少化学变化,积累了一些实验的方法与手段,对后世化学科学的发展起到了积极的作用,被马克思、恩格斯誉为"现代实验科学的真正始祖"。

第四章　医药和冶金：人文化学的发端

炼丹和炼金目标的虚无和荒诞，终究使之走向消亡。明朝的李时珍就根据六朝以来久服水银而造成终生残废的历史事实，驳斥了炼丹术久服以水银炼制的丹药可长生不老的无稽之谈，提出："方士固不足道，本草岂可妄言哉。"欧洲的炼金术在十五世纪以后，随着资本主义的兴起和近代自然科学以及唯物主义的兴起而衰落了。因为年青的资产阶级是实干家，他们需要的是从金矿、银矿和其他矿石中，用机械和化学方法炼出真正的金银以及其他金属用来发展资本主义生产，他们不再做"哲人石"点石成金的迷梦，转向真正为人服务的药物制造和冶金化学。

第一节　中古时期的医药学

一、中国的本草学

中国医药学是一个伟大的宝库，它是中国人民几千年来和疾病作斗争积累起来的医药知识。医学和药学虽是两个部分，但它们是分不开的。药学部分传统上叫作"本草"，主要研讨医疗上所用的药物。古时的本草只谈药理，大约在宋朝以后，都附有医疗处方了。在本草中蕴藏者丰富的化学知识。

我国本草的历史悠久，《淮南子·修务训》中有"神农尝百草，一日而遇七十毒"的传说。这说明了古代人们为了寻找食物和发现药物，经历了艰难的过程。他们遍尝各种动、植、矿物，作出了巨大的牺牲，才逐步积累起丰富的药物学知识。成书于西周时的《诗经》中曾有关于药物的零星记载。《廊风》有"陟彼阿丘，言采其蝱（méng）"，蝱就是贝母；《国风》有名篇曰"中谷有蓷（tuī）"，蓷就是益母草；《豳风》有"十月蟋蟀入我床下"，蟋蟀可入药；《邶风》有"得此戚施"，戚施就是蟾蜍。这些都是药。战国时成书的《山海经》中记载动、植、矿物等药物有一百二十多种,并说明了这些药物的作用。如莽草可以毒鱼。礜(yù)石能毒鼠,菁蓉(gū róng)食之使人无子,流赭以涂牛马无病,熏草佩之可以医病,箴(zhēn)鱼食之无疫疾等等。

据《汉书·艺文志》记载,那时有医经七家,共216卷;医书十一家274卷,到了汉代则集先秦医药学之大成,有不少出土文物可佐证。长沙马王堆一号汉墓发掘出不少中草药。河北满城发掘的汉中山靖王刘胜墓(公元前113年)保存有一批制造精美的医药器具,其中有医用铜盆、铜制滤药器、银的灌药勺等。1972年在甘肃武威发掘出东汉早期(一世纪)的"医药简牍",列举了一百种药物,其中植物药63种、动物药12种、矿物药16种、其他9种。这些简牍中还详细记载了药物的炮制、剂量和用药的方法。汉代还编成了系统的本草学著作。

中国最古的一部本草是《神农本草经》,简称《本草经》或《本草》,这部书也是世界上最古的药物学书籍之一,一般认为是从周代到汉代之间有关药物学知识的总结,是由集体编写而成的一部系统的专著。它的成书历程经过很长一段时间,中间不断增补,其中东汉的材料似乎较多,最后在东汉末年才有了这部书。大约在六世纪初期,陶弘景把它和汉魏以后的医药著作《名医别录》夹写在一起,并且加入他本人的小字注解,成为《本草经集注》。

到了唐代,本草学也有进一步的发展,唐代宗显庆二年(659年)由国家颁布了第一部药典,名《新修本草》(又称《唐本草》),比世界上有名的《纽约堡药典》还早9个世纪。这部药典是由苏敬等人根据陶氏《本草经集注》加以增补而成,加入不少中原和南方不生产的药品,共记载药品844种,还附有注解和图谱。

北宋元祐年间(1086—1093年),医药学家唐慎微等人编写了一部比《唐本草》更为详细的《经史证类备急本草》。宋徽宗赵佶命专家审定后,在大观二年(1108年)改名《大观本草》。后在政和年间(1111—1117年)经曾孝忠校正,定名《政和重修经史证类备用本草》,又称《政和本草》,这部书载药增至1746种,包括无机药253种。由于宋代造纸术和印刷

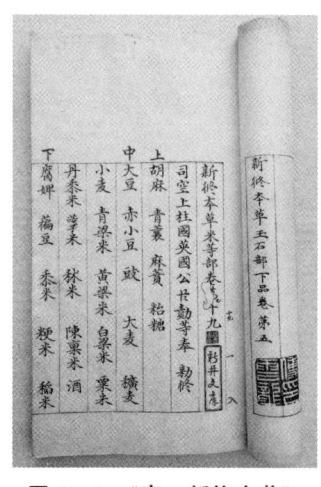

图4—1 《唐·新修本草》

术的发展,对科学文化的传播提供了物质条件,这部书是中国最早印刷的本草书,既保存了《本草经》《本草经集注》《新修本草》直到北宋年间的许多本草内容,还记载有许多古代医方。

本草学到了明代又有一部巨著《本草纲目》问世,中国书名凡是称为《纲目》的都是博大精湛的巨著。《本草纲目》这部巨著是明代李时珍(1518—1593年)花了将近三十年的精力完成的。全书有190万字,52卷,分16部,62类。收药1 892种,附方11 096个,附图1 160幅。书中无机药分水、火、土、金、石五部,植物药分草、谷、菜、果、木五部,动物药分虫、鳞、介、禽、兽、人六部。《本草纲目》对我国古代本草药作了一次历史性的总结,对当时的

李时珍

药物作了新的系统分类,增补了新药374种,注明了一些药物的制备方法,还消除了先前存在的一物数名和某些物质因外形有异而被视为不同种类的现象,它在植物学、动物学、矿物学等方面都作了突出的贡献。

李时珍,湖北蕲州人,世代业医。祖父是"铃医",游方行医。父亲李闻言也是医生,在当地颇有名声,著有《人参传》《蕲艾传》《四诊发明》等书。在家庭环境影响下,李时珍自幼爱好医学,在多次乡试落第后,于二十四岁开始随父正式行医。

那时的医药界一般都以《神农本草经》为经典著作,不敢有所改动。但《本草经》确实存在不少问题:分类不科学,不管药物的特征、性质和功用,人为地划分为上、中、下三品;药物名目混乱,往往一物异名或异物不分。从北宋唐慎微著《证类本草》起到李时珍已经过了四百多年,人们对药物的性质、功用又有了新的认识,矿业生产的发展和中外药物交流又提供了不少新药物。旧《本草》亟待整理修订。李时珍通过大量的医疗实践,深切感到必须重新编写一部分类合理、纲目分明、名称统一、适于治病的新《本草》。

1551年,李时珍治愈了蕲州富顺王朱厚焜的孙子和武昌楚王朱英㷿儿子的难症,被聘为楚病奉祠所奉祠正,主管医务。从第二年(1552年)起他就着手修订《本草》。1556年,李时珍被推荐进京入太医院。他在太医院任职仅一年有余,当时皇帝明世宗朱厚熜迷信丹药、不视朝政,住西苑万寿宫修道长达二十年之久,对于李时珍建议由政府组织人力重修《本草》,当然不重视。李时珍感到他

的崇高愿望不能实现，便托病辞官回乡。但在这一年多时间，他博览了太医院的书籍资料和国内外进献的许多新药物，又在北方考察了草、木、虫、鱼等类，对修订《本草》有一定的帮助。

1561 年李时珍回家乡定居于雨湖北岸，开始专心研究"本草"，同时开业治病。他研读医书、药书和各种参考书籍八百余种，手头又积累了大量单方、验方、医案和读书札记，可以着手整理了。他考证实物，辨别它们的形色、功用等，纠正了古书上存在的许多问题。为了对那些未曾见到过的药物进行考察，李时珍从 1565 年起十多年间，几次远游旅行，足迹遍及蕲州城北的龙峰山，湖北武当山，江西庐山，以及河南、安徽、江苏等地。在考察期间，除了他的徒弟庞宪和儿子李建元伴随外，每到一处都得到当地农民、樵夫、猎户的帮助，他向有经验的人请教，采到了许多没有见过的新药，弄清了许多疑难问题。例如陶弘景《本草经集注》说远志叶大，而宋《本草》说远志叶小，经过实地采集方知远志有大叶、小叶两种。又如曼陀罗花（洋金花）旧《本草》未有记载，据老乡说将籽用酒吞服，会使人发笑。李时珍经过自己试验，才知它有麻醉作用。

李时珍在实地考察的基础上，进一步将药物进行分类，着手编写制图。他日以继夜地紧张工作，动员全家都参加这项工作，帮助他抄写和绘图。为了提高质量，他曾三次易稿重写，直至 1578 年完成。如果从 1552 年开始着手编写算起，整整用了二十七年。这项工作是艰巨的，也是难能可贵的。这部巨著写成之后，李时珍却找不到刻印的地方。直到十二年之后（1590 年）南京一个出版商认为这部书有利可图，才刻印了，在 1593 年，这部书还未全部刻印完毕，李时珍就与世长辞了，终年七十六岁。1647 年《本草纲目》中植物部分第一次被译成拉丁文，名为《中国植物志》。现在《本草纲目》已全部译成拉丁文、英文、日文、德文、法文、俄文等，流传全世界。

李时珍除《本草纲目》之外，还有《濒湖脉学》《奇经八脉考》《白花蛇传》《濒湖医案》等著作。《本草纲目》是我国伟大的文化遗产，也是世界重要的科学文献。

1765 年，清代赵学敏又为《本草纲目》作了增补，名《本草纲目拾遗》，比《本草纲目》增加药物 776 种。从《本草经》到《本草纲目拾遗》，其间经过二千多年，我国在药物学方面积累了丰富的经验，为中国医药和世界医药学作出了伟大的贡献。

二、欧洲的医药化学

炼丹术在十一至十二世纪传入西欧。当时炼丹术是炼丹治病求长生之术,又是使其他金属变成黄金之技。但是欧洲的炼丹家往往偏重于炼金,将化学禁锢在炼金术的狭隘范围之内。到了十五至十六世纪,欧洲资本主义开始萌芽和发展,思想体系和科学文化随之发生变革,当时欧洲在化学领域内产生了两大变化,一是冶金的兴起,另一是医药化学的诞生。

欧洲十五世纪以前所用的药方是从阿拉伯人那里得来的,药品完全取自植物。那时阿拉伯人已能用蒸馏法制取蒸馏水、挥发油和酒精作为配药之用。医术是靠世代相传的方法,奉古代两大医家加伦(Galen,130—201年)和阿维森纳的学说为圭臬,不敢逾越。加伦是二世纪的罗马医生,他只讲药物的药理性质,不注重化学性质,所谓药理性质,不过是亚里士多德的水、火、土、空气四元素说。阿维森纳是十世纪的阿拉伯医生,十六岁时就以医术驰名,在理论上也信奉四元素说,著有《药剂规范》(Canon of Medicine)一书,这是十五世纪以前欧洲的医药材料。

在十五至十六世纪欧洲出现新的医药家中,以费来丁(Valentine)和帕拉塞斯(P.A.Paracelsus,1493—1541年)两人最为著名,两人对加伦的药理提出质疑,提倡用化学方法制取药物,呼吁医学家要重视化学药品和化学知识,从此兴起了欧洲的医药化学。帕拉塞斯,瑞士人,是十六世纪西欧最负盛名的医药家。在十六岁时,他的父亲曾教他医药学和炼金术。后来在巴斯尔(Basle)大学读书,不久就到欧洲各国游历,也到过亚洲和非洲。1526年,巴斯尔执政者请他到大学里当医药教授。他第一次上课时,就将当时人们最崇拜和信仰的加伦和阿维森纳两人的医书烧掉,他主张医生要注意研究药物的化学性质,学习有关这方面的知识,而不要盲目用药。当时研究化学的都是些炼金术士。帕拉塞斯极力驳斥炼金术,他认为化学的最大作用不在于炼金,而是要用来制药。他在大学仅任职两年,以后又去旅游行医,在四十八岁那年,他因病逝世。帕拉塞斯的功绩是把化学从炼金术的禁锢下解放出来,并推翻当时传统的一些药方。为了制备和提纯药物,他曾做过许多无机物之间的化学反应的实验,为化学开创了新的研究途径。

在帕拉塞斯之前风行的药理性质是四元素说,帕拉塞斯则认为费来丁所提倡的盐、硫、汞三元素说是正确的，并加以推广。他们都认为万物都是盐、硫、汞三种元素以不同的比例所构成的。盐是不挥发不易燃的元素，硫是易燃元素，汞是挥发的液体元素，某物质的性质就是由这三种元素成分的多少决定的，甚至人的疾病也是由人体内这三种元素多寡不适当而导致的，所以必须用化学方法制造药物来调节使之适合，因此他认为化学知识非常重要，凡是习医的不可不学习化学。但是帕拉塞斯自己的医道并不高明，在医疗实践中，如用一些无机药物作为内服或外用，他不但用汞和锑，还用铅和铁、砷等以及它们的化合物，这样做虽然也治好了一些病，但被他治死的人也不少。

帕拉塞斯写过一些有关化学知识的著作，叙述了一些新药物的制备方法。在他的著作里有不少比炼金术士高明的化学知识。例如，他区分了白矾和蓝矾，提到了二氧化硫的漂白作用，描述了铁粉与硫酸作用时产生的气体等，他还建议在化学实验中要采用重量法，说"重量是不会骗人的"。但是在他的著作里也有一些糟粕的东西，他说物质都具有可见性和隐藏而不可见的两种属性。由于他的世界观是唯心的，迷信多神论，认为人体的五脏各有神主宰，病能不能治好是由神的意旨所决定的。由于他提倡药品必须用化学方法制备，故推动了化学向医药方面的发展。

帕拉塞斯学派在欧洲的影响继续了一百多年，在他死后，他的学生和追随者按照他的学说办事，由于用有毒化学药物医治疾病，发生了不少事故，引起了医药家和化学家的非议。继而出现了几位在化学和在医药方面颇有贡献的人，其中著名的有李巴维、海尔蒙特和辛尔维等人。

李巴维（Andreas Libavis，1540—1616年）是一位德国医生，他做过利顿（Leydan）大学的化学教授。由于他的大力提倡，欧洲第一所化学实验室就设立在那里。他大半生从事药物制造，对帕拉塞斯的批评持实事求是的态度，他承认帕拉塞斯提出化学对医学的重要性是正确的，但又指出帕拉塞斯和他的学生以及追随者们在用药上是有问题的。李巴维的著作《医药化学全集》总结了他多年实验和研究的心得，描述的事实很详细，为医药化学增添了不少新内容，这部书共出版了三卷，在一个时期内曾用作医药教科书。他证明蒸馏白矾和绿矾所得的酸与硝石和硫燃烧所得的酸同样都是硫酸，曾用锡和氧化汞加热制得了四氧化锡，用铜化合物的溶液与氨作用获得了翠蓝色的物质。在他的著作中还记述了他对化学实验室的设计图和修建计划。

海尔蒙特(B.Van Helmont,1579—1644年)是比利时人,贵族出身,家产很丰硕,专心求学,后来在布鲁塞尔当了医生。他游遍欧洲,发现当时的欧洲各地人们医药化学知识非常贫乏,很多地方仍用草药治疗,他决心推广用化学药品医治疾病。海尔蒙特曾研究过胃液和胆汁,辨认出前者为酸性,后者为碱性。他认为胃中酸汁过多,当胆汁不足以中和它时就会生病,治疗时需要用碱性盐。反之,如果胆汁太多,应用酸性盐。海尔蒙特不承认亚里士多德的四元素说和帕拉塞斯的三元素说。他主张元素只有一个,那就是水。他认为万物皆生于水,例如有机物燃烧时往往有水生成,鱼类依水为生,此外他还做了柳枝实验来证明,他在一只盛有200磅烘干土壤的大盆中,栽上了一枝重5磅的柳枝苗。在盆上罩了盖子,不让灰尘落进去,不加肥料,只用清水灌浇。经过五年后,称得树和每年落叶所增加的重量169磅3盎司,再把泥土烘干,称得重量只比以前减少了2盎司。因此,他认为柳树和落叶所增加的重量164磅都来自水,这个结论当然是错误的,但海尔蒙特用实验来论证他的理论,这个方法是可取的。他通过实验,在化学上做出过不少贡献,例如,他曾建议用天平进行定量实验,用水的沸点和冰点作为温度计的标准,深信在蓝矾溶液中加入铁后析出的铜是原来存在于溶液中的,他用实验证明了玻璃中含有硅石,用酸处理时就会析出。他在水槽还没有发明以前,就发现了碳酸气和氨气。他还指出气体与蒸气是有区别的,蒸气比空气容易凝结,气体这一名词也是海尔蒙特命名的。

辛尔维(Sylvius,1614—1672年)传说是荷兰人,是继李巴维和海尔蒙特后的大医学家。他澄清了这两个人在医药学中的迷信部分。他说动物身体里各种生命过程都是化学过程,呼吸是和燃烧相似的现象。他辨别出动脉血和静脉血,前者因有氧气所以现鲜红色。他在生理学和医学上都做出了一定的贡献。在这一时期,也有其他一些医药化学家的研究丰富了化学的内容。

第二节 中古时期的冶金学

在我国商周时期,青铜的冶炼技术已有了很高的水平,经过春秋战国,青铜一度在制造兵器和生产方面进一步有所发展。在冶铜技术中,我国古代劳动人民早就认识到铜盐溶液里的铜能被铁取代,从而发明了"水法冶铜"的新途径。这一方法以我国为最早,是水法冶金技术的起源,在世界化学史上是一次重大贡献。到了秦汉,在冶金技术上的突出成就则是炼铁技术的兴起和铁器的广泛使用。铁制工具的使用,促进了社会生产力迅猛发展,也推进了新兴的封建社会的建立,进一步解放了生产力,为冶金技术的发展创造了条件。

在欧洲,新兴的资产阶级要发展生产力,就需要发展社会物质生产,开矿冶金积累实际的物质财富,他们需要的不是炼金术士的哲人石或火炉中炼制的伪金,而是从金矿、银矿和其他矿石中,用机械和化学方法炼制出的真正的金、银及其他金属来发展资本主义生产。正是在这种背景下,十五至十六世纪化学在冶金领域内,也开辟了新的研究方向——冶金化学。

冶金化学领域里,最有影响的是意大利人毕林古乔(V. Biringuccio,1480—1539 年)和德国人阿格里柯拉(Georg Agricola,1490—1555 年)。毕林古乔是一位应用化学家,其代表作《烟火术》一书于 1540 年出版。该书是他根据自己的观察和经验写成的,主要论述用火制取各种物质的生产技术,其中包括非金属矿物如硫黄、矾类、砷、硼砂、盐类等的开采和提炼,也包括金属矿物的加工、冶炼、铸造等,还包括烟火(火药及其他爆炸物)的制造技术。该书共 7 卷,内容丰富、插图生动,问世后受到一些工艺家的重视。毕林古乔对炼金术持批判态度,认为不同的金属是不能相互改变的。

阿格里柯拉是德国矿区的一位医生,虽然不专门从事实际的采矿和冶金方面的工作,但是他在矿区工作多年,记录了矿工们大量的实际经验,并亲自进行过多次调查,写下了关于冶金和矿物学的多部著作。其中《论金属》是他的一部总结性代表著作。该书共分十二卷,按生产顺序论述了寻找矿脉、开采矿石、矿石加工、炼制金属产品和分离金属元素的详细过程;还记叙了矿石机具、规划、贵金属和非金属的分离、检验等内容。

《论金属》一书由于体裁新颖、内容充实、插图精美,于 1556 年一问世就受到普遍欢迎，因而多次再版，在欧洲各国广为流传。它既是矿冶技术家的必读手册，又是冶金史和化学史上的重要著作。《论金属》一书大体上摆脱了炼金术的束缚，较好地体现了文献与实际调查相结合的原则，用简洁生动的语言系统地描述了当时欧洲特别是德国的矿冶技术的实验过程，书中写有丰富的化学内容，同时还十分强调定量研究方法的意义。这表明化学已从工艺技术向独立的学科靠近。

第三节　中古时期有关化学的著作

一、中国古代有关化学的著作

中国古代在化学工艺学和实用化学知识方面积累了不少经验,在长期发展过程中也陆续产生了反映这些化学知识的一些科技著作,其中最早的应推先秦的《考工记》,在中世纪有北魏时代的《齐民要术》,北宋时代有《梦溪笔谈》,明代末年有《天工开物》。这几部著作是具有代表性的,它们对于传播中国古代化学知识都起了一定的作用。

《齐民要术》是六世纪中叶杰出的农业科学家贾思勰所著。他是山东人,曾做过高阳郡(今山东临淄县)的太守,他的足迹遍及山东、山西、河南、河北等地,考察过上述地区的农业生产情况,后来回故乡经营农牧业生产。在广泛调查的基础上,他总结了历代劳动人民在黄河流域中下游地区农业生产实践所积累起来的丰富经验,有些还经过自己的实践,最终在533—544年完成了这部具有历史意义的著作。这部书基本上是一部农业书,共分十卷、九十二篇,内容非常丰富,包括农艺园艺、土壤耕作、栽培技术、选种留种、畜牧兽医、蚕桑技术、农业品加工贮藏、野生植物的经济利用等,其中有丰富的动植物学等知识,还谈到了一些农产品化学加工以及农业化学方面的知识,如有关酒、醋、酱的酿造知识,淀粉制法、食醋精制、煮胶、染色、香料等,这些都是当时的手工业化学知识,大多是有机化学方面的知识。

贾思勰重视实践,他认为即使一个人有禹汤文武之才,还不及亲身体验所得真实。因此,他很重视老农的经验。在编写《齐民要术》过程中,他"采据经传,爱及歌谣,询之老成,验之行事",刻苦钻研,博览群书,引用了先秦以来的有关著作一百五十多种。其中有许多古籍现已散失,由于贾思勰的广征博引,在《齐民要术》中保存了它们的吉光片羽。例如我国古代最早也是世界上最古老的一部农学著作《氾胜之书》,是距今二千年前的著作,早已散失,现在所传的《氾胜之书》的内容,主要是从《齐民要术》中辑录出来的。农谚是民间口头相传的劳动人民生产斗争经验的总结。贾思勰广泛采用农谚、请教老农、进行实地观察,以实际知识为基础,所以这部书反映了北魏以及以前劳动人民生产知识的结晶,提供了

第四章 医药和冶金:人文化学的发端

极为丰富的科学知识。

《齐民要术》不仅在农作物栽培技术方面有卓著的贡献,它在农业生物学方面也有重要的记载。例如它最早叙述了利用豆科植物根瘤菌以增加土壤中的氮肥。说将豆科植物的根深翻到泥土里,明年春耕可以肥田。这部书里还详细叙述了植物芳香油的制法。先将一些含芳香油的植物用酒浸取,再与胡麻油、脂肪共热,经蒸馏出易挥发的醇和水,芳香油就转移到脂肪里成为"香泽"了。他说:"好清酒以浸香……用胡麻油二分,猪脂一分,内铜铛中,即以浸香酒和之,煎数沸后,使缓火微煎,然后用所浸香煎。缓火至暮,水尽沸定,乃熟。"在谈到染色时,如对"河东染御黄法"的记载也很符合科学性。"碓捣地黄根令熟,灰汁和之,搅令匀,搦取汁,别器盛。更捣泽,使极熟,又以灰汁和之如薄粥,泻入不渝釜中煮生绢,数回转,使匀,举有盛水袋子,便是绢熟……"灰用"柞柴、桑薪和蒿灰等物""大率三升地黄,染得一匹御黄",地黄是一种植物,它的根中含有一种媒染染料,必须经金属媒染剂作用才能形成固定的黄色。这里用植物灰汁就是利用其中含有的金属媒染剂。《齐民要术》上所记载的都是些实际经验,所以叙述得既详细又具体。

《梦溪笔谈》是北宋时沈括所著。沈括字存中,浙江钱塘(今杭州)人。青少年时代,曾跟随父亲到过泉州、开封、江宁、苏州等地,除了刻苦学习,对各地的风土人情以及工农业生产情况都有一定的了解。沈括二十三岁时,荫袭父亲的功名,当了沭阳县主簿,以后还做过东海、宁国、宛丘的县令,在沭阳和宁国,沈括积极兴修水利,并亲自参加测量和筑圩等工作,这为他以后在水利、测量、地图等方面取得成就打下基础。

1063年,沈括去东京(今开封)应试,举进士第。1066年被调进京,担任昭文馆校勘。这使他有机会阅读了丰富的藏书。在1074年前,他兼任司天监,对天文和历法进行了深刻的研究,还亲自动手研究改进了天文仪器,写了《上浑仪》《浮漏》《景表三仪》等文章,建议采用太阳历,在天文和历法方面都有建树。1070年,沈括参加变法运动,是王安石的主要助手之一,担任过主管财政经济的"权三司使"和"兼判军器监"。1072年,他奉命治汴水,用以工代帐法修整了水利工程。1075年,沈括奉命出使契丹,在归途中,他将契丹的山川险要、道路曲直、风俗民情等绘制成《使契丹图钞》,以便一旦发生军事行动时可用。1088年之后的十数年,沈括一直住在润州梦溪园中(今江苏镇江东门外),把一生的见闻和自己的研究心得写成《梦溪笔谈》。沈括死于1095年,卒年六十五岁。

《梦溪笔谈》现传为二十六卷,《补笔谈》三卷,《续笔谈》一卷,共三十卷。内容极为丰富,包括数学、天文、气象、地质地图、地理、物理、化学、生物、冶金、水利、建筑、农学、医学等部分,其中记载了不少沈括自己的创见。例如:建议用太阳历,讨论铜壶滴漏,解释凹面镜的原理,探讨透光镜的原理,分析化石现象和盐类晶体的论述以及各种药方的搜集等等。《梦溪笔谈》在中国和世界科学史上都有重要地位。沈括知识渊博,主要来自刻苦学习、深入钻研和实事求是的科学态度。沈括对事物观察极为精细,善于抓住新事物并把它和各方面知识联系起来进行研究,从而提出了不少新的见解。沈括很重视专,他认为"人之于学,不专则不能,虽百工其业至微,犹不可相兼而善"。所以一个人的知识既要广博,又要有专长,才能有所成就。

《梦溪笔谈》中记载了许多有关化学的知识,例如利用石油烧成的炭黑制墨一条里说:"鄜(fū)延境内有石油……予疑其烟可用,试扫其煤以为墨,黑光如漆,松墨不及也。……此物后必大行于世,自予始为之。"石油这一名称,在中国书上这里是第一次出现,一直沿用到现在,而利用石油制造优质炭黑,现在确实大行于世了。

在"团钢"条下说:"世间锻铁所谓钢铁者,用柔铁屈盘之,乃以生铁陷其间,泥封炼之,煅令相入,谓之团钢,亦谓之灌钢。……但取精铁煅之百余火,每煅称之,一煅一轻,至累煅而斤两不减,则纯钢也。虽百炼不耗矣。"就是说用生铁和熟铁混合起来,加热使杂质氧化,经煅打除去铁中杂质,使铁中的碳含量适当,就成钢了。

又如"从胆矾取铜法"说:"信州铅山县有苦泉,流以为涧,挹其水熬之,则成胆矾。烹胆矾则得铜,熬胆矾铁釜久之亦化为铜。"用铁从硫酸铜溶液中置换出金属铜,在汉代的著作中就有了,而沈括这段记载说明了宋代在作坊里已用这一方法大量炼铜了。

《天工开物》的作者宋应星,字长庚,1587年生于江西省奉新县的一个封建地主阶级家庭。宋应星在年轻时就喜欢科学,他对天文、自然和乐理都有浓厚的兴趣,曾写过《天工开物》《论气》《谈天》《野仪》《思怜诗》《画音归正》《原耗》《杂色文》《美利笺》《春秋戎狄解》等。《天工开物》内容丰富,共十八卷,包括彰施(染色)、作咸(熬盐)、甘嗜(制粉)、陶埏(陶瓷)、冶铸(铸造)、锤锻(铁器、铜器制作)、燔石(焙烧矿石)、膏液(榨油)、杀青(造纸)、五金(金属冶炼)、佳兵(兵器)、丹青(颜料)、曲蘖(酿造)、乃粒(种植)、乃服(纺织)、粹精(粮食加工)、舟车(制造车船)、珠玉(采集珠玉)等项,图文并茂。其中有不少化学知识,是当时世界上少有的一部化学工艺百科全书。

《天工开物》是一部具有创造性的巨著。在它以前虽然有不少叙述科学技术的书,但只限于少数的科学和专业,而这部书则几乎无所不包。《天工开物》在化学方面的贡献主要是把我国长期发展起来的手工业化学生产知识作了较为全面的总结和系统化的叙述,其中有许多技术项目和操作方法是在以前的著作里所没有的或记载得不完整的,全靠这部书把这些技术知识流传了下来。例如,关于倭铅(锌)的制造就记载得非常详细:"每炉甘石(主要成分是碳酸锌)十斛。装载入泥罐内,封裹泥固,以渐砑干,勿使见火拆裂。然后逐层用煤炭饼垫盛,其底铺薪,发火煅红,罐中炉甘石熔化成团,冷定,毁罐取出,每十耗去其二,即倭铅也",写得生动而详尽。在冶金方面还有制造灌钢,对金、银、铜、铁、锡、铅等的冶炼方法以及各种合金的配合比的记载。在陶瓷方面贡献在于对瓷器的制胎、烧结、上釉以及成品的处理,都一一作了详细的介绍。在染料方面,它对二十几种染色技术多作了详细的描述,甚至把当时认为秘诀的技术细节也记载了下来。在这部书中还记录了宋应星自己研究的成果,例如书中曾提到根据煤的硬度和挥发分提出了煤的分类方法。他还驳斥了自古相传的一些荒谬论断,例如他对于炼丹术作了如下的批判:"凡虚伪方士,以炉火惑人者,唯朱砂银,愚人易惑"。宋应星的科学见解由此可见一斑。

《天工开物》这部巨著共出了三版,在 1637 年初版之后,曾翻刻过两次,对明末清初的科学技术起过一定的作用。这部书在十七世纪传入日本,1771 年日本有翻译本,十八世纪传入欧洲,1869 年出版了法文的节译本,到二十世纪后半期,已被全部译成日文和英文,成为世界科学技术史上的一部名著。

除了上面所述的三部巨著外,在十七世纪我国还出现了另一部有名的科学著作《物理小识》。作者方以智(1611—1671 年),安徽桐城人,也是一位知识面很广的学者,在《物理小识》里有《医药》《饮食》《金石》《器用》《草木》《风雷雨电》《地》等诸卷,其中有相当丰富的化学知识。例如在"水"条下写道:"有硇水者,剪银块投入,则旋而为水。倾之盂中,随形而定。……其取硇水法,以琉璃窑烧一长管,经炼砂取其气。"这里所说的能溶解银的"硇水",显然是一种无机强酸。在

"矾"一条下说:"青矾厂气熏人,衣服当之易烂,栽木不茂。"这青矾指的当是三氧化硫和二氧化硫,它们跟水蒸气结合便成酸滴,能腐蚀衣服,在有酸雾的空气里,花木当然不易生长了。在这部书里还有由煤炼焦的技术记载:"煤则各处产之,臭者烧熔而闭之成石,再凿而入炉曰礁,可五日不绝火。煎矿煮石,殊为省力。"书上还有造纸法的说明:"治楮者沤之,投黄葵之根,则释而为涫糜,酌诸槽,抄之以帘。其薄者一再抄,厚至五六抄,覆诸夹墙,煀干而揭之",说得非常清楚。尤其是"投黄葵之根"指出用黄蜀葵根的浸出液作漂浮剂,使纸浆在槽内分布均匀,这是其他书上所没有记载的。《物理小识》里对久服丹药可以长生的说法也有批判,说:"本草久服长生,妄也,塞窍留尸,与灌汞同",这些记载都是经验的总结。

二、欧洲中古时期有关化学的著作

十五至十六世纪是欧洲的"文艺复兴"时期,在封建主义社会内部萌发了资本主义生产方式,思想文化和科学技术都发生了重大的变革,这一时期对采矿、冶金、制药、酿造、染色等都有较大的发展。在这个基础上,也出现了一些有关化学的著作,如毕林古乔(V.Biringuccio,1480—1530年)的《烟火术》,阿格里柯拉(Georg Agricola,1494—1555年)的《论金属》、巴利西(B.Palissy,1510—1589年)的《陶业的艺术》、格劳贝尔(J.R.Glauber,1604—1668年)的《新的哲学史》等,都是中世纪欧洲的重要化学著作。

《烟火术》这部书叙述的是与用火有关的各种生产技术。在十五至十六世纪,欧洲化学主要向医药和冶金两个方向发展,这部书里也叙述了不少有关金属冶炼的知识。《烟火术》是毕林古乔在实践中积累了不少生产经验基础上写出来的名著。1540年第一次出版,共七卷,并配有插图。在这部书里,毕林古乔首先叙述了他对自然界中矿物形成的看法。如重要矿物原料的开采,一些无机物如硫黄、矾类、盐类、砷化物、硼砂、玻璃、宝石等的采用、提纯和制造方法,金属的冶炼、铸造、加工和分离,烟火的制造技术,火药的燃烧和爆炸等,涉及的面较广,内容也很丰富,后人著作中的一些有关内容往往以这部书作参考。

《论金属》是这一时期的一部名著。作者阿格里柯拉,德国人,他和帕拉塞斯同时在意大利受教育。先学医,当过医生,后来因为他常生活在萨克森冶矿中心,对开矿、冶金,以及与此有关的化学发生了浓厚的兴趣,曾深入到现场作过详细的考察和调查研究,还参考了前人的有关著作。因此,他对当时冶金方面的理论知识和实践有一定的了解。在 1546 年先写了《古代冶金学与新冶金学》一书，以后又写了《论采掘物的性质》十卷，在这部书里他叙述了各种矿物的物理性质，如颜色、光泽、味道、形状和其他特征，并把矿物分为土类、石类、固化浆类（矾、盐等）、金属类的"混杂物"等大类，还叙述了各种矿物的冶炼技术以及各种矿冶炉设备等。在这个基础上阿格里柯拉总结了从罗马时代的普利尼斯（Plinius）以来的欧洲学者所掌握的采矿、冶金知识，写成了《论金属》这部巨著。这是一部集大成的著作，把当时欧洲，特别是德国的矿冶技术，从文献资料到实际生产过程都作了系统的叙述，其中含有丰富的化学知识，是当时矿冶技术的重要资料，在 1556 年出版后多次再版，风行于欧洲各国。

《论金属》共十二卷。卷一是总论。卷二讲采矿须知和采矿的准备，矿脉的发现，叙述了地面的形状、性质、水、道路、气、产权等。卷三论矿脉，地层龟裂和岩层。卷四讲矿区测量、矿业师的职责和矿山的区别。卷五为矿脉开凿。卷六介绍矿山用具和机械以及当时比较先进的齿轮系起重升降机等。卷七讲矿石试验法，介绍试金术。卷八为矿石的选择、粉碎、洗涤以及焙烧方法，主要是矿石熔化前的预处理。卷九叙述了矿石熔化法、熔化炉和矿石制炼法，卷十论贵金属和非金属的分离法，介绍金属分离以及精炼银的技术。卷十一讲金、银从铜、铁中分离出来的方法。卷十二讲盐、碱、明矾、矾石、硫、沥青和玻璃的制法。其中前八卷主要讲的是采矿和洗矿法，后四卷着重讲有关化学的知识，对金、银、铜、铁、锡、铅、汞、锑、铋等金属的制备、提炼和分离过程都作了详细的描述。例如，用强水法分离金和银，先要将明矾和硝石一起加热制得硝酸，使银溶解而金不溶。又如用硫化法分离金和铜，将混合物与硫共熔，铜与硫化合成硫化铜而与金分离，还有铅铜合金分离银和铜，用混汞法提金，用盐和醋处理汞使它洁净等。《论金属》是一部具有历史意义的冶金专著。

《新的哲学炉》一书是著名化学家格劳贝尔所著，在 1648 年发表。他是理发师的儿子，青年时代靠自学获得知识，后来去荷兰阿姆斯特丹学习化学。他热爱自己的祖国，著有《德国的幸福》一书，他说德国所买的外国货物，原料都是德国出产的，德国应该自己制造出成品后出售给外国，勿使利权外溢。他做过许多化学实验，制得了不少化合物，晚年从事著书，《新的哲学炉》是其中最著名的一本。在这些著作里，他记载了许多新的实验仪器和设备以及他的实验成果，叙述了几种无机酸和化合物的制法。他用绿矾和硝石蒸馏得到了较纯的硝酸，用绿矾和食盐蒸馏得到了较纯的盐酸,当时他把盐酸称为"海酸"(Muriatic Acid)。但是他指出在这些反应里先生成的是硫酸,由硫酸和硝石或食盐作用,才产生硝酸或盐酸。在制取硝酸时,他获得了副产品芒硝,把芒硝作为泻药用就是他介绍给医生的,所以"泻盐"又称为格劳贝尔盐(Glauber's Salt)。他用这些酸溶解金属制得了好几种氯化物、硝酸盐和硫酸盐,用硇砂和石灰混合后加热制得了氨。他还用金属在酸中的溶解情况来判断酸的强度,并用它们对酸的亲合力来解释金属的溶解情况。在有机物方面,他用干馏木材的方法制得了醋酸,干馏煤制得了煤焦油,还用酸从植物中制得了吐酒石(酒石酸锑钾)。

近代化学

第五章　从事实到理论：化学科学初形成

十五世纪以后,欧洲社会发生了巨大的变化。资本主义生产方式的诞生,不仅推动生产技术的改进、促进生产的发展,也极大地开阔人们的视野、启发人们的思考,冲击着各种旧的意识形态和自然观。16世纪,随着天文学上哥白尼日心说的建立、医学上血液循环的发现和物理学中万有引力定律的发现,掀起了近代自然科学革命。与古代自然哲学不同的是,它不再笼统地把自然界中的各种事物作为一个整体来加以考察,而是把自然界划分为不同的领域和侧面,分门别类地加以研究;不是只靠逻辑的推理和纯粹的思辨对自然界提出各种臆测,而是强调要用科学实验和实践去验证理论,加深对自然界的理解。各种科学研究机构和学术团体的成立,形成了良好的学术交流和讨论的氛围,也有力地推动了近代自然科学的发展。这一切,为科学化学的诞生培育了肥沃的土壤。

第一节　波义耳元素概念的形成

探求和确定自然界中各种物质的基本组成和结构是化学的根本任务之一,关于这个问题较科学的回答也就成为近代化学的开端。

十七世纪的一些科学家在"机械论哲学"思想的影响下,试图摒弃古代哲学家各种神秘、超自然的或人格化的"力",尝试用机械论的观点来解释自然界。他们致力于发展原子论,试图用物质微粒的大小、形状和运动来解释物质的特性。用这种机械论方法研究化学的最伟大的代表人物是英国科学家罗伯特·波义耳(Robert Boyle,1627—1691年)。

波义耳出身于爱尔兰的一个贵族家庭,自幼受到良好的教育,阅读了大量的书籍,对科学有浓厚的兴趣。他学习医学和农业,接触了大量的化学知识和化学实验,制备各种药物,这使他实验技术训练有素,思想活跃且具有创造性。他根

波义耳

据实验发表的第一部重要著作是《关于空气弹性及其作用的物理力学新实验》,这部著作清除了物理学上的一些陈旧概念,为波义耳用机械论说明各种化学反应、走上化学之路奠定了基础。我们今天说的"波义耳定律"也是在此基础上形成的。

波义耳对化学的最大贡献之一是把化学确立为一门独立的科学。他这样阐述自己的观点:"化学,到目前为止,还是认为只在制造医药和工业品方面具有价值。但是,我们所学的化学,绝不是医学或药学的婢女,也不应充当工艺和冶金的奴仆。化学本身作为自然科学中的一个独立部分,是探索宇宙奥妙的一个方面。化学,必须是为真理而追求真理的化学。"因此,他认为必须以哲学家的观点认识化学,主张化学研究的目的在于认识事物的本性,从而需要专门的实验,收集所观察到的事实,这样才能使化学从从属炼金术和医学的地位,发展成为专门探索自然界本质的一门独立科学。波义耳的这一贡献为人们研究化学指明了方向,成为化学发展中的一个转折点。

为了确立化学的科学地位,波义耳打算清除化学中的各种陈旧的观念。他首先要考虑的一个基本概念是元素。当时,亚里士多德的四元素说和帕拉塞斯的三元素说占有统治地位。波义耳通过大量的实验,首先证明他们所说的元素未必是真的元素,如黄金不怕火,不被烈火分解,更得不到硫、汞、盐元素中的任何一种。但黄金可以与其他金属形成合金,也可以溶解在王水中,经适当的处理又可以恢复成性质和重量都未变的黄金,说明黄金经种种化学变化发生了变化,但始终存在一种未因变化而破坏、不能分解的简单物质,它就是元素。他说:"我指的元素应当是某些不由任何其他物质所构成的、原始的和简单的物质,或完全纯净的物质。""是具有确定的、实在的、可觉察到的实物,是用一般化学方法不能再分解为更简单的某些实物。"尽管从现代化学的观点看,波义耳定义的元素从某种意义上说其实是单质,而且波义耳本人也没有明确指出哪些物质是真正的元素。然而正是他建立微粒说基础上朴素的元素定义,一扫以往化学研究中的神秘色彩,对十七世纪的化学家确立新观点起到积极的作用。

波义耳既受笛卡儿的启蒙,重视理性的作用,同时又是弗兰西斯·培根的信徒,极力主张研究方法的改革。他曾经说过:"不应该把理性放在高于一切的位置,知识应该从实验中来,实验是最好的老师,空谈和舌辩都无济于事。"因此,化学必须要"抛弃古代传统的思辨方法","才能像觉醒了的天文学和物理学那样,立足于严密的实验基础之上"。为了使化学成为一门实验的科学,他把严密的实验方法引入化学研究,他一生都在为自己的这些观点努力奋斗。他设计并做过许多实验,如:发明了减压蒸馏器,最早使用有刻度的仪器测定气体和液体的压力;对气体的研究,对火、热、光本质的研究;对酸碱和指示剂的研究;对磷光现象的研究。他还对许多分析方法进行了研究,首先把物质分为几个组,制订出了定性分析的系统。他在论文中对实验方法和结果的详尽描述开了先河。

波义耳的许多观点都反映在他的名著——《怀疑派的化学家》中。它采用旧理论的拥护者和怀疑的化学家的对话形式,提出了用以摧毁陈旧观念的证据。但正如书名所示,他并没有提出新理论以代替要摒弃的旧理论,这使得他的观点受到许多科学家的怀疑,被人们视为异端,直到一个世纪后才引起人们的注意,成为近代化学的基础。而波义耳由于受机械论的影响,不合理地把他的微粒学说扩展到解释火焰的本质,还通过锡等金属煅烧增重,证明火是由极小微粒"火素"构成的。尽管波义耳对旧的元素理论进行了批判,提出相对更科学的元素定义,但没有消除它们的影响。甚至在波义耳逝世后十年,他的"火元素说"还成为德国化学家施塔尔(Goery Ernst Stah,1660—1734)提出燃素说理论的理论基础。

第二节 燃烧现象本质的研究

燃烧现象自古就深受人们的重视。物质燃烧时放出的光和热不仅给人们的感官留下了深刻的印象,且在熊熊的大火中,物质发生着变化,为古代的化学工艺提供前提。不论是中国古代的物质观,还是古代印度或古代希腊的物质观,都把"火"作为构成世界万物的一种本原物质,是一切事物中最积极、最活泼、最能动的一种因素。十七世纪下半叶,由于冶金、炼焦、制陶、玻璃等与燃烧有关工业的发展,使人们对火有了进一步的研究,希望了解火的本质,阐述燃烧的机理,从而更好地为生产服务。因此对燃烧现象的本质研究就成为当时化学研究的中心话题。

燃烧需要空气早就被一些科学家注意到。十五世纪时,文艺复兴中的杰出人物达·芬奇(Leonardo da Vinci,1452—1519 年)曾注意到,燃烧时如没有新鲜空气补充,就不能继续进行。1607 年法国医生让·雷伊(Jean Rey,1583—1630 年)注意到金属锡和铅在燃烧后增加了重量,认为是空气凝结在金属灰上,就像沙子吸水一样。波义耳的助手、英国物理学家和化学家胡克(Robert Hooke,1635—1703 年)对燃烧提出了独特的见解,在 1665 年出版的《显微观测》中,他提出燃烧需要的不是空气的全部,而是其中的一部分,火焰是正在发生化学作用的混合体。他还相信有一种氮空气微粒存在于硝石中,所以硝石有与空气相同的作用。

在当时,这方面实验做得最周密、见解最深刻的是英国医生梅猷(John Mayow,1635—1679 年),他将燃烧着的蜡烛、樟脑以及小活鼠放在置于水面的木板上,用一个玻璃大钟罩扣起来,发现瓶中的空气逐渐减少,蜡烛熄灭,小动物也死了,但很明显其中仍有大量空气存在,他认为这是由于空气中的一部分被燃烧或被呼吸了。他还发现,火药在水下也能燃烧,认为硝石中也有空气中那种助燃的成分,他称之为"硝气精";金属锑经过煅烧后的产物与锑经过硝酸处理后的产物相同,且质量增加,他认为这是由于锑吸收了"硝气精"。可惜的是,他没有认识到空气是混合物,认为空气是一种元素物质,而"硝气精"是附着在空气微粒上的。

假如十八世纪头脑敏锐的科学家能接受上面的思想并进一步加以研究的

话，化学本来也许可以取得更快的进步。然而，关于燃烧需要空气的研究并没有被大部分人所接受。因为人们在对火的直接观察中，最明显的现象就是通常燃烧物上有火焰，有机物烧尽后只剩下较轻的余灰，似乎感到在燃烧时有某种东西逸出，而很少能注意到它周围的物质有何变化。因此人们对于燃烧自然而然接受了另一种学说——燃素说。

燃素说诞生在十七世纪下半叶，此时正值牛顿力学体系成功，使人们以为用机械力学的理论和方法可以解释一切的自然现象。为了说明物质的种种属性，他们用诸如重力、浮力、张力、电触力等去解释各种现象，如果觉得不适用，就用什么"素"来说明，如光素、热素、电素等。受这种思想的影响，燃素说应运而生。

燃素说的首创者当属德国化学家贝歇尔（Johann Jochim Becher, 1635—1682年）。1669年，他在著作《土质物理》中，对燃烧现象做了不少论述，他认为燃烧是一种分解作用，物质燃烧后留下的灰分都是成分更简单的物质，凡是不能分解的物质就不能燃烧。他认为气、水、土都是元素，依据帕拉塞斯的"三元素说"，他又把土分为固定土、油土和流质土。物质之所以千差万别，就是由于构成它们的三种土的比例不同。物质燃烧时，放出"油土"，余下"固定土"或"流质土"，而其中的"油土"，就是燃素思想的萌芽。

1703年，贝歇尔的学生施塔尔总结燃烧现象和各家观点后，重新编印了贝歇尔的著作，在著作中，他更系统地扩展了老师的学说，同时把"油土"改名为"燃素"，不仅用于解释许多燃烧现象，也用于说明许多化学反应，形成了"燃素学说"。施塔尔是一位医生，具有神秘主义倾向，但也受德国化学家诸如阿格里柯拉和传统冶金的影响，主要研究无机物。

燃素说认为火是由无数细小而活泼的微粒构成的物质实体。这种火粒子可以与其他元素结合形成化合物，也能以游离的形式存在，大量的火粒子聚集在一起就形成了火焰，它弥散在大气中就能给人以热的感觉，这种微粒所构成的火元素就是"燃素"。

按照燃素说，燃素充塞于天地之间，一切动物、植物、矿物中都含有燃素，一切与燃烧有关的化学反应都可以归结为物质吸收或释放燃素的过程，物质性质的改变，包括颜色、气味的变化，也与燃素的吸收或释放有关。如：煅烧金属，是燃素从金属中逸出，金属成为煅灰，煅灰与木炭共热，会从木炭中吸收燃素，重新生成金属；石灰石受热，从木炭中吸收了燃素变成苛性石灰，由于石灰与燃素结合不牢固,暴露于空气中,燃素会慢慢"跑掉",消失苛性又恢复为石灰石;金属之所以能溶于酸,是因为酸能夺取金属中的燃素;铁能置换硫酸铜溶液中的铜,是因为铁中的燃素转移到了铜中。

在当时,燃素说对许多化学现象的解释似乎顺理成章,得到许多化学家的相信和支持,成为近百年来统治化学的中心理论。但是,燃素说在发展过程中也遇到一些难以解释的问题,如燃素既是一种实体,为什么没有人提取过它?为什么煤炭和蜡烛的燃烧一定需要空气?为什么金属煅烧释放燃素,而质量却是增重的?为了自圆其说,燃素说的支持者也找出各种理由,如他们认为,燃素可以有负重量;物质在加热时并不会自动放出燃素,空气具有吸收燃素的性质,因此燃烧必须借助空气的吸收作用。但施塔尔及其支持者却始终未能制得纯净的燃素,因而对燃素是否具有重量和形态无法做出明确的回答,于是燃素说辩解称,燃素游离后立即与空气牢固结合,很难再加以分离,只有植物才能吸收,而动物要从植物中摄取它。

在今天看来,燃素说与真实的氧化反应比较,是对燃烧现象做了颠倒的解释,已毫无价值,但在化学发展的历史中,它却起过重要的作用。首先,燃素说是化学上最早提出的反应理论。它把当时支离破碎、经验型的化学知识加以统一、概括,形成一个乍看起来井然有序的体系,无论对错,都是一大进步。其次,借助燃素说,化学从炼金术的统治下解放出来。因为燃素说是从化学反应的本身来说明化学反应,带着朴素唯物主义的思想,扫除了长期笼罩在化学上的神秘观念,引导人们去注意实际化学反应过程的研究。至此,化学不仅从静态的元素概念,而且从动态的化学反应理论全面取代了炼金术。也是借助燃素说,引发许多化学的新发现。因为当时的许多化学家信奉燃素说,把它作为自己主要的理论依据和思维工具,在进一步的化学实验中积累了丰富的资料,也导致了许多新发现。正如英国化学史家柏廷顿(J.R.Partington,1886—1965年)所说的:"施塔尔的理论把大量的事实联系在一起,组成一个首尾一贯、条理井然的错误学说,并建议进行新的实验,把人们引导到了新的发现。"这一评价是公正的。

第三节 一些重要气体的发现

在十七世纪中叶之前,人们对气体的认识只限于空气,并认为它是唯一的气体元素,至于其他不同的气体,人们认为是空气的不同形式或空气中混有杂质。到十八世纪,由于对燃烧和呼吸的一系列研究,才认识到空气的复杂性和气体的多样性。也正由于一些重要气体的陆续发现,对气体知识的逐渐积累,燃素说面临种种挑战和冲击,最终退出历史舞台。

碳酸气,也就是二氧化碳,其发现是比较早的。在公元前三世纪的西晋时期,我国的张华在他著的《博物志》中已有关于碳酸气的记载,说煅烧石灰石时有气体放出。十七世纪时,海尔蒙特也曾注意到木炭燃烧、葡萄汁发酵、石灰石与醋酸作用等产生的气体与某些天然洞穴中的气体相同,都会使燃烛熄灭。英国化学家布拉克(Joseph Black,1728—1799年)是第一个用定量方法研究这种气体的。1755年,他发表了论文《关于镁石、石灰石及其他碱性物质的实验》,记录了石灰石煅烧前后的质量,发现煅烧后石灰石的重量减少了44%,认为这是由于放出一种气体的缘故。他还发现石灰石与酸作用也有这种气体放出,然后用石灰水吸收,发现所用的气体与石灰石煅烧放出的气体重量相同,生成的产物与石灰石的性质相同。因此他认为这种气体是固定在石灰石中的,他称之为"固定空气"。之后他对镁石(碱式碳酸镁)进行了类似的实验,发现镁石中也有"固定空气",与镁土(氧化镁)是不同的。布拉克对"固定空气"的性质也进行了多方面的研究,发现它能被苛性碱吸收,变为性质温和的苏打,能使燃着的蜡烛熄灭,麻雀和小老鼠在其中会窒息而死。

布拉克对碳酸气的研究对燃素说是一个冲击,因为在此以前,人们认为石灰石受热变成苛性石灰是由于从木炭中吸收了燃素,而布拉克的研究告诉人们的是,石灰石受热由于放出"固定空气"而变成苛性石灰,与吸收或释放燃素无关,第一次否定了燃素说。然而,布拉克一贯重实验轻理论,行动谨小慎微,未能在新发现基础上提出新理论。

氢气的发现也动摇过燃素说。很难说是谁第一个发现了氢气,早在十六世纪,帕拉塞斯已描写过铁与醋酸接触有气体产生,海尔蒙特和波义耳也接触过它,发现它可以燃烧。但第一个对它进行收集并进行性质研究的是英国科学家

卡文迪许

卡文迪许。他出身贵族,性格孤僻,但他的实验技术非常出色,首次收集到易溶于水的碳酸气,测定它的比重是空气的1.57倍。首次用氢气和氧气合成了水,并测定了其中氢和氧的比例等。1766年,他在一篇名为《人造空气的实验》中,除了论及碳酸气外,讨论的就是氢气。他用铁和锌等金属与盐酸或硫酸作用制得气体,并用排水法加以收集,进行试验。发现一定量的某种金属与足量的各种酸作用,产生气体的量是相同的;把它与空气混合点燃会发生爆炸;把它充在气球中,气球会上升,当燃素说的信徒们认为这种现象是燃素具有负重量的证明时,卡文迪许又利用空气的浮力实验精确测定,氢气是有重量的,只是比空气轻得多。这一结果无疑对燃素说是很大的冲击,但卡文迪许本人就是燃素说的忠实信徒,他并未因此放弃燃素说,而称氢气为"易燃空气",是燃素与水的化合物。

氮气是空气的主要成分,由于性质不活泼,它的性质一直未被人们认识。它的发现可追溯到1755年,布拉克发现"固定空气"后不久,将木炭放在玻璃罩内燃烧,用苛性钾溶液吸收生成的"固定空气",发现其中还有气体剩余,于是就让他的学生卢塞福(Daniet Rutherford,1749—1819年)去研究剩余气体的性质。1772年,卢塞福用燃磷的方法较彻底地去除空气中可以助呼吸、助燃烧的那部分气体,发现剩余的气体不能维持小动物的生命,也不支持燃烧,又不溶于苛性钾溶液,因此他称它为"毒气"或"浊气"。几乎就在同年,卡文迪许、普利斯特里和舍勒也分别制得和研究了这种气体,普利斯特里称之为"被燃素饱和了的空气",舍勒称之为"用过的空气",卡文迪许还测定了氮气的比重和使燃烧不能继续进行时空气中的含氮量。氮气的发现本可以进一步证明空气并非是一种单一的气体元素,这样实际又一次动摇了燃素说,但是前面这些氮气的发现者都是燃素说的信奉者,都没有意识到自己发现的重要性。

氧气的发现是推翻燃素说种种证据形成的链条中的最后一环。从前面提到的碳酸气、氢气和氮气的发现中,我们知道不少科学家对燃烧和呼吸现象进行过研究,并认识到空气中存在不同的组分,但由于他们信奉燃素说,阻碍了他们对空气的进一步研究,也没有制得纯的氧气,进行氧气性质的研究。

首先制得纯净氧气,并对其性质进行研究的是瑞典化学家舍勒(Carl Scheele,1742—1786 年)。1772 年,当时还是药房学徒的舍勒,有机会接触许多药品进行试验,硝酸、硝酸盐和汞煅灰等加热都能得到他所谓的"火空气"。他又用实验证明"火空气"也存在于空气里,他把铁屑放在潮湿的瓶里一段时间后使之生锈,把磷放在密闭的空瓶中六周或燃烧磷,结果瓶里的"火空气"都会消失,剩下"浊气",以此判断空气是由这两个组分形成的,它们

舍勒

的体积比约是 1∶7。他又证明"火空气"与动物的呼吸和植物的生长有关。可惜舍勒是燃素说的信徒,他发现了氧气,却未能对燃烧做出正确的解释。他认为燃烧是空气中的"火空气"与燃烧物中的燃素结合的过程,火正是"火空气"与燃素的结合物。由于他的论文《论火与空气》在书商手中积压至 1777 年才发表,他的发现在当时影响不是太大。

1774 年,英国化学家普利斯特里(Joseph Priestley,1733—1804 年)也独立发现了氧气。照他自己的说法,这一发现很偶然,那天,他获得了一块聚光镜,非常高兴,急忙用各种不同的物质进行试验。他把各种物质放在盛满汞的玻璃管里,倒置于汞槽上,然后用聚光镜聚光加热,发现加热汞灰(HgO)时有气体放出,并出现汞珠。原先他以为是普通的空气,但结果是"燃烧的蜡烛在这种空气中光焰耀眼,红热的木炭在这种空气中火花四射",惊奇之余,他用排水法把气体加以收集,然后把小老鼠放进去,发现小老鼠存活的时间是一般空气的四倍,好奇心促使他自己也去尝试了一下,发现"呼吸轻快了许多,使人感到格外舒畅"。以后他又发现加热铅煅灰也有类似现象。由于他也虔信燃素说,认为这种气体所含燃素极少,因此称之为"失燃素空气"。

图 5-1 发现氧气装置   普利斯特里

舍勒和普利斯特里都是化学发展史上天才的化学家,除了发现氧气外,舍勒还发现骨头里有磷,用萤石与硫酸作用发现氢氟酸,用软锰矿与盐酸作用发现氯气,研究过酒石酸、乳酸、白钨矿、普鲁士蓝等。普利斯特里被称为"水槽化学之父",他除利用水槽发现了氧气外,还制得氯化氢、氨、二氧化硫、氧化亚氮、二氧化氮等气体。但正如恩格斯所指出的,由于他们受燃素说的束缚,"他们从歪曲的、片面的、错误的前提出发,循着错误的、歪曲的、不可靠的途径行进,往往当真理碰到鼻尖上还是没有得到真理。"当然氧气的发现还是为推翻燃素说拉开了导火索,对科学燃烧学说的建立起了决定性的作用。

第四节　拉瓦锡氧化学说的建立

十八世纪后半叶，新发现的化学物质层出不穷，但当时占统治地位的燃素说对许多事实的解释越来越牵强附会，使人们感到思想混乱。当然也有一些科学家对此持批评的态度，如 1756 年俄国化学家罗蒙诺索夫（Lomonosov，1711—1765 年）曾在密闭的玻璃瓶里煅烧金属，发现煅烧后金属重量增加了，他指出重量的增加是由于金属在燃烧时吸收了空气。1774 年法国的贝岩（P.Bayen）在《物理学报》上发表文章，认为汞煅烧时不是失去燃素而是与空气化合，增加了重量。但他们的见解由于各种

罗蒙诺索夫

原因都没有引起反响。对燃烧做全面、周密研究，令人信服地推翻燃素说，并以此发动一场近代化学革命的人，是法国化学家拉瓦锡（Antoine Laurent Lavoisier，1743—1794 年）。

拉瓦锡出身于富豪之家，由于父亲是律师，希望子承父业，他早年学了法律，并获得律师的开业证书。但他的兴趣在自然科学，经常去采集植物标本，使用气压计记录气象变化，拜师从事地质学的研究。他在地质老师的建议下学习化学，因家境富裕，他有一个仪器精良的实验室，如，当时他的一架天平可精确到 0.01 "格令"（1 格令相当于 64.8 毫克）。这些为他以后的研究打下了良好基础。

拉瓦锡受法国一些优秀科学家的影响，一开始从事科研活动就认识到精确的科学测量的重要意义。他最早的一篇论文是关于石膏的研究，他对石膏矿石加热时失去的水分和熟石膏重新吸收的水分进行了定量测定，从此有了"结晶水"的概念。这决定了他与其他化学家研究的不同之处——实际上他是用物理学家的方法研究化学。

拉瓦锡在进行研究时，从不盲目相信前人的理论，而他的一些研究正是为了检验长期以来人们公认的、有待证实或否定的信念。如他通过定量测定证明加热了 101 天的水中所含的固体物质，不是由水变成的，而是从盛水的玻璃容器上下来的，否定了水和土可以互相变化的古老观念。这一结果也使他以后对水成

分的研究大感兴趣。

1766年,拉瓦锡因研究路灯的改良而荣获法国皇帝的一枚金质奖章。由于当时还没有电,他不仅改变灯的外形,也研究路灯燃料燃烧的情况。也许是对燃烧现象产生了兴趣,他进入这一领域后就乐此不疲。1772年开始,他研究燃烧和焙烧现象,用大凸透镜燃烧金刚石,研究磷和硫的燃烧产物,发现它们生成物的质量是增加的,当然最后直接导致科学燃烧理论创立的是金属的燃烧。

拉瓦锡对锡和铅进行了一系列重要实验:他发现锡在密闭容器中煅烧时,有一部分变成了金属灰,容器在启封前,重量没有发生变化,这就否定了波义耳在做这个实验时认为火微粒穿过瓶壁进入金属的臆想。当他打开瓶口时,可听到空气冲进容器的声音,容器重量增加了,且增加的重量恰与金属灰质量的增重相同。他断定,金属灰的增重是由于金属与空气发生化合的缘故,但他不能确定同金属化合的是空气中的一部分,还是其他什么。

拉瓦锡与普利斯特里会晤

1774年10月,普利斯特里来到巴黎与拉瓦锡会晤,谈到自己研究加热红色汞灰时得到一种奇怪的气体。或许普利斯特里的实验及结果对拉瓦锡的启发很大,1774年11月起,他不断重做普利斯特里的实验并加以改进。1776年,他将一定重量的汞溶解于硝酸,然后将溶液蒸发加热得到"红色沉淀",再将"红色沉淀"加热,得到原来重量的汞,他将收集到的气体称为"纯粹空气"。1777年,拉瓦锡用实验阐明了他对大气组成的见解:他在一个大曲颈瓶中先加热汞,瓶与钟罩内水银面上的空气连通。经过一段时间后,他发现瓶内空气的体积减小了一部分。他收集了其中红色的汞煅灰加热,发现得到的气体的体积与前面减少的空气体积相同。后来,他又做了大量燃烧的定量实验,做出总结性的宣告:"大气中不是全部空气都是可以呼吸的,金属焙烧时,与金属化合的那部分空气是合乎卫生、适宜呼吸的。"他把这种有助于燃烧和呼吸的部分气体命名为"oxygine(氧)",意为"成酸元素";"剩下的部分不能维持动物呼吸,也不能助燃",他把这种气体命名为"azote(氮)",意为"无益于生命"。这样,他把呼吸与燃烧进一步统一在一起,也结束了长期以来空气是一种元素的错误观念。

这年9月5日,拉瓦锡向法国科学院提交了一篇划时代的论文《燃烧概论》,批判了燃素说的许多弱点,建立了科学的燃烧理论——氧化学说。他认为只要承认每一个燃烧过程都是与氧发生化合反应,同时有热和光放出,那一切困难都能迎刃而解。

拉瓦锡的新理论走向完善的最后一步是辨明水的组成。卡文迪许和普利斯特里虽然已经掌握了充分的实验材料,但未得出科学的结论。1782年,拉瓦锡用氧气代替空气进行氢气的燃烧实验,得到的是纯净的水;将水蒸气通过红热的铁枪筒,可分解出氢气,铁筒上生成了一层黑色晶体,因此认为水是"易燃空气"与氧的化合物,结束了自古普遍认为水是一种元素的错误见解。后来戴莫维在新命名法中建议将"易燃空气"命名为"hydrogen(氢)",意为"成水元素"。

至此,燃素说已无立足之地。但人们固有的观念都不是那么容易消除的,为了宣传氧化说,使人们与旧传统决裂,拉瓦锡出版了化学名著《化学纲要》。这是一本同牛顿的《自然哲学的数学原理》和达尔文的《物种起源》齐名的书,它们一起被列为十八世纪世界自然科学的三大名著。

在这本书中,拉瓦锡十分详尽地论述了推翻燃素说的各种实验依据和以氧化学说为中心的科学的燃烧理论,并以当时实验为根据,列出了"属于自然界各个领域的、可视为物体所含元素的单质一览表",虽然他当时把热和光也作为元素,但由于氧、氮、氢等一些真正元素的出现,对酸性氧化物和碱性氧化物性质的深刻了解等,它被公认为第一张真正的化学元素表。

《化学纲要》一书包含的另一个具有深刻意义的思想是质量守恒定律,他在论述糖变酒精的发酵过程时,指出"无论是人工的或自然的作用都没有创造出什么东西。物质在每一个化学反应前的数量等于反应后的数量,这可以算是一个公理"。根据这一原理,他写出了下面的式子:

"葡萄汁=碳酸+酒精"

显而易见,这正是现代化学方程式的雏形。

拉瓦锡对化学发展的另一重要贡献是对各类物质制订了科学的命名法。他的《化学命名法》一书于1787年出版,规定每一个物质必须有一个固定的名称,表示元素的名称必须尽可能反映出它们的特性或特征,化合物的名称必须反映出它们所含的元素,表示出它们的组成;酸和碱用它们所含的元素命名,如:磷酸、硫酸、钠碱、钾碱等；盐用构成的酸和碱命名。他的这项建议为化学带来了前所未有的条理性和系统性，其基本原则目前仍被采用。

从某种意义上说，拉瓦锡的化学研究实际没有发现新的物质，也没有发明新的仪器，但作为一位化学理论家，一位"善于编排和组织化学的伟大建筑师"，他用定量实验补充别人的研究，用理论思维概括别人的成果，掀起化学史上一场全面的化学革命。他的科学燃烧理论——氧化学说的建立从根本上抛弃了旧的观点，彻底改变了化学的面貌，使过去在燃素说统治下"倒立着的全部化学正立过来"，取得令人难以置信的进步。他的理论也使真正的元素氧、氮、氢等出场，使元素的概念最终在理论上和实际上都得以确立，庞杂的化学知识开始系统化。而质量守恒定律的建立，推动化学成为一门像数学、物理那样精密的科学，同时为唯物主义关于物质不灭的原理第一次提出科学的证明。

第六章　从宏观到微观：原子分子学说的建立

如果说波义耳给化学元素做出科学的定义是把化学确立为一门独立科学的标志，是近代化学发展的开始，那么道尔顿提出原子论应该说是近代化学发展的一个新里程碑。在此以前，人们对于一些化学元素和化合物的性质已有了一定认识，但基本上都是停留在定性阶段，是朴素、片断的知识，没有形成科学的体系。拉瓦锡科学燃烧理论的建立，不仅揭示了燃烧的本质，提出质量守恒定律，他的工作和思想方法也给整个化学界以强烈的启示，引起化学家们对物质性质、结构和化学反应进行定量研究。他们竭力把数学方法应用于化学中，指望能像早些时候的物理一样取得成功。事实上，他们发现了化学中的一些基本定律，也为原子-分子论建立打下基础。

第一节　化学基本定律的发现

一、当量定律

化学家研究物质反应过程中量之间的关系是从研究中和反应开始的。早在十六世纪医药化学时期，人们已意识到酸和碱反应能生成既无酸性又无碱性的盐，当时他们把这种中和的过程称为"饱和作用"，中和点称为"饱和点"。但是这种反应中反应物之间是否存在量的关系并没有引起注意。1788年，卡文迪许注意到中和同一重量的钾碱（K_2CO_3）所消耗的硝酸和硫酸，可以与等量的白垩（$CaCO_3$）反应，他称这为"当量"，但他也没有认识到这种情况的深刻含义。

十八世纪末，德国数学家兼化学家J.B.里希特（J.B.Richter，1762—1807年）对酸碱反应进行了大量研究后（如表6-1所示），明确提出：化合物有确定的组成，在化学反应中反应物之间也有定量关系。他说："如果两种元素生成一种化合物,因为元素性质总是保持不变的,因此,发生化合反应时,一定量的一种元素总是需要确定量的另一种元素。"对于盐的反应,他指出:"如果两种中性盐溶液混合在一起,它们之间如果发生复分解反应,那么生成的产物毫无例外地必然是中性的。这一结论的基础是各种元素彼此之间必然都有确定的酸或碱的容量关系。这也是由于每一种元素具有一种恒定不变的性质。"

表 6-1 里希特酸碱中和数量表

(中和 1 000 份硫酸、盐酸、硝酸所需碱或碱土的数量)

酸 碱或碱土	1 000 份硫酸	1 000 份盐酸	1 000 份硝酸
苛性钾(份)	1 606	2 239	1 143
苛性钠(份)	1 218	1 699	867
氨(份)	638	899	453
钡土(份)	2 224	3 099	1 581
石灰(份)	796	1 107	565
镁土(份)	616	858	438
铝土(份)	526	734	374

里希特是著名哲学家康德(I.Kant,1724—1804年)的学生,受康德思想的影响,认为自然科学的各分支只有"可以籍数学的描述"才是真正的科学,把数学引入化学,试图运用数学方法阐明化学反应的规律。他第一个提出"化学计算"这一术语,而根据里希特的实验数据和他的阐述,他已经明确了当量定律,即各种物质反应时彼此间存在固定质量比,实际上他也提出了在化合物中元素的比例不变的定比定律的思想,可见他取得了重大的突破。但可惜的是,里希特过分偏重数学,还希望能用他测定的数据推出一些化学反应的数学规律,如不以事实为根据,主观地去以一种酸作为"基准",得到各种碱的"等质量数"间将成等差级数关系。这种脱离化学实际的理论概括,加上烦琐、晦涩的表达方式,使他的创造性的见解没有能引起当时化学界的重视。

1802年,法国化学家费歇尔(Ernst Gottfried Fischer,1754—1831年)从化学反应的实际出发,把里希特和其他一些人的实验资料和数据进行整理或重新测定,把它们归结到一个统一的基础上,即用 1 000 份硫酸作为标准,列出相对应各个酸碱的数量作为这些物质的"等质量数"(如表 6-2 所示),从而得出了一个比较普遍的化学反应的当量关系。

表 6-2 费歇尔酸碱当量表
(以 1 000 份硫酸作标准,相对应的酸、碱的数量)

碱类	当量值(份)	酸类	当量值(份)
铝土	525	硫酸	1 000
镁土	615	氢氟酸	427
氨	672	碳酸	577
石灰	793	癸二酸	706
苛性钠	859	盐酸	712
锶土	1 329	草酸	755
苛性钾	1 065	磷酸	979
重土(氧化钡)	2 222	蚁酸	988
		琥珀酸	1 209
		硝酸	1 405
		醋酸	1 480
		柠檬酸	1 583
		酒石酸	1 694

从费歇尔的这张表,我们可以很容易得出:要使 589 份苛性钠完全发生反应,需要 1 000 份硫酸,或 712 份盐酸,或 1 405 份硝酸,这些数据清晰地揭示了当量定律。费歇尔的工作对其他化学家的工作有很大的影响,如法国化学家贝托雷(Claude Louis Berthollet,1748—1822 年)在他的《论化学静力学》中引用了这张表,道尔顿也把费歇尔的这张表作为论证他原子论的依据之一。

正式提出元素当量的是瑞典的著名化学家贝采里乌斯。1810—1812 年,他发表了大量的实验结果,如提到 100 份的铁、230 份的铜与 381 份的铅彼此相当,因为它们都与 29.6 份的氧化合成氧化物,与 58.7 份的硫化合成硫化物,因此 29.6 份的氧与 58.7 份的硫也是相当的。最后,他选择 29.6 份的氧作为比较元素当量的标准。

二、定比定律

自十七世纪末起,人们在一系列化学实验中,对各种类型的反应进行定量研究，逐步意识到反应物与产物之间有确定的重量比例关系，每种化合物都有确定的组成。到十八世纪中叶，一些化学家已开始不自觉地运用这一基本规律，如卡文迪许测定了水的容量组成，拉瓦锡发表了对氧化汞组成的精确实验结果，前提都是这些物质有固定的组成。然而，将这一基本规律作为专题研究，从而使之建立在严谨科学实验基础上的是法国科学家普罗斯（Joseph Louis Proust，1754—1826年）。

普罗斯出身于一个药剂师之家，耳濡目染，使他对化学有浓厚的兴趣。1799年，他在分析碳酸铜（实际上是碱式碳酸铜）的组成时，发现天然的孔雀石和人造的碳酸铜组成是相同的。由此他得出一个结论："我们必须承认，化合物生成时，有一只看不见的手托着天平。化合物就是造物主指定了固定比例的化合物，"这里我们且不论普罗斯是否有唯心的嫌疑，但他对于化合物组成的定比思想是非常明确的。

与此同时，法国著名的化学家贝托雷出版了《亲和力之定律的研究》一书，他的观点刚好与定比定律是相悖的，认为物质组成是变化的。贝托雷是拉瓦锡的学生，对老师的佩服之情使得他非常希望步拉瓦锡之后创造一个包罗万象的化学体系。于是，他把牛顿的万有引力搬进化学，企图来描述化合物的组成和化学反应过程，他把这种力称为"化学亲和力"。既然亲和力像万有引力，因此"一物质可与有相互亲和力的另一物质以一切比例相化合"，化合物的组成是变化的。

这样，一场长达八年之久的学术争论开始了。这是一场在化学史上被称为"科学争论中最好榜样"的学术争论，因为争论的双方毫无意气用事，都在尊重对方的基础上，用事实说话。一方面，贝托雷为证明自己的观点收集了许多分析数据，而普罗斯则根据实验和事实依据答复贝托雷的批评。他们争论的焦点问题主要有以下几点：首先，贝托雷指出，化合物的组成是变化的。因为在某些可逆反应里，生成物的产率是与反应物的数量有关的。普罗斯给出的证明是，改变反应物数量能改变的是生成物的数量，而不是生成物的种类。贝托雷又指出，像溶液、合金和玻璃以及某些金属氧化物组成都是可变的，如铜、锡、铅等在空气中加热，会随着反应温度的不同生成一系列连续的化合物。普罗斯认为，几个化学元素可以生成不止一种化合物，但每一种化合物都有固定的组成，因此这几种化合物间元素比例的变化是"猛烈的"，而非"渐变"。金属在空气中的反应实际上就是生成了多种化合物。而他认为溶液、玻璃和合金都是混合物，因为混合物可以用物理的方法分离出不同的成分,而化合物需要用化学的方法才能分解,因此普罗斯也成为第一个区分混合物和化合物的人。根据贝托雷的意见,化合物的组成会因生成时的物理条件的不同而变化,普罗斯指出这种见解是缺乏根据的,他用自己的实验证明,人造的碳酸铜与天然的碳酸铜的组成是相同的。所以一种天然矿物,无论它产在秘鲁、西伯利亚、日本还是西班牙,它的组成都是相同的。

由于普罗斯的实验室工作十分勤奋,虽然定量分析的技术和方法还欠精确,但得到的很多结果足以证明定比定律的正确性,到1808年,几乎所有的化学家都承认了定比定律。十九世纪中叶贝采里乌斯的精确分析,1860年比利时化学家斯达(Jean Servais Stas,1813—1891年)进行的极精密实验,进一步证明了定比定律的正确性。毫无疑问,这场争论中普罗斯是胜者,但我们也得承认贝托雷的功绩。首先,定比定律的确立有贝托雷的一份功劳,正是他对普罗斯观点的挑剔和争论,促进了普罗斯在阐述定比定律时进行全面的考虑,使当时化学界其他有些人思想中存在的模糊不清的疑问得以解决,使定比定律得到比较普遍的承认。其次,贝托雷在论战中也取得了自己的成就,从日后化学的发展来看,贝托雷的理论也不像当时许多化学家所认为的是一无是处,其中也有许多合理的成分,如他关于可逆反应中生成物的数量与反应物的数量成正比的见解是质量作用定律的雏形;即使他关于化合物的组成的可变性,在化学发展的今天,一定范围内也有合理成分,如金属互化物的组成在一定范围内就是可以变化的,硫化铁中的铁也会因制备方法不同在一个小范围内变化。这里我们也看到,任何真理都不是绝对的,我们必须以发展的眼光看待科学。

三、倍比定律

倍比定律是指两种元素化合生成一种以上的化合物时,与一定质量某种元素化合的另一种元素的质量之间成简单整数比。这一定律与前两个定律一样,也是化学家经过长期的实验逐渐建立起来的。

普罗斯在竭力为定比定律辩护的同时,在实验的数据中也发现相同元素所生成的几种不同化合物间存在着两种以上固定比例的关系,例如,两种硫化铁中,(1)硫与铁的比=60∶100,(2)硫与铁的比=90∶100;其中两种化合物中硫的质量比是2∶3。又如在两种氧化铜中,(1)氧与铜的比=16∶100,(2)氧与铜的比=25∶100,其中氧的比是16∶25。当然,从实验的结果看,普罗斯的测定并不十分准确,虽然他得出了"固定比例关系",却没有发现倍比定律。

1800年,当时还是一个年轻实验管理员的英国著名化学家戴维对新发现的一些气体进行生理作用的实验,他不仅发现一氧化二氮有麻醉性,还测定了氮的三种氧化物的重量组成,发现与相同质量的氮化合的氧的质量比分别为1∶2和2∶4.1。其实,这三种化合物是一氧化二氮、一氧化氮和二氧化氮,因此在氮质量一定时,氧的重量之比应是1∶2∶4。戴维的发现已接近倍比定律,只是他自己并未意识到。

对发现倍比定律起突出贡献的是道尔顿。1803年,当时的道尔顿正在思考原子论,虽然说他的原子论是他从事气象学和研究混合气体的扩散和分压等问题提出来的,但他认识到原子学说本身已包含着倍比定律的含义,所以更期待倍比定律的确定,作为他原子论进一步的佐证,于是他有意识地去从事这方面的研究。道尔顿先是分析了碳的两种氧化物,发现当碳的质量一定时,氧的质量比为1∶2。1804年,他又分析了沼气(甲烷)和油气(乙烯)中碳与氢的比分别为4.3∶4和4.3∶2,其中氢的质量比是2∶1。因此他明确提出了倍比定律,"当相同的两种元素能生成两种或两种以上的化合物时,若其中一种元素的重量一定时,则另一种元素在化合物中的相对重量成简单的倍数之比。"

在这一时期,许多科学家对于新理论都采取较谨慎的态度,认为确凿的实验证据是理论的基础。在看到道尔顿对倍比定律的介绍后,就有许多人为倍比定律寻找充分的论证。如:1808年,英国的两位化学家汤姆生(Thomas Thomson,1773—1852年)和武拉斯顿(Hyde William Wollaston,1766—1828年)分别证明了草酸钾和草酸氢钾、碳酸钾和碳酸氢钾中,钾的含量一种是另一种的2倍。1811—1812年,贝采里乌斯组织人力详细而广泛地研究各种已知物质的定量组成。1849年,斯达又精确地测定二氧化碳和一氧化碳中氧的质量比。可以说,这一切工作为倍比定律的成立奠定了坚实的基础。

第二节 道尔顿的原子论

关于物质的结构,自古以来就有两种不同的看法。一种是我国战国时代的公孙龙和古希腊的安纳萨哥拉斯等主张的,认为物质的构成是连续的,中间没有空隙,可以无限分割。另一种是我国墨子所说的"端"和古希腊哲学家德谟克利特所说的"原子",认为物质有最小的组成单位,是由微粒构成的,微粒间有空隙。不过,不论上面哪一种说法,都是笼统和粗糙的,属于思辨性的,不能认为是一种已确证了的知识。

到了十七世纪,欧洲已广泛应用机器,人们对于物质机械运动的研究,促进了力学的发展,形成了机械论。于是,人们开始从力学的角度解释物质结构,发展了物质结构的微粒观。如波义耳曾对物质的微观结构发表过微粒说的见解,但他的学说很少与物质的化学现象联系在一起。牛顿接受了他的基本观点,并加以发挥形成了他对化学亲和力的见解,认为原子是物质的最小构成单位,气体原子间以一种与距离成反比的力相互排斥,以此来解释波义耳定律。但是他对于化学亲和力的理解是形而上学的,因为他把所有的化学现象,如化合、分解、溶解、金属与酸的反应、盐与酸的复分解反应,全部归结为物质趋近的力导致,这就变成了机械论。

1789 年,爱尔兰化学家威廉·希金斯(William Higgins,1763—1852 年)在他的《燃素论与反燃素论观点的比较》一书中阐述了自己原子的概念,他认为各种元素的终极粒子各具有一定的重量,在成为化合物时仍保持不变,因此他差不多推论出了定比定律和倍比定律,当时的一些化学家尊称他是原子论的创始人。但是由于他没有及时用分析实验来确证自己的设想,也没有计划去求各种原子的相对质量,对当时化学的发展影响并不大。而对化学发展起到重要作用的是道尔顿的原子论。恩格斯认为,化学的新时代是从道尔顿的原子论开始的,所以近代化学之父是道尔顿。

道尔顿(John Dolton,1766—1844 年)出身于英国一个贫穷的手织机工的家庭,虽然没有受过良好的正规教育,但他勤奋好学,幼年时从父亲那儿学到的一些算术和航海知识,童年时从乡村学校里学到的测量,青年时业余时间师从盲人学者顾·约翰(John Gough)习得的数学、哲学、希腊文、拉丁文和法文知识,对

道尔顿

他毕生的事业都有重大的影响。1787年,道尔顿业余从事气象学研究,他的科研工作就此开始。1793年,由于顾·约翰的推荐,28岁的道尔顿去曼彻斯特新学院担任数学和自然哲学教师,1800年,道尔顿任曼彻斯特文学哲学学会秘书兼化学、数学教师。这一时期,他一直边教学,边进行大量的科学研究,研究成果常在曼彻斯特文哲学会发表,为他原子论的建立奠定了坚实的基础。

溯源道尔顿原子论的提出,可以从他对气象的研究开始。自1787年道尔顿业余从事气象学研究开始,他坚持气象记录达57年之久,观测达20万次以上。在长期的研究中,他注意了空气的组成和性质,常思考一个问题:"为什么复合的大气,两种或更多种弹性流体的混合物竟在外观上构成一种均匀体,在所有的力学关系上都同简单的大气一样?"他想了许多答案去解释气体的这些物理性质,但都觉得不满意。后来他将自己研究气体所得到的感性材料和古希腊的原子学说联系起来,但认为必须要用科学的实验证明才可能成为可靠的理论。他还认识到由于原子很小,不可能以直接的方法加以测试,只能用间接的方法论证,这是他分析多种化合物得出定比定律的主要动机,也是他做大量的实验,研究有关蒸气压、混合气体分压、气体扩散等问题的主要原因。

这以后,道尔顿用原子的观点去解释气体物理学方面的性质:他认为同种化学物质的原子相互排斥,不同化学物质的原子不相互排斥,因此一种气体能均匀地扩散到另一种气体中。由于混合在一起的不同气体相互间没有影响,所以混合气体的总压力是各种气体的压力之和。关于气体体积随温度升高而膨胀的现象,道尔顿把气体微粒的排斥解释为热的作用。他认为气体的原子是由核心以及围绕在它周围的"热氛"所组成的,由于"热氛"的存在,因而相互间产生排斥力,温度越高,"热氛"越多,相互间的排斥力也越大,体积也越大。关于气体溶于水的体积与压力成正比的现象,他认为水中的微粒固然比气体微粒精密得多,但仍有缝隙可以渗入。压力越大,气体微粒被迫渗入水微粒缝隙的也就越多。不同的气体溶解度不同,是因为"一系列气体的溶解度取决于这些粒子的重量。其中最轻的、最简单的必是最难溶的。"也许从这时候开始,道尔顿已有测定原子相对质量的最初思想。

当道尔顿考虑要正式提出原子论时,必定要考虑测定各种原子相对的大小和质量,以及不同气体原子化合所形成的复杂原子的组成。由于条件的限制,当时的数据还无法满足用以计算各种原子量,于是他大胆地做了一些假定,作为不同原子间结合成化合物时的原则。

首先,他为复杂原子做了如下的命名:

1原子A+1原子B,生成1原子C,C是二元化合物

1原子A+2原子B,生成1原子D
2原子A+1原子B,生成1原子E   E、D是三元化合物

1原子A+3原子B,生成1原子F
3原子A+1原子B,生成1原子G   F、G是四元化合物

然后他做了武断的假定:

(1) 当两种元素化合只能生成一种化合物时,这化合物必定是二元化合物,除非有特殊的理由证明它不是。如氢与氧只生成水,水的组成为氢1氧1,氮与氢只生成氨,氨的组成为氢1氮1。

(2) 若发现两种元素化合能生成两种化合物时,应假定一种是二元化合物,另一种是三元化合物。如碳与氧可生成两种化合物,一种是碳1氧1,另一种是碳1氧2。

(3) 若发现两种元素化合能生成三种化合物,则一种是二元的,另两种是三元的。如氮与氧的化合物,当时发现的就是NO、NO_2、N_2O。

(4) 一个二元化合物AB的比重,应该比A和B的混合物大些,因为化合比它们处于混合时结合得更紧密些。

道尔顿又根据以上的假设,规定氢的原子量1为标准,于1803年利用当时已掌握的分析数据进行原子量的计算。如他根据拉瓦锡的分析得水中氢与氧的质量分别占15%和85%,因此推断氧的原子量为5.66。表6-3是道尔顿制作的第一张原子量表中常见元素和化合物的原子量。

表6-3

名称 (简单原子)	相对重量	名称 (化合物原子)	组成	相对重量
氢	1.0	水	氢1氧1	9.7

(续表)

名称 (简单原子)	相对重量	名称 (化合物原子)	组成	相对重量
氮	4.2	氨	氮1氢1	5.3
氧	5.5	磷化氢	磷1氢1	8.2
碳	4.3	一氧化氮	氮1氧1	9.7
硫	14.4	硝酸气	氮1氧2	15.2
磷	7.2	笑气	氮2氧1	13.9

从表6-3中所列的物质组成和数据,我们可以看到,由于道尔顿假设的武断,测定的数据又基本是根据别人的测定结果,许多并不准确,使得他的原子量大部分是错误的,但这毕竟开了原子量测定的先河。

1803年10月18日,道尔顿在曼彻斯特文学哲学学会上第一次宣读了他的有关原子学说和原子量计算的论文。1808年在他所著的《化学哲学新系统》中正式发表。道尔顿原子学说的要点归纳如下:

(1) 元素的最终组成称为简单原子,它们是不可见的,既不能创造,也不能毁灭和再分割。它们在一切化学变化中保持本性不变。

(2) 同一种元素的原子,它的形状、质量、各种性质都相同,每一种元素的原子质量是它的基本特征。

(3) 不同元素的原子以简单数目比相结合,形成化学中的化合现象,化合物的原子称为复杂原子,复杂原子的质量为所含元素原子量之和,同一化合物的复杂原子。它们的形状、质量和性质也必须相同。

《化学哲学新系统》中除了道尔顿的原子论外,还发表了更新的原子量表和符号。特别是符号的采用,使人们对原子及复杂原子有了更直观的认识。如氢是⊙,氮是①,氧是○,碳是●,根据道尔顿的理论,水表示为⊙○,碳酸气表示为○●○等。

《化学哲学新系统》是化学史上一部经典的著作。虽然从现代化学的角度看,它在许多方面是错误的,但它的意义是十分重大的。首先,它为化学家们提供了许多重要的新概念,使过去含糊不清的原子观念有了精确的定量依据,使元素概念有了前所未有的明确性,使得化学的基本问题有了更科学的概括。其次,

第六章 从宏观到微观：原子分子学说的建立

它在理论上统一地解释了一些化学的基本定律和化学实验事实，揭示了质量守恒定律、当量定律、定比定律和倍比定律的内在联系。而道尔顿原子论的建立，也标志着人类对物质结构的认识前进了一大步，它为以后物理、化学、生物学的发展奠定了理论基础，特别是促进了化学的迅速发展，开辟了化学全面、系统发展的新时期。

道尔顿由于在科学上作出的贡献，被推选为曼彻斯特文学哲学学会的会长，1826年获得了英国皇家学会的金质奖章，任英国皇家学会会员和法国科学院院士，参与了创立英国科学促进会，备受人们的尊敬。

第三节　原子-分子学说的建立

一、盖·吕萨克气体反应体积简比定律

气体反应简比定律是指不同的气体在发生反应时,气体体积间存在简单的比数关系。早在氢和氧发现之初,卡文迪许测得在水合成时氢与氧的体积比约是 202∶100。当道尔顿考虑原子论时,法国化学家盖·吕萨克(Gay Lussac, 1778—1850 年)和德国科学家洪保特(Alexander Von Humboldt,1769—1859 年)正在研究大气的组分和性质,1805 年,他们发表了一篇《大气成分比实验》的论文,其中提到当氢气与氧气反应时,如果氢气过量时,与 100 体积氧化合的氢的体积为 199.89 体积,如果氧过量时,与 100 体积的氧化合的氢的体积为 199.8 体积,这两个实验结果都接近 100∶200。这一事实引起盖·吕萨克的好奇心,猜想其他气体反应是否也有简单的体积比数,于是他进一步探究,进行了一系列的实验,结果如下:

100 体积氯化氢＋100 体积氨 —→ 氯化铵固体

200 体积二氧化硫＋100 体积氧气 —→ 三氧化硫

100 体积氮气＋300 体积氢气 —→ 200 体积氨气

200 体积一氧化碳＋100 体积氧气 —→ 200 体积二氧化碳

100 体积氧气＋硫 —→ 100 体积亚硫酸气(二氧化硫)

他又用 1800 年戴维对一些气体的分析结果,通过密度换算成体积比,发现氮气与氧气化合为氧化亚氮(N_2O)的体积比是 100∶45.5(接近 2∶1),化合为氧化氮(NO)时体积比是 100∶108.9(接近 1∶1),化合为硝酸气(NO_2)时体积比为 100∶204.7(接近 1∶2)。虽然这些测量的数据还不够精确,但仍然可以看出体积间的简单整数比。

1808 年,盖·吕萨克根据前面的实验结果,得出了下面的结论:"各种气体彼此间发生化学反应时,常以简单的体积比相化合";同时还指出:"不但气体体积以很简单的比相化合,而且化合后气体体积的收缩和膨胀也与反应气体体积——至少其中一种气体体积有简单的关系。"为什么会有这样的结果呢? 这时刚好道尔顿发表了他的原子论,盖·吕萨克想到道尔顿关于不同元素的原子是

以简单比化合成化合物的理论，也许正是他所发现的气体反应体积有简单比数关系的根本原因。于是，他又进行了推论：

（1）同体积不同气体所含的原子数应该成简单的整数比。

（2）因为每一个原子各有一定的重量，所以同体积不同气体的重量比与原子量也应有简单的比数关系。

以上的推论应该是合理的，但盖·吕萨克接着又作了一个不切实际的引申，认为同温同压下，相同体积的不同气体——不论是单质还是化合物——含有相同数目的原子(包括复杂原子)。如果这一说法成立，则不同气体的密度之比就等于原子量之比。因此盖·吕萨克认为利用气体反应的简比定律，当确定了某一元素的原子量时，可推测其他元素的原子量，可以确定化合物中各原子的数目。这比道尔顿武断的假定更有根据。

毫无疑问，盖·吕萨克认为他的气体反应的简比定律能给道尔顿的原子论有力的支持，因此他对于他的推理也是信心百倍。当时欧洲颇有名气的贝采里乌斯就接受了他的观点，并用来校正自己所测定的原子量。但出乎盖·吕萨克意料的是，道尔顿对此却持异议。他反对的理由有三：

（1）由气体简比定律引申的意义与原子的概念不符，与体积与密度的关系不符。在盖·吕萨克发表气体简比定律以前，道尔顿也曾有过这种想法，但他自己后来给否定了，他在笔记中有这样一段话："在某压力下，某体积中任何弹性流质的数目是否相同？不是，等体积的氮和氧混合后，体积仍几乎相同，而生成氧化氮质点的数目只有一半"。假使等体积中含有等数目的原子，那么：

1 体积氧 + 2 体积的氢 = 2 体积水蒸气

x 原子的氧 + $2x$ 原子的氢 = $2x$ 原子水蒸气

1 体积氧 + 1 体积的氮 = 2 体积氧化氮

x 原子的氧 + x 原子的氮 = $2x$ 原子氧化氮

由此可见，1 原子水由 1 个氢原子与半个氧原子化合而成的，1 原子的氧化氮由半个氧原子和半个氮原子化合而成，但根据道尔顿的原子论，原子是不可分的，这就势不两立。道尔顿还认为，假使等数的原子占相同的体积，而任何简单气体的原子化合成一个复杂的原子时，体积必减少，密度必增大。但根据戴维对氧化氮实验的观察，氧与氮化合后，体积不见缩小，氧化氮的密度反比氧的密度小。可见，盖·吕萨克的推论是不成立的。

（2）道尔顿认为各种物质的原子大小是不同的，因为这些气体的原子的纯净弹性流质的质点是圆的，不同物质的质点大小是不相等的，因此在相同体积内不同物质不可能含有相同数目的原子。

（3）道尔顿认为盖·吕萨克测得的实验数据是不可靠的。他在 1810 年出版的《化学哲学新系统》第二卷中说："我相信气体以相等或恰好的体积相化合的例子一个也没有，这是真实的；如果看起来好像是整数，那是因为我们实验的结果不精确的缘故，从数学上来说 1 体积氧与 2 体积氢是接近整数的了，但我向来的实验结果是 1.97 份氢比 1 份氧。"

后来一系列精确的实验证明，道尔顿的实验技术远不如盖·吕萨克，气体简比定律无疑是正确的，这表明道尔顿的原子论还需要补充和修正。但道尔顿的反驳也不是没有道理，这说明盖·吕萨克的推论也存在片面的地方。也正是盖·吕萨克与道尔顿的学术争论，揭露了两人理论的不足之处，导致物质结构理论又向前迈了一步。

二、阿佛加德罗分子假说的建立

阿佛加德罗

盖·吕萨克气体简比定律的发现及引起的争论，引起了意大利物理学教授阿佛加德罗（Amedes Avogadro，1776—1856 年）的注意。阿佛加德罗生于都灵，早年学哲学和法律，以后研究数学和物理，1809 年被聘为维切利皇家学院的数学物理教授，1819 年成为都灵科学院的院士，不久担任都灵大学的数学物理学教授，一直到退休。由于他的贡献，人们把他分子学说中的"在同温同压下同体积气体，不论是单质还是化合物，都含有相同数目的分子"这一规律称为阿佛加德罗定律，把 1 摩尔物质所含的微粒个数 6.02×10^{23} 命名为阿佛加德罗常数。

当时阿佛加德罗仔细地研究了盖·吕萨克和道尔顿的争论，敏锐地发现，只要将道尔顿的原子论稍加发展，就可以使二者统一起来。1811 年，他在《物理杂志》上发表了一篇题为《原子相对质量的测定方法及原子进入化合物时数目比例的确定》的论文，他以盖·吕萨克的实验为基础，进行了合理的推理，主要论点有：

（1）不论是化合物还是单质。在不断的分割过程中都有一个分子的阶段，分子是具有一定特殊性的物质组成的最小单位，是一种组成复杂的粒子。

（2）分子是由原子组成的，单质的分子是由相同元素的原子组成的，化合物分子由不同元素的原子组成的。（考虑到分子的复杂性，阿佛加德罗还慎重地指出，简单分子如氧、氢、氮等是双原子分子，但单质分子也可以有 4 或 8 个原子）

（3）在同温同压下同体积气体，不论是单质还是化合物，都含有相同数目的分子。

从阿佛加德罗的推理我们可以看到，它与盖·吕萨克的推论有相似之处，最后一个推论仅一字之差，但它的意义已完全不同。由于物质组成中引入"分子"的概念，它揭示了事物的本质，使盖·吕萨克和道尔顿的争论得到合理的解释。如氧与氢化合生成水的过程，由于"在同温同压下同体积气体，不论是单质还是化合物，都含有相同数目的分子"，又因为氧、氢是由分子组成的，每个分子又分别是由两个原子构成的，因此气体反应时，不需要劈开原子反应，而实际是分子分离为原子。如下所示：

1 体积氧＋2 体积氢＝2 体积水蒸气

x 分子氧＋$2x$ 分子氢＝$2x$ 分子水蒸气

$2x$ 个氧原子＋$4x$ 个氢原子＝$2x$ 个水分子

1 个氧原子＋2 个氢原子＝1 个水分子

由此，阿佛加德罗得出了水分子正确的组成，是氢 2 氧 1。同样地，氨的分子组成是氮 1 氢 3，氧化氮是氮 1 氧 1。这样根据阿佛加德罗的假设可以确定化合物分子中各原子的数目。

阿佛加德罗还根据他的假设进一步推论了测定分子相对质量的方法。他说："从这一假设出发，显然就可以得出一种方法，很容易地测定分子的相对质量，只要把它们化成气体，测定它们的比重就可以了。"他的想法可用下面的式子表示：

$$\frac{a}{b}=\frac{V \text{ 体积 A 的质量}}{V \text{ 体积 B 的质量}}=\frac{n \text{ 分子 A 的质量}}{n \text{ 分子 B 的质量}}=\frac{1 \text{ 分子 A 的质量}}{1 \text{ 分子 B 的质量}}=\frac{\text{A 的分子量}}{\text{B 的分子量}}$$

根据这个推理，阿佛加德罗以空气分子量为 1 作为标准，测定了一些气体的分子量。从数值看，已非常接近这些气体现在的分子量（如表 6-4 所示）。同样,我们还可以再根据分子的组成,计算较正确的原子量。

表 6-4 阿佛加德罗根据气体比重测定的分子量

气体	比重(g/L) (0℃,1 atm)	分子量	
		空气＝1.000	H＝1.000
氢	0.898 7	0.695	2.01
氧	1.429	1.105	32
氮	1.250 7	0.967	28.02
氯	3.22	2.490	72.01
氯化氢	1.639 8	1.269	36.72
二氧化碳	1.976 8	1.529	44.28
水蒸气	0.804 5	0.622	18.06
空气	1.293	1	28.955

由此可见,阿佛加德罗提出的分子假说不仅可解决盖·吕萨克与道尔顿的争论中的问题,也提出了测定分子量、原子量的新方法,解决了以往物质化学式书写的混乱,使人们对物质结构的认识又前进了一大步。然而他的理论在当时受到了冷遇和漠视。三年后的1814年,阿佛加德罗又发表了关于分子假说的第二篇论文作为补充,文章的开始就指出:"(在过去三年里)没有人提出任何东西来代替我的假说以解决盖·吕萨克所发现的事实。……(我的假说)的实质是:在同温同压下,同体积气体物质都含有相同数目的分子。所以各种气体密度就是量度分子量的尺度,化合时的体积关系不是别的,就是化合成分子时原子间的数量关系。"这时,他的阐述更明确,但科学界仍无反响。1821年,阿佛加德罗发表了他的第三篇论文,并进一步说明他研究的重要意义:"在物理学家和化学家深入研究原子论和分子假说以后,正如我所预言的,它将要成为整个化学的基础和使化学这门科学日益完善的源泉。"正是由于阿佛加德罗已意识到分子假说的重要性,他才反复陈述他的观点。但非常可惜,直至半世纪后,即阿佛加德罗逝世后的第四年,才由意大利的化学家康尼查罗(Cannizzaro,1826—1870年)发扬了他的功绩。

道尔顿的原子学说一经发表,立即引起化学界的普遍重视,而阿佛加德罗的分子假说却与之形成鲜明的对比,被冷落了约半个世纪,原因是多方面的。首先,阿佛加德罗缺乏对这一学说支持的充分实验证据。由于当时条件的限制,知道的气体物质和易汽化的物质不多,而阿佛加德罗又把他的结论不恰当地推广到液体和固体,造成明显的破绽,使得大多数人无法接受。如贝采里乌斯1826年发表的原子量表中,硫、磷、汞的原子量分别是32.07、31.38、202.53,应该是比较精确的,而1827年杜马用阿佛加德罗推论,凡单质分子必须是双原子分子,再采用蒸气密度的方法测定它们的原子量,分别是94.4、68.61、100.0,推论与实验结果明显相悖的情况,使得很多人质疑分子假说。其次,他的推论与当时一些权威的理论相悖。如道尔顿的原子论认为,同种原子相互排斥,不可能结合成分子;贝采里乌斯的"电化二元说"认为,物质是由不同电性的两部分因电性相吸而形成的,同种元素的原子电性一定是相同的,因此不可能结合成分子,因此也与阿佛加德罗的分子假设有不容之处。所以,他们都反对分子假说。当杜马用阿佛加德罗的推论测得的原子量发生偏差时,贝采里乌斯更是毫不客气地指责阿佛加德罗"是从荒谬的理论出发得出荒谬的结果"。由于贝采里乌斯的权威地位,也影响了许多其他的化学家对这一学说的研究。之后法国的物理学家安培(A. M. Ampere,1775—1836年)和化学家高丁(Marc Antoine Augustin Gaudun,1804—1888年)所提出的类似想法也没有被认可。

三、原子-分子学说的建立

1808年道尔顿提出原子学说和测定原子量的任务后,许多化学家认识到测定原子量的重要性,进而致力于原子量的测定。但由于对化合物中原子组成比的确定,一直没有找到一个合理的解决方法,使原子量的测定陷入困境,化学符号的应用和化学式的书写更是各行其是。这种混乱的局面,使得一些化学家甚至怀疑测定原子量的可能性,怀疑道尔顿的原子论。这样,原子论处于危机中,阿佛加德罗的分子说更是少人问津。

1860年9月3日,由凯库勒和维尔蔡因、武慈等著名化学家发起,在德国的卡尔斯鲁厄城召开第一届国际化学大会,目的是通过讨论"使一些错误的观点得以纠正,在一些主要的概念上取得比较一致的意见,即对原子、分子、当量等下一个明确的定义,讨论物质真正的当量和它们的化学式,制定出一个确定国际命名法的计划",从而早日结束长期以来化学存在的混乱局面,使这门学科更加活跃。一百四十多位世界著名的化学家,如本生(Robert Wilhelm Bunsen)、迈耶尔

（Julius Meyer）、杜马、门捷列夫（Dmitry Ivanovich Mendeleev）、欧德林（William Allen Odling）、康尼查罗（Stanislao Cannizzaro）等云集卡尔斯鲁厄。会议组织者之一的维尔蔡因在致辞中信心十足地说："毫无疑问,这次会议将会在科学史上开创一个重要的新纪元。"然而,会议并不像人们预期的那么圆满,历时三天的会议中,大家各抒己见,激烈辩论,有维护贝采里乌斯的原子量体系的,也有建议采用阿佛加德罗等的分子假说的,但最终也没有达成任何的决议,只好以"每位化学家可以继续用他爱用的原子量系统"了事。

但是这次会议最终还是成为化学史上的一个里程碑,不仅是因为它开创了各国化学家聚集一堂,讨论化学上重大问题的范例,更主要的是由于会议外的花絮,使它对十九世纪化学理论的发展起了重要作用。当时会议已结束,各国化学家纷纷准备启程回国,康尼查罗的朋友帮他分发了一本他在 1858 年写的关于阿佛加德罗分子假说的论文副本——《化学哲学教程提要》。正是这一举动,使人们理解阿佛加德罗分子假说的重要意义,后来原子-分子学说成为化学界公认的统一理论。

康尼查罗

康尼查罗 1826 年出身于意大利巴勒摩（Palermo）,自幼喜爱数学,十五岁学医,由于生理实验中接触化学实验,激发了他学习化学的兴趣,十九岁改学化学。他基础知识扎实,实验技术精湛,学术思想活跃。当他系统、深入地考察了理论化学的发展和问题后,意识到不承认阿佛加德罗分子假说是形成目前混乱局面的重要原因。于是他仔细研究了道尔顿原子论、阿佛加德罗分子假说及其实验依据,考察了贝采里乌斯的电化二元说及杜马对它的批评,总结了杜马、安培等许多化学家所作的与分子论有关的工作,沿着历史的线索对化学理论和一些测定方法进行了分析和总结,完成了《化学哲学教程提要》。在其中,他解决了以下几个当时化学界关心的问题：

（1）强调指出阿佛加德罗的分子假说是盖·吕萨克气体简比定律的自然结论,是有根据的。

（2）提出一些化学家不接受阿佛加德罗分子假说的一个重要原因是过分地信赖贝采里乌斯的电化二元说,而有机化学中卤素取代氢的实验事实恰好证明电化二元说是不全面的。

（3）说明怎样根据分子假说、运用蒸气密度法来求分子量。同时他运用这种方法测定了氢、氧、硫、氯、砷、汞、溴等单质和水、氯化氢、醋酸等化合物的分子量。

（4）在测定分子量的基础上，结合分析化学的资料，进而提出一个确定原子量的合理方法，还论证了阿佛加德罗假说与杜隆-珀蒂关于物质热容与原子量关系定律之间的联系。

（5）指出当量与原子量的不同，认为当量是原子参加化学反应的数量单位，当量与原子价的乘积就是原子量。

（6）根据大量实验资料证明，无论在无机化学还是有机化学中，原子量只有一套。化学定律对无机化学、有机化学同样适用。

（7）确定了书写化学式的原则。

从前面的分析我们可以看到，康尼查罗在原子-分子学说中没有什么特殊的新见解，他只是通过对前人资料历史和逻辑地分析，论证了原子和分子的区别和联系，澄清了一些错误的见解。但他清晰且合乎逻辑的阐述，使许多化学家接受了原子-分子学说，直接导致元素周期律的发现和化学结构理论的诞生，成为化学发展的催化剂。迈耶尔曾兴奋地说："眼前的阴翳消失了，怀疑没有了，使人有了一种安定的感觉。"门捷列夫更明确地说："我的周期律的决定时刻在1860年，那时我参加了卡尔斯鲁厄会议，聆听了意大利化学家康尼查罗的演讲。正是他给了我工作参考的必要资料……"化学结构理论的创立者之一布特列洛夫也说："分子学说的建立是对以往化学的全部总结，所以现代化学确实可称为分子化学。"

随着原子-分子学说的建立，化学发展翻开了新的一页。

第七章 从分散到系统：元素周期律的发现

十九世纪中叶，化学元素的发现逐渐增多，原子量的测定逐渐精确，元素及其化合物的性质的研究逐渐深入，化学符号的书写逐步规范。那这些纷繁复杂的物质之间有内在的联系吗？物质的变化有规律吗？

把复杂事物简单化是科学认识世界的重要方法。一是探寻事物的本源，二是探寻变量间的关系。正是这一切的努力，为化学家揭示元素周期律奠定了坚实的基础，成为无机化学系统化的前提。

第一节 元素周期律发现前的准备工作

一、化学元素的发现

在元素周期律发现之前，人类共发现了63种元素。它们有的是在古代通过感性直观的方法，即人们凭着经验，用肉眼观察物质及其变化，认识物质的性质而发现的。如通过燃烧认识碳、硫，通过冶炼和工具的使用认识金、银、铜、铁、锡、铅、锌，通过炼金炼丹发现汞、磷、砷、锑、铋。有的是在化学成为一门以实验为基础的科学后，通过系统分析的方法发现的，如氮、氢、氧、氯、硒、碲等非金属元素和铬、钼、钨、铀等金属元素。在戴维利用电解方法发现钾、钠之后，掀起了一个发现元素的高潮，如锂、钙、锶、钡、硅、镁等元素都是利用这种方法发现的。在本生和基尔霍夫合作制成第一台光谱分析仪并运用光谱分析法发现铯和铷后，又发现了一大批元素。

新的化学分析方法和化学理论的出现对发现新元素起到非常重要的作用，而大量新元素的发现也是元素周期律发现的前提。特别是一系列性质相似的不同元素的发现，启发人们将元素分类，形成许多元素周期表的雏形。

1. 卤族元素氟、氯、溴、碘的发现

氯是最早发现的卤素。早在 1774 年,舍勒用软锰矿(MnO_2)与浓盐酸加热得到一种刺鼻的黄绿色气体。这种气体使人肺部感到极度难受,可溶于水,水味变酸,但蓝色石蕊试纸在其中没有变红,而是没了颜色,彩色的花布也会被漂白,红花绿叶也褪色了。由于他信奉错误的理论"燃素说",制得了氯气却没能认识它是一种元素的气体,而是把它称为"脱燃素盐酸"。1785 年,贝托雷在研究这种气体时,偶尔把它的水溶液置于太阳下,发现它"分解"了,并生成盐酸,于是他认为舍勒的观点是错误的,这种气体应比"脱燃素盐酸"更复杂。此时拉瓦锡已建立了科学的燃烧理论——氧化学说,所以他认为这种气体是盐酸与氧的化合物。到 1810 年,戴维将磷在其中燃烧只得到氯化物没有得到氧化物,与氢气作用只得到盐酸气而没有水,确信它是一种单质,并因它的绿色命名为"chlorine"(氯),是绿色的意思。

第二种发现的卤素是碘,它的发现似乎带有一些传奇的色彩。那是 1811 年,法国的药剂师库尔特瓦斯(B.Courtois,1777—1838 年)在用海藻灰制硝酸钾时,他的猫撞到盛有海藻灰酒精溶液和浓硫酸的两只瓶,顿时有一股蓝紫色的烟雾升起。这引起他的注意,于是他仔细地研究了这种烟雾,发现它的气味令人窒息,凝结后形成暗黑色的晶体,有类似金属的光泽。它不易与氧、碳等非金属化合,容易与金属和氢生成化合物。两年后,经盖·吕萨克和戴维的进一步研究,确定它为一种新元素,命名为碘,意为"美丽的紫色"。

溴是在 1824 年由一个法国药学专科学校十七岁的青年学生巴拉德发现的。当时他看到他的家乡人在利用蒙培埃盐湖水提取结晶盐(芒硝)后,剩余的溶液便废弃了,觉得很可惜,于是下决心作一番研究。当他在剩余的母液中通入氯气时,发现溶液变成了棕黄色,用乙醚萃取,并用氢氧化钾处理,得到新元素与钾的化合物。再加入硫酸,与二氧化锰共热,便得到纯净的棕红色液体。由于它有恶臭,取名为"muride"。当这个结果 1826 年在《物理和化学年报》发表时,德国化学家李比希懊悔不已,因为早在三年前,一个厂商曾请他检验一瓶棕红色的液体,但他匆忙中就武断地确定它是氯化碘。由于自己没深入研究就草率做出结论,失去发现溴的机会,李比希制作了一个盛放棕红色液体的柜子,取命"错误之柜",告诫自己科学需要严谨的态度。

氟元素的发现很早,1764 年,德国化学家马格拉夫用硫酸与萤石作用得到

氢氟酸,可谓人们对氟的首次认识。1810 年 8 月 25 日,安培总结前人的工作,提出氢氟酸像盐酸一样,其中存在一种新元素,建议命名为氟。但由于它的单质性质活泼和毒性大,人们长期一直未能分离出它的单质。为了研制它,化学家们付出了极为沉重的代价。戴维曾受氟的毒害病倒了好几个月。爱尔兰科学院的诺克斯兄弟为研制氟,其中一个不幸殉难,另一个被迫去疗养。英国化学家哥尔在制氟实验时发生爆炸而放弃。在这种情况下,法国化学家莫瓦桑仍不畏艰险,坚持不懈,终于在 1886 年获得成功。他巧妙地设计了一个实验,在铂制的曲颈甑中蒸馏 KHF_2,制得无水氟化氢。然后在其中加入氟化钾,在 U 形的铂金电解槽中电解,以铂铱合金作为电极,用氯仿作为冷却剂,冷却至 $-23℃$,配上萤石的塞子,通电后得到单质氟。这时距人们发现氟已过了近 122 年。莫瓦桑本人由于长期接触氟,英年早逝。氟的发现史可以说是一幕悲壮的历史,也是科学家求真精神的真实反映。莫瓦桑曾说过:"一个人应该永远为自己树立一个努力为之奋斗的崇高目标,只有这样做的时候,他才会感到自己是一个真正的人,只有这样,他才能前进。"

2. 碱金属锂、钠、钾、铷、铯的发现

戴维

钾和钠是最早发现的碱金属元素。1800 年意大利的物理学家伏打(A.Volta,1745—1827 年)发明了将化学能转化为电能的电池,使人类第一次获得了可供使用的持续电流。同年,英国的尼科尔森(W.Nicholson,1753—1815 年)和卡里斯尔(A.Carlisle,1768—1840 年)采用伏打电池电解水获得成功,使得许多化学家认识到可以将电用于化学研究,掀起了用电做各种实验的热潮。在这些人中就有英国著名的化学家戴维(H.Davy,1778—1829 年)。

戴维是一个思想敏锐又精于实验的人。在获知尼科尔森的实验后,他想电能电解水,那对于盐溶液会有什么作用? 在做了大量电解盐溶液的实验后,1806 年,戴维发表了一篇论文《关于电的某些化学动力》,讨论了电解与化学亲和力之间的关系,认为形成物质的化学亲和力实际上是一种电力的吸引。在此基础上,他说:"我可以预言新的分解方法

(电解)能使我们发现物质中真正的元素。"1807年,戴维着手电解苛性钾(KOH)和苛性苏打(NaOH),想知道其中两种未知的碱基元素究竟是什么。开始,他用饱和水溶液做电解实验,但在两极只收集到氢气和氧气,加大电流也没有其他收获。在分析原因后,他认为可能是水起妨碍作用。于是他改用熔融的苛性钾,果然,在电流的作用下,熔融的苛性钾发生了明显的变化,在接触的地方不停地出现紫色的火焰,但由于温度太高而无法收集。经过冷静思考后,他改用电流熔化苛性钾,并尽可能隔绝空气,结果在负极看到有金属光泽,很像水银的珠子出现。由于它来自从木灰碱(potash,碳酸钾)得到的苛性钾,因此命名为"potassium"(钾)。以后,他用同样的方法从苛性苏打中电解得到金属钠,命名为"sodium"(钠)。只不过由于钠的熔点更高,电解时需要的电流也更大。

锂是在1817年发现的,它是由贝采里乌斯的学生阿尔费德森(Arfvedson,1792—1841年)在分析从某矿洞中采的矿石[即叶石,成分为 $LiAl(Si_2O_5)_2$]时发现的。1818年,格美林注意到锂盐在火焰中可发出美丽鲜艳的红色。

碱金属中的铷和铯的发现与光谱分析法的出现有关。1860年德国化学家本生和物理学家基尔霍夫(G.R.Kirchhoff,1824—1887年)合作制成了第一台光谱分析仪,开创了光谱分析的新时代。当时,碱金属中的锂、钠、钾都已发现,而且它们的可见谱线格外明亮、灵敏,所以本生和基尔霍夫打算首先应用光谱分析仪,寻找新的碱金属。他们相信作为碱金属,它们应像"姐妹"一样共存,因此取富含钠和钾的矿泉水,用碳酸铵使其中的钙、锶、镁和锂沉淀,把母液浓缩,然后用铂金丝蘸取放在火焰上,用分光镜检验,发现目镜中除了显示

本生与基尔霍夫

锂、钠、钾存在的谱线外,另外出现了两条明亮的蓝线,而且两条线靠得很近。1860年5月10日,他们宣布发现了新元素,命名为"cesium"(铯),意为"蔚蓝的天空"。1861年2月23日,他们用萨克森所产的云母矿石配制的溶液做光谱分析时,又在相当于太阳光谱红端位置上出现两条格外鲜明的谱线,宣布找到另一种碱金属元素"rubidium"(铷),意为"最深的红色"。可以说,他们也是元素

发现史上第一次没有得到纯单质就宣布发现了新元素,并得到其他科学家肯定的人。

二、原子量的早期测定

早期发现的元素周期律是根据元素的原子量的大小排列而推衍的规律,因此原子量的正确测定是元素周期律发现的另一个前提。

第一个对原子量进行测定的是道尔顿。当他把古代自然哲学的原子概念引入化学中时,一个观点是原子具有的一定重量是原子的特征,不同元素的原子量是不同的。为了确定他的原子论,他很快就着手当时已知元素原子量的测定。他首先确定氢的原子量为1,然后根据他对物质组成大胆的假定和其他人的实验数据,得出其他元素的原子量。正由于这个假定太显主观,造成道尔顿所测的原子量十分混乱,错误百出。

在早期原子量测定工作中,瑞典化学家贝采里乌斯的工作是最杰出的。他接受了道尔顿的原子论,但又对他武断的假说不满意。在完成了大量物质分析的过程中,他不仅发现了许多新元素,如硒(1818年)、硅(1823年)和钛(1825年),也使倍比定律在许多化学家的头脑中扎下了根。贝采里乌斯认识到,一种元素的一个原子可以和其他元素的不同数目的原子化合,虽然他不能肯定一种元素的两个或两个以上的原子也与多个其他元素的原子化合,但他还是利用这种简比的方法测定了许多元素的原子量。鉴于氧化物的普遍存在,贝采里乌斯改用氧的原子量100为标准,而这一改变,也使他测定的原子量更方便、更准确。

贝采里乌斯测定原子量的准确性还在于他能不断地借鉴其他人的测定经验,来修订自己测定的原子量。1809年,盖·吕萨克发表了气体反应简比定律,道尔顿不承认盖·吕萨克的研究成果,贝采里乌斯虽没能从其中得出更有意义的推论,也没有接受阿佛加德罗的分子论,但他引用盖·吕萨克的简比定律来修正原子量。他通过测定气体反应时的体积比,定出化合物中各元素原子数,再用分析方法测定化合物中各元素原子的重量比,计算元素的原子量。1819年,法国科学家杜隆(P.L.Dulong,1785—1838年)和培蒂(A.T.Petit,1791—1820年)研究了大量固体单质,尤其是很多金属,发现它们的比热与其原子量常常成反比,即一种元素的原子量和比热的乘积近似是一个常数,这就是原子热容定律。

他们采用氧的标准原子量为1,测定了许多金属的原子量,发现贝采里乌斯1818年制定的原子量表中有许多元素原子量不符,于是对其中的Pb、Au、Sn、Zn、Te、Cu、Ni、Co的原子进行修订。贝采里乌斯承认了这些修正,1828年还自己利用原子热容定律,把钠的原子量修正为23(O=16),列入他以后的原子量表中。

1818年,贝采里乌斯的学生德国矿物学教授米希尔里希(Ernst Eilhard Mitscherlich,1794—1863年)在研究酸式磷酸钾(KH_2PO_4)和酸式砷酸钾(KH_2AsO_4)时,发现它们具有相同的晶形,以后又研究了其他物质,在1820年提出了同晶定律:"同数目的原子以相同方式结合,得到相同的晶形。"反过来,如果已知一种化合物所含某一元素的原子数目,可推导另一类似元素在同晶化合物中的原子数目。贝采里乌斯马上意识到这一发现的重要性,随即他们利用这种关系测定和修订原子量。如他们根据硫酸盐与铬酸盐具有同晶的事实,重新校正了铬的原子量是1818年表中的一半,又因氧化铬与氧化铁和氧化铝同晶,修正了铁和铝的原子量。

表7-1 贝采里乌斯1826年发表的原子量表(部分)

元素名称	原子量		元素名称	原子量	
	O=100	O=16.00		O=100	O=16.00
氧	100.00	16.00	铝	171.167	27.39
氢	6.023 98	0.998	碘	768.781	123.00
碳	76.437	12.25	铅	1 294.498	207.12
氮	88.518	14.18	锂	127.757	20.44
硫	201.165	32.19	镁	158.353	25.34
钙	256.019	40.96	锰	355.787	56.93
铁	339.213	54.27	汞	1 265.822	202.53
钾	489.916	78.36	磷	196.155	31.38
钠	290.897	46.54	铂	1 215.220	194.44
银	1 351.607	216.26	铬	351.819	56.29

尽管贝采里乌斯借助别人的研究修正自己的原子量,使他的原子量与前人相比有相当的准确性,但由于他不接受阿佛加德罗的分子论,也常常使自己陷入矛盾中。于是,也有科学家尝试接受阿佛加德罗的分子说,测定原子量。1827

年,杜马利用蒸气密度法测定一些气体物质的分子量,又假定每种气体单质的分子都是由两个原子组成的,这样,他就推算了这些元素的原子量。如他就曾根据蒸气密度法,测得硫的原子量是94.4,碘的原子量是125.5,汞的原子量是100.00,磷的原子量是63.51,砷是152.6。毫无疑问,他所测定的这些数据是错误的,而如今我们也知道这个错误是由他的假定错误引起的。然而也正由于这些错误数据的出现,使贝采里乌斯有了反对阿佛加德罗分子论的理由,也使杜马放弃了自己的观点和方法。

在利用分子量测定原子量的工作中,康尼查罗作出了卓越的贡献,并因此巩固了原子-分子学说。他既接受了道尔顿的原子说,又接受了阿佛加德罗的分子说,且调和了它们之间的矛盾。他利用分子量结合物质重量组成的分析结果而确定元素原子量的方法相当合理,而他测定原子量的工作也为元素周期律的最后发现奠定了坚实的基础。他认为,由于不同分子中所含同一元素原子的数目必定是1、2、3等整数,因此不同分子中所含同一元素的不同重量必定是一定重量的整数倍,这一重量就是该元素的原子量。如表中所列数据显示,在一系列碳的化合物中,碳最小的重量是12,其余都是12的整数倍,确定碳的原子量是12。

表 7-2

化合物	分子量	分子组分重量	分子式
一氧化碳	28	碳12 氧16	CO
二氧化碳	44	碳12 氧32	CO_2
甲烷	16	碳12 氢4	CH_4
乙烯	28	碳24 氢4	C_2H_4
丙烯	42	碳36 氢6	C_3H_6
乙醚	74	碳48 氢10 氧16	$C_4H_{10}O$

三、元素符号、化学式的演变和原子价

化学元素符号和化学式是化学学科特有的语言符号系统,由于它们蕴涵丰富的内容,它们不仅是化学工作者进行理论思维和交流的工具,也反映物质的组成、性质等特征,因此元素符号和化学式的规范表示及由此得出的原子价,也为

化学家发现元素性质的规律变化起了重要的作用。

元素符号的萌芽可追溯到中古时期的炼金时期,为了保密,他们往往用一些隐语表示某一物质,如:"姹女""黄芽""圣水"等,也有用一些图画符号来表示元素或化合物的(如图 7-1 和 7-2 所示),这是最早的元素符号。

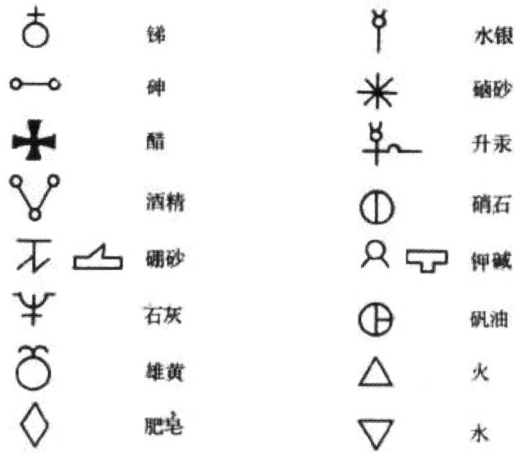

图 7-1　古埃及希腊文手稿中的化学符号

图 7-2　中世纪炼金家用的符号

从前面的符号我们可以看出,由于它们与物质的性质和组成毫不相干,人们只有靠死记硬背才能掌握所接触的物质命名和符号,自然也无法找出其中的规律。随着越来越多的物质出现,化学条理化和系统化的需求出现,拉瓦锡对此十分重视。1787 年,他与贝托雷等合作组成了"巴黎科学院命名委员会",建议每种物质必须有固定的名称,且元素的名称必须尽可能反映出它们的特性和特征,化合物的名称必须能反映它们所含的元素、表示其组成。酸类和碱类用它们所含的元素来命名,例如磷酸、硫酸、钾碱、钠碱等;盐类用构成它们的酸和盐基来命名。这种科学的命名法由于体系简明,很快被化学家接受,并为化学带来前所未有的条理性和系统性,为元素的正确分类奠定基础。而拉瓦锡也成为第一个为元素进行分类的人。

1808 年,道尔顿依据他的原子论,认为简单原子都是不可分的实心球体,于是设计用圆圈及其变体表示元素,用元素符号的组合表示复杂原子(化合物)的组成。(如图 7-3 所示)。当然由于这些符号不好记,也无法表示复杂的化合物,因此使用的人并不多。但我们毕竟看到元素符号简化的趋势和化学式与物质组成相统一的迹象。

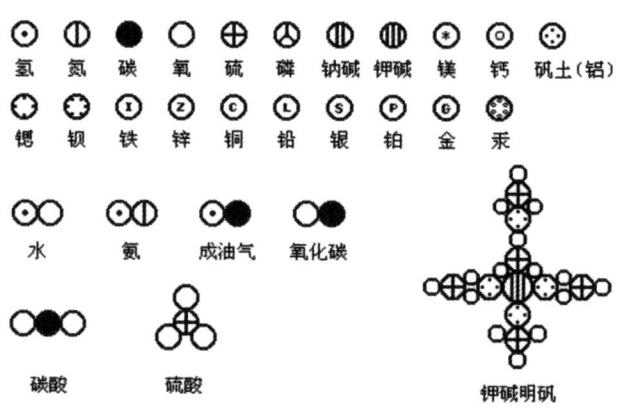

图 7-3

1813 年,贝采里乌斯认识到道尔顿元素符号和化学式的合理之处,也看到它的缺点。因此建议采用以每种元素的拉丁文名称的开头字母,大写作为元素符号,如 S-sulphur,C-carbonicum。如果第一个字母相同,那就再取其第二个字母,小写以示区别,如 Si-silicium,Co-cobaltum 等。他还建议化合物的化学式用元素符号表示,每一个元素符号在化学式中各代表一个原子,如二氧化碳记作 CO_2,水记作 H_2O。贝采里乌斯的化学符号简单明了,意义明确,元素符号一直沿用至今,而他的化学式也与现代我们所用的化学式非常相似。但当时由于人们对原子、分子认识的混乱,并没有被广泛接受。直到 1860 年卡尔斯鲁厄会议后,贝采里乌斯的化学符号系统被化学界采用。正是这些符号的使用,为英国化学家弗兰克兰建立原子价概念奠定了基础。由于原子价阐明各种元素的原子相化合时所遵循的规律,揭示了元素的一个重要性质,为元素周期律的形成提供了重要的依据。

第二节 元素周期律的发现

一、元素性质与原子量关系的初探

早在元素原子量测定仍处于混乱时期,已有一些化学研究者把元素的性质与原子量加以联系,看其中是否存在一定的关系。

1819年,德国耶拿大学的化学教授德贝莱纳(Johann Wolfgang Dobereiner,1780—1849年)注意到,性质相似的三个元素钙、锶、钡的氧化物的"原子量"有一定的关系,即氧化锶的"原子量"是氧化钙和氧化钡"原子量"的平均值。当然这里的"原子量"其实是这些氧化物的化学式量,德贝莱纳是接受道尔顿的原子论才认为这些氧化物是复杂的原子。以后,他又发现还有一系列的三元素组,(1)锂、钠、钾,(2)氯、溴、碘,(3)硫、硒、碲,(4)铁、钴、锰,它们性质相似,中间一种元素的原子量接近另两种元素原子量的均值。如,当时他采用贝采里乌斯的原子量,以氧的原子量100为基准,锂是95.310,钠是290.897,钾是489.916,钠的原子量接近于锂与钾的原子量的均值292.613。虽然德贝莱纳的"三元素组"的分类是零散的,对当时已发现的54种元素而言只是局部,但他这种对元素进行归纳分类的方法对后人产生了重要的影响。

1850年,德国明里克大学药物化学教授培顿科弗(Max Joseph Von Pettenkofer,1818—1901年)发表论述,认为三元素组中原子量的关系是一种偶然情况。他认为性质相似的元素不止三种,如与钙、锶、钡性质相似的还有镁,与硫、硒、碲相似的还有氧,它们原子量关系中存在"公差",是8或8的倍数,如:

镁＝12

钙＝12＋8＝20

锶＝20＋3×8＝44

钡＝44＋3×8＝68

1853年,英国的格拉斯顿提出性质相似的同组元素在原子量方面可存在不同的关系;1854年,美国的库克把元素分为六系;1857年,英国的欧德林把元素分为13类;1857年,杜马根据有机物有同系现象提出性质相似的元素为"同系元素"。这一系列的元素分类方法无疑对科学的元素分类有积极的促进作用,但是也由于当时人们对原子和分子、原子量和分子量等非常重要的化学概念的使用处于混乱状态,对元素分类的建议只能是零碎的、不系统的,甚至有的只是凭想象。直到1860年康尼查罗建立了原子-分子学说,统一的原子量被大家公认,从整体上寻找元素内在联系的工作也得以普遍开展。

1862年,法国矿物学教授尚古多(Beguyer de Chancourtois,1820—1886年)提出了"元素的性质就是数目的变化"的论点,制作了一个由圆柱体构成的"螺旋图"。由于氧的原子量为16,他在圆柱体的底边上取十六个点,分成十六等分,从每一点向上沿圆柱体作十六条垂直线,再从底边作45°的螺旋线向上盘旋,每一个

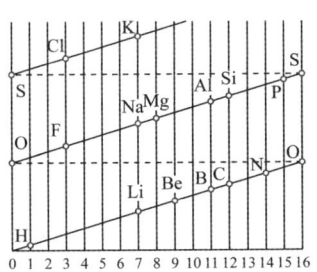
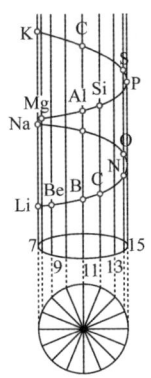

图 7-4

交点就代表原子量的一个单位。于是他把当时已知的62种元素按原子量的大小顺序排列在螺旋线上(如图7-4所示),发现某些性质相似的元素都出现在同一垂直线上,如 Li-Na-K,S-Se-Te,Cl-Br-I。就此,他提出了元素的性质有周期性重复出现的规律。然而由于他对元素只是进行机械的排列,一些性质相差甚远的元素也排在一条线上,如 S 与 Ti,K 与 Mn。因此尽管他向法国科学院先后提交了三篇论文,但科学院拒绝接受他的报告。直到元素周期律发现后,人们才意识到他的方法的重要性。

1864年,欧德林修改了他当初以当量为基础排列的"元素表",以"原子量和元素符号"为标题重新发表了这张表。这次,他基本上按原子量的大小排列元素,总共有47种。从他的表里,我们可以看到他已部分找到了元素性质随原子量递增呈现周期性变化的规律,如 N-P-As-Sb-Bi,O-S-Se-Te,F-Cl-Br-I 都排在同一行,甚至在 C-Si 与 Sn-Pb 等合适的位置留下了空格,说明他已意识到应该有未发现的元素与同一行中的其他元素性质相似,可见,他比尚古多的"螺旋图"已进了一步。但他把 Li-Na 与 K-Ru,Mg 与 Ca-Sr-Ba 等错误地分在不同行中,也没有对表作实质性说明,使人们无法理解制表的意义。

同年,德国化学家迈耶尔在他的《现代化学理论》中,不仅论述了化学学科的基本原理,同时刊出了一个"六元素表"(如表7-3所示)。从这张"六元素表"我

迈耶尔

们可以看到元素周期表的雏形,他按原子量递增的顺序排列元素,把性质相似的元素都列在同一纵列,并为一些未知的元素留了空,迈耶尔说:"原子量的数值上有一种规律,这是毫无疑问的。"当然这表有一个很大的缺陷,就是表中只列有28种元素,一半多的元素被摒弃于表外。

表 7-3

—				Li	Be
C	N	O	F	Na	Mg
Si	P	S	Cl	K	Ca
—	As	Se	Br	Rb	Sr
Sn	Sb	Te	I	Cs	Ba
Pb	Bi	—		Tl	—

1865年,英国皇家农业学会化学师纽兰兹(A.Y.Newlands,1837—1898年)把当时发现的62种元素按原子量递增的顺序排列,发现任意从一个指定的元素开始,每隔八种元素就出现与前面元素性质相似的情况,如同音乐中的一个音调与第八个音调相似一样,因此他把这个规律称为"八音律",并排成了一张"八音律表"。

表 7-4 八音律表

H	1	Li	2	Be	3	B	4	C	5	N	6	O	7
F	8	Na	9	Mg	10	Al	11	Si	12	P	13	S	14
Cl	15	K	16	Ca	17	Cr	19	Ti	18	Mn	20	Fe	21
Co 和 Ni	22	Cu	23	Zn	25	Y	24	In	26	As	27	Se	28
Br	29	Rb	30	Sr	31	Ce 和 La	33	Zr	32	Di 和 Mo	34	Ro 和 Ru	35
Pd	36	Ag	37	Cd	38	U	40	Sn	39	Sb	41	Te	43
I	42	Cs	44	Ba 和 V	45	Ta	46	W	47	Nb	48	Au	49
Pt 和 Ir	50	Tl	53	Pb	54	Th	56	Hg	52	Bi	55	Os	51

从纽兰兹的"八音律表",我们可以看到它有许多独到之处,虽然他总体是按原子量大小的顺序排列,但他能大胆地根据元素性质做一些颠倒,因此第一、第二行元素性呈现明显的周期性。然而他的最大缺陷是没有意识到要为未发现的

元素留有空格,因此从第三行开始便出现混乱,甚至把铁与氧、硫排在一列,把钴与氟、氯排在一列,成为性质相似的元素。所以1866年3月1日他在伦敦化学会上做报告时,受到不公正的待遇,甚至有科学家对他嘲笑讽刺,使他放弃了继续研究的信心,直到二十一年后,当人们认识到他的思想已多么接近元素周期律时,英国皇家学会赠给他戴维奖章。

从1829年的"三元素组"到1865年的"八音律表",化学家为寻找庞杂元素间的内在规律做了大量的工作。虽然他们没有确实掌握元素间最根本的内在联系,但这些探索逐步发展,逐渐逼近真理,为元素周期律的发现开辟了道路。

二、元素周期律的发现

在十九世纪七十年代,俄国化学家门捷列夫和德国化学家迈耶尔几乎同时独立地发现元素周期律。

门捷列夫,1834年出生在俄罗斯西伯利亚托波斯克城一位中学校长的家里,母亲聪明、能干、有学识,对少年时期的门捷列夫影响很大。由于对科学的兴趣,1850年,他进入彼得堡师范学院自然科学教育系。虽然开始时他并不出众,成绩名列全班倒数第四,但通过自己的努力,毕业时成绩第一,荣获金质奖章。1856年,他获得物理化学硕士学位。同年,他获得去德国海德堡本生实验室进行研究的机会,之后参加了第一届国际化学家大会,为他发现元素周期律奠定了基础。1866年起,门捷列夫在彼得堡大学共担任了二十三年的化学教授,他不仅是一位化学家,也是一位出色的教育家,深受学生的爱戴。他的一位学生曾经回忆说:"以前无机化学教授只是把一堆堆难记的公式给我们。但是感谢门捷列夫教授,他使我开始认识到化学确是一门科学。……他常说不愿拿事实充塞我们的脑袋,但要我们学会阅读化学书籍和文献,且能分析并了解它们。""他最动人之处是能使学生的思想跟着他的思想进行思考,学生们都为能认识必然达到的科学结论而感到兴奋和愉快。"

就在门捷列夫担任彼得堡大学教授期间,为了系统讲好无机化学课程,他想编一本《化学原理》教科书,于是他仔细地研究了各种元素,试图对它们进行系统的分类。在研究中,他发现任何物质都有怎样的物质和多少物质的问题,即有质和量两方面的问题,自然而然就产生了这样的思想:在元素原子的质量和性质之间必然存在某种联系。他把当时已发现的每一种元素的名称和符号、原子量、物

门捷列夫

理性质和化学性质等都写在不同的卡片上,用不同的方式进行排列。最后,当他把原子量相近和性质相似的元素排在一起,并大胆地对一些元素的原子量进行修改,预言有未发现的元素,发现元素的性质是随原子量而呈现周期性的变化的。根据这种思想,门捷列夫在1869年2月发表了他的第一张元素周期表(如表7-5所示)。3月由于生病缺席俄罗斯化学会,于是请他的挚友在会上宣读了《元素性质和原子量的关系》的论文,阐明了关于元素周期律的基本论点。

表 7-5

			Ti＝50	Zr＝90	?＝180
			V＝51	Nb＝94	Ta＝182
			Cr＝52	Mo＝96	W＝186
			Mn＝55	Rh＝104.4	Pt＝197.4
			Fe＝56	Ru＝104.4	Ir＝198
			Ni＝Co＝59	Pd＝106.6	Os＝199
H＝1			Cu＝63.4	Ag＝108	Hg＝200
	Be＝9.4	Mg＝24	Zn＝65.2	Cd＝112	
	B＝11	Al＝27.4	?＝68	Ur＝116	Au＝197?
	C＝12	Si＝28	?＝70	Sn＝118	
	N＝14	P＝31	As＝75	Sb＝122	Bi＝210?
	O＝16	S＝32	Se＝79.4	Te＝128?	
	F＝19	Cl＝35.5	Br＝80	I＝127	
Li＝7	Na＝23	K＝39	Rb＝85.4	Cs＝133	Tl＝204
		Ca＝40	Sr＝87.6	Ba＝137	Pb＝207
		?＝45	Ce＝92		
		?Er＝56	La＝94		
		?Yt＝60	Di＝95		
		?In＝75.6	Th＝118?		

几乎与此同时,迈耶尔也发现了元素周期律。1868年,他发表了著名的《原

子体积和原子量周期性图解》(如图 7-5 所示),从图中我们可以看到,随着元素原子量的增大,元素的原子体积的变化呈现五个波峰,峰顶都是碱金属元素,有明显的周期性变化规律。1869 年 10 月,迈耶尔又制作了一张元素周期表(如表 7-6 所示),明确指出元素的性质是它们原子量的函数。

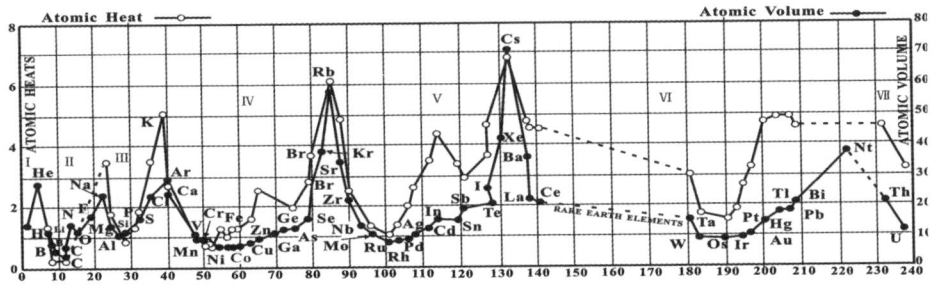

图 7-5　迈耶尔的原子体积-原子量曲线图(1868 年)

表 7-6

I	II	III	IV	V	VI	VII	VIII	IX
	B=11.0	Al=27.3	—	—	—	? In=113.4	—	Tl=202.7
	C=11.97	Si=28		—		Sn=117.8	—	Pb=206.4
			Ti=48		Zr=89.7			
	N=14.01	P=31		As=74.9		Sb=112.1		Bi=207.5
			V=51.2		Nb=93.7		Ta=182.2	
	O=16	S=31.95		Se=78		Te=128?		
			Cr=52.4		Mo=95.6		W=183.5	
	F=19	Cl=35.5		Br=79.75		I=126.5		
			Mn=54.8		Ru=103.5		Os=198.6	
			Fe=55.9		Rb=104.1		Ir=196.7	
			Co=Ni=58.6		Pd=106.2		Pt=196.7	
Li=7.01	Na=23	K=39		Rb=85.2		Cs=132.7		Au=196.2
			Cu=63.3		Ag=107.66			
? Be=9.3	Mg=23.9	Ca=40		Sr=87.0		Ba=136.8		
			Zn=64.9		Cd=111.6		Hg=198.8	

比较门捷列夫与迈耶尔的元素周期表,我们可以发现它们有许多相同之处,如他们都是按元素原子量的大小顺序进行排列而呈现性质的周期性变化的。但在制表过程中,他们没有机械排列,都对一些元素的原子量进行修订(表中带?的便是),都留下一些空位给未发现的元素(表中有"—"的便是)。但是,他们也有许多不同之处,如门捷列夫侧重元素化学性质的研究,而迈耶尔侧重物理性质方面的研究;从表的制作来看,迈耶尔对相似元素族的划分更加完善,并形成了今天我们所说的"过渡元素",但对元素周期律的认识,门捷列夫更深刻。在元素周期律发表之初受到攻击和非难时,迈耶尔没有做进一步的研究,而门捷列夫却深信自己工作的重要意义,1871年修订了第一张元素周期表,使之更突出元素化学性质的周期性,并根据未知元素在表中的位置大胆地预言这些元素的性质。这也最终使元素周期律得到世人的公认,使门捷列夫赢得了比迈耶尔更高的威望。

三、元素周期律的证实和无机化学的系统化

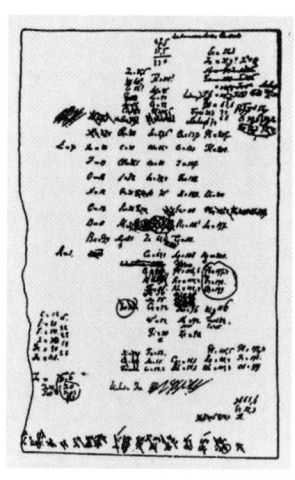

图 7-6

任何科学理论的发现都不是一帆风顺的,元素周期律发现的早期也遇到了相同的境遇,有人怀疑、有人讽刺。但随着门捷列夫预言元素的发现,人们终于承认了元素周期律。

门捷列夫根据他对元素周期律的认识,在元素周期表中留下了一些空位,认为这些位置上应该有尚未被发现的元素。1871年,门捷列夫在俄罗斯化学会的杂志上发表了一篇题为《元素的自然体系和运用它指明未发现元素的性质》的论文,根据其中三个所在的位置,把它们称为"类铝""类硼"和"类硅",预言了元素的原子量、单质及其化合物的性质,甚至预言它们可能的发现方法。文章发表之初,人们并不以为然,当然也不会有人以此为依据去发现这些新元素。

1875年,也就是在门捷列夫对元素进行预言后的第四年,法国化学家布瓦博特朗(Paul Emile Lecoq de Boisbaudran,1838—1912年)分析比里牛斯山的闪锌矿时,用光谱分析法发现了一个新元素,他命名为"gallium"(镓),并在《巴黎

科学院院刊》上发表了他所测得的镓的性质。不久,他收到门捷列夫的一封信,告诉他镓就是"类铝",并指出镓的比重不应是4.7,而应该在5.9至6.0之间。这使布瓦博特朗十分疑惑,因为他确信当时世界上只有他手上有镓,远在千里之外的门捷列夫怎么知道他测得镓的比重是否正确?但作为一个科学家,他还是以求实的态度又提纯了镓,并再次测定了它的比重,结果为5.94。这与预言惊人相似的结果,令布瓦博特朗折服(如表7-7所示),他在另一篇论文中这样写道:"我认为没有必要再来说明门捷列夫这一理论的巨大意义。"

表 7-7

	门捷列夫预言"类铝"的特性	布瓦博特朗测得"镓"的性质
原子量	68	69.9
原子体积	11.5	11.7
单质性质	比重区间为5.9～6.0,非挥发性,不受空气的作用,烧至红热时,能分解水蒸气,将在酸液和碱液中逐渐溶解	比重为5.94,常温下不挥发,在空气中不起变化,对于水汽的作用尚不明,在各种酸中和碱中可逐渐溶解
氧化物	Ea_2O_3,比重为5.5,必能溶于酸中生成EaX_3型的盐,其氢氧化物必能溶于酸和碱中	Ga_2O_3,比重未查出,能溶于酸中,生成EaX_3型的盐,其氢氧化物能溶于酸和碱中
盐	有形成碱式盐的倾向,硫酸盐能成矾,其盐类能被H_2S或$(NH_4)_2S$所沉淀,其无水氯化物较氯化锌更易挥发	易水解生成碱式盐,所成的矾类已了解到,其盐类能被H_2S或$(NH_4)_2S$所沉淀,无水氯化物较氯化锌更易挥发,沸点为215～220℃
发现方法	将可能是分光分析法	通过分光镜发现

这件事迅速在欧洲的化学界引起化学家们的注意。这是化学史上第一次预言的一种新元素被发现,它不仅预言了新元素的存在和发现它的方法,也证明了元素周期律的正确和意义。

又过了四年,瑞典的尼尔森(Lars Fridrik Nilson,1840—1899年)分析硅铍钇矿石和黑稀金矿时,获得一种新的土质,发现其中含有一种新元素,性质与门捷列夫预言的"类硼"相符合(如表7-8所示),他命名为"scandium"(钪)。

表 7-8

	门捷列夫预言"类硼"的特性	尼尔森测得"钪"的性质
原子量	44	44
氧化物	R_2O_3,比重为3.5,碱性比Al_2O_3强,弱于MgO,不溶于碱溶液,能否分解氯化铵尚不确定	Sc_2O_3,比重为3.68,碱性比Al_2O_3强,弱于MgO,不溶于碱溶液,不能分解氯化铵
盐	无色,难以形成很好的晶体。与KOH和Na_2CO_3反应生成胶状沉淀	无色,硫酸盐极难结晶。与KOH和Na_2CO_3反应生成胶状沉淀
碳酸盐	不溶于水,可能形成碱性盐的沉淀	不溶于水,且易分解放出二氧化碳
硫酸复盐	各种碱性的硫酸复盐可能不成为矾类	各种碱性的硫酸复盐均非矾类
氯化物	RCl_3,挥发性较氯化铝低,在水溶液中水解较$MgCl_2$更容易	$ScCl_3$,在850℃时升华,而氯化铝超过100℃就升华,在水溶液中会水解
发现方法	恐怕不能用光谱法发现	钪的发现不是用光谱分析法完成的

门捷列夫预言的"类硅"是在1886年被德国化学家文克勒(Clemens Aexander Winkler,1838—1904年)在分析掀麦尔斯孚斯特矿洞中一种富银矿时发现的,他把这个元素命名为"germanium"(锗)。当他发现自己的发现与门捷列夫的预言如此相符时(如表7-9所示),他也说:"再也没有比'类硅'的发现能这样雄辩地证明元素周期律的正确性了,它不仅证明了这个有胆识的理论,还扩大了人们在化学方面的眼界,而且在认识上也迈进了一大步。"

表 7-9

	门捷列夫预言"类硅"的特性	文克勒测得"锗"的性质
原子量	72	72.32

(续表)

	门捷列夫预言"类硅"的特性	文克勒测得"锗"的性质
比重	5.5	5.47
原子体积	13.0	13.22
原子价	4	4
比热	0.073	0.076
氧化物的比重	4.7	4.703
氯化物的比重	1.9	1.887
四氯化物的沸点	100℃以下	86℃
乙基化合物的沸点	160℃	160℃
乙基化合物的比重	0.96	1.0
氧化物的性质	EsO_2 易溶于碱,可以用氢和碳使之还原为金属	GeO_2 易溶于碱,用氢和碳可使之还原为金属

随着三种预言元素的发现,元素周期律得到了普遍的认可。它所具有的强大的逻辑力量和惊人的预见性,使人们对元素及其化合物的研究,从以往的盲目中解放了出来,增强了目的性和自觉性。此后,人们就根据周期律的空位去寻找尚未发现的新元素,或合成自然界中没有的人造元素。恩格斯给予门捷列夫的元素周期律这样的高度评价:"由于他不自觉地应用黑格尔的量转变为质的规律,完成了科学上的一个勋业,这个勋业可以和勒维烈计算尚未知道的行星海王星的轨道的勋业居于同等的地位。"

元素周期律发现的另一个重要的意义是使无机化学的研究进入系统化阶段。在此之前,化学家还只是一个一个地发现各种元素,孤立研究各种化学元素的性质。在周期律发现后,化学家将各种元素的性质和它们在元素周期表中的位置对应起来,把各种化学元素纳入一个完整的体系中;将过去研究过的各种无机物,如氧化物、氢化物,以及酸、碱、盐等都纳入了统一的理论体系中,对各种元素及其化合物的性质提供了统一的说明。从此后,元素周期表成为研究无机化学的一条重要主线。

第八章 从无机到有机：结构理论的发展

对物质进行分类研究是化学研究的重要方法，目的是在纷繁复杂的物质世界中了解一类事物的通性，了解一事物和他事物的区别。十九世纪前，人们根据物质是否是从生命体中提取故分为"无机物"和"有机物"，并认为无机物不可能合成有机物。然而，物质的分类并不是绝对的，随着化学的发展，有些物质类别的鸿沟被填平，有些物质有了新的分类方法。新的分类方法促进着新的理论的出现。

第一节 活力论的破产和科学有机化学的诞生

一、活力论的产生

从人类开始使用天然物质以来，人们就与许许多多今天我们所谓的有机物打交道。例如我国在公元前 3 000 年左右的新石器时期已会利用蚕丝；在公元前 1 000 前的周代已广泛使用天然染料，利用淀粉水解造饴糖，通过酿造制酒、醋、酱，利用各种植物作为医疗疾病的药物。随着生产技术的发展，人们逐渐制得了一些较纯的有机物，如我国在唐代就制得了含酒精量较高的烧酒，阿拉伯的炼丹家在公元 900 年左右也制得接近纯粹的酒精。十六世纪的欧洲制药家在制造药物时分离得到了一些新的有机化合物，如香油精、酒石酸、乙醚、丙酮等。到了十八世纪，在化学上制得纯净的有机物更多了，如舍勒从 1769 年到 1785 年，利用一些有机酸的钙盐和铝盐不溶于水而沉淀析出，再用无机酸酸化制得不少有机酸，从苹果和柠檬中分别提取苹果酸和柠檬酸，从酸牛奶中提取了乳酸，从尿中提取了尿酸，从五倍子中提取了没食子酸。还有其他一些人也做了这方面的工作，从尿中析出尿素，从马尿中析出马尿酸，从动物脂肪中析出胆固醇，从植物中分离出金鸡钠碱、番木鳖碱等。

随着分离出的有机物日益增多和人们对它们性质的初步了解,人们最直观的感觉是,这些物质同矿物中分离的物质稳定性不同,活性也不同。于是就有许多科学家建议将它们分类研究。比较简单的物质是"无机物",从有生命的物质中提出的物质称为"有机物"。德国化学家格伦(F.A.C.Gren,1760—1798年)在他的《化学基础》中把所有的有机物归纳为一章,因为他认为这些物质都是从相似的本原成长出来,并认为这种本原只存在于动、植物体内,是不能人工制造的。L.梅林发展了格伦的说法,主张将有机物和无机物分立为两个范畴,相信无机物是可以人工由元素出发直接合成的,而有机物只能从动物或植物体内提取,化学家则只能使这些化合物产生一些微小的改变。

化学界的这些想法逐渐影响到生物界,在十九世纪初期,生物学和有机化学领域便流行起"生命力论"。他们认为:动、植物有机体具有一种生命力(又称活力),只有依靠这种生命力,才能制造出有机物质,因此有机物只能在动、植物体内制造出来,在实验室和一些作坊里,人们只能合成无机物质,或只能使一些无机物与有机物反应,但不能从元素出发人工合成有机物。无机物遵循的定比定律对有机物是否适用也受到怀疑。"生命力论"的主观臆测,在一定程度上把有机物神秘化,使有机物和无机物之间人为地形成一条似乎不可逾越的鸿沟,使许多化学家放弃了在有机合成道路上的主动进取,阻碍了有机化学的发展。

二、"生命力论"的破产

给予"生命力论"致命打击的是德国化学家维勒。他出生在一个小有名气的医生家庭。父亲望子成龙,对他要求十分严格。小时候,维勒成绩平平,但喜欢收集矿物标本,做化学实验,他的宿舍几乎成为一间实验室和储藏室。父亲对此不满,希望他学好每一门课,不得偏废,于是父子常为此发生口角。有一次,激怒的父亲没收了儿子的《实验化学》一书,使他很伤心,被迫去找父亲的好朋友布赫医生。布赫医生很理解他,不仅给他各方面的支持,也注意启发他的思想,告诉他如果

维勒

要想成为科学家,必须具有丰富的知识。这种沟通对中学时期的维勒起到重要的作用,他更加刻苦地钻研各门功课,1820年以优异成绩从中学毕业。进入大学后的维勒虽然按家人的意见选择了医学,但他仍对化学十分感兴趣,课上他一心一意攻读医学,课后回到宿舍却喜欢做化学实验。他的第一项科研成果"关于硫氰酸银和硫氰酸汞的性质",就是在简陋的大学宿舍里完成的,而这项成果也更增加了维勒研究化学的信心。终于,在获得医学博士学位后,他放弃了医学,转而到贝采里乌斯的实验室专心从事化学研究,这为他毕生的化学事业奠定了坚实的基础。

1824年,维勒在研究制取氰酸铵的最简单的方法。首先,他让氰酸和氨气这两种无机物进行反应。使他感到意外的是,生成物不是氰酸铵,而是草酸。于是他改用氰酸和氨水反应,结果形成的是草酸和"一种肯定不是氰酸铵的白色结晶物"。因为这种晶体用酸处理,不会产生氰酸,与碱作用,未发现氨的痕迹。但限于当时的实验条件,他无法证明这白色晶体是什么。为此,他毅然受聘于生活条件差,但实验设备齐全的柏林工艺学校。到1828年,他终于用当时最先进的实验设备证明白色晶体是尿素,同时还用其他的无机物通过不同的途径合成了尿素,即用氯化铵和氰酸银、氨气和氰酸铵反应合成了尿素。并发表了一篇总结性的文章《论尿素的人工合成》,不仅说明人工合成尿素的各种方法,也强调了它的意义。他说:"我已经能够制造出尿素,而且不求助于动物(无论是人或犬的肾)",它"提供了一个从无机物人工制成有机物并确实是所谓动物体上的实物的例证"。

尿素的人工合成极大地冲击了"生命力论",为有机化学开辟了一个新纪元,有人认为科学的有机化学就是从这时开始的。但就像其他许多旧势力不会自动退出历史的舞台一样,"生命力论"的信奉者们极力维护自己的观点,提出不同的意见,认为尿素是动物的排泄物,不能算真正的有机物,而氨和氰酸也不能算真正的无机物,因为它们从动物体得来。1845年,德国化学家柯尔贝(Hermann Kolbe,1818—1884年)用木炭、硫、氯和水这样简单的无机物为原料合成了典型的有机物——醋酸,第一次从单质出发实现完整的有机合成。以后,化学家们又用无机物合成了葡萄酸、柠檬酸、琥珀酸、苹果酸等一系列有机酸,破除"生命力论",为有机合成开辟了新的道路。

第二节 有机结构理论的兴起

一、早期有机物的组成分析

随着越来越多的有机物出现，人们不仅要研究它们的性质，还试图确定它们的组成。对有机物进行元素分析的先行者是拉瓦锡。在建立科学的燃烧理论——氧化学说后，拉瓦锡应用燃烧理论研究有机物的组成，发现许多有机物完全燃烧后都生成碳酸气和水。于是他称量冷却水的重量以此计算氢的含量，利用苛性碱吸收碳酸气来确定碳酸气和反应剩余氧的体积，根据气体密度计算有机物中碳和氧的含量。虽然所得到的结论比较粗糙，但他还是发现了一些普遍的规律：几乎所有的植物体组织都含碳、氢、氧三种元素，动物组织除这三种元素外，还有氮和磷两种元素。

有机化合物元素分析的第一批较准确的结果是由法国化学家盖·吕萨克与泰纳取得的。1810 年，他们将蔗糖、淀粉、石脂等分别和氯酸钾混合制成小丸子，干燥后放在容器内使它受热燃烧，产生的碳酸气和余氧用排汞集气法收集，水则冷却，然后用苛性钾吸收碳酸气，测定气体体积，计算有机物所含的碳、氢、氧。如他们对蔗糖的测定结果为 41.36% 的碳、6.39% 的氢和 51.14% 的氧，可见他们的测定结果与近代分析的结果已相当接近。但该实验最大的缺陷是不适用于易挥发的物质，易发生爆炸。1815 年，盖·吕萨克对实验进行了改进，用氧化铜代替氯酸钾。同年贝采里乌斯也对此实验进行了改进，他将分析试样与掺有氯化钠的氯酸钾混合，以减缓反应速度，改用无水氯化钙吸收和称量反应的水。他们的实验改进，使分析更安全，结果更可靠，被不少化学家所采纳。

有机分析发展成为精确系统的定量分析技术最后是由德国化学家李比希（Justus von Liebig，1803—1873 年）完成的。1830 年，他在盖·吕萨克和贝采里乌斯工作的基础上，改进了燃烧仪和吸收器，将有机化合物与氧化铜混合加热，后期改用空气以便把有机物完全氧化并将剩余气体赶出。所得产物先通过无水氯化钙管，吸收生成的水，再通过装有固体苛性钾的玻管吸收残余的水和二氧化碳。然后分别称它们重量，计算碳、氢的含量。如果二者相加不到 100%，也没有检出其他元素，则不足之数为氧的含量。李比希的这套分析仪很快成为常规分析仪,并一直沿用至今。当然,其间也做了一些改进,如1850年本生发明煤气灯后就用煤气灯加热,二十世纪后又改用电热丝。

氮的测定方法是在1830年由杜马首创的,他仍用氧化铜使有机化合物氧化,这时化合物中的氮转变为氨气。当二氧化碳和水被吸收后,剩余的气体就是氨。

二、"一元论"与"二元论"的争论

十九世纪上半叶,随着有机物提纯、分析技术的日臻完善,有机合成的不断发展,有机化学呈现了欣欣向荣的局面,吸引了大量的化学家。但由于缺乏基本的理论,往往使人感到有机化学像一个"茂密的森林",有无限生机并充满着诱惑,而杂乱无章又使人担心无路可出。因此,将零散、经验性的有机知识系统化、条理化,迫在眉睫。

早在1777年,拉瓦锡在建立氧化学说后,将凡含有氧的物质,都看作是氧化物。认为含氧的无机物都是"简单基"的氧化物,即元素的氧化物。含氧的有机物都是"复杂基"的氧化物,这个复杂基至少含有碳和氢两种元素。贝采里乌斯接受了这种观点,并根据自己的"电化二元说"发展了这种观点。根据贝采里乌斯的"电化二元说",一切物质都是由带正电的组分和带负电的组分所形成的。他用这个理论解释了无机化合物的形成,认为也适用于有机化合物,并认为"在有机物中,氧是最重要的组分之一,所以有机物也可以看成是复杂基的氧化物"。因此,含氧的有机化合物都可以写成氧化物的形式,即它们都是由带正电的基与带负电的氧结合而成的。如乙醇写成C_2H_6O,乙醚写成$C_4H_{10}O$。虽然贝采里乌斯的"基"完全是靠想象的,并无固定的组成和式子,也不表示化学反应的功能,但这还是为"基团论"建立起了雏形。

1832年,维勒和李比希发表了《关于安息香酸基的研究》,为"基团论"提供了实验根据,促进了"基团论"的发展。文中他们指出,在苦杏仁油(C_7H_5O·H)、安息香酸(C_7H_5O·OH)、安息香氯(C_7H_5O·Cl)、安息香酰氰(C_7H_5O·CN)、安息香酰胺(C_7H_5O·NH_2)等一系列化合物中,存在一个共同的复杂基——安息香基(C_7H_5O),它们在一系列的化学反应中不发生变化。于是他们定义基是一系列有机反应中不变的组成部分,可以被其他简单物取代。从现代化学的角度,安息香基实际上是现在的苯甲酰基。

第八章 从无机到有机：结构理论的发展

维勒和李比希的发现很受贝采里乌斯的赞赏，他建议把这个基的符号写成Zn，叫它为"proin"，意为黎明，表示有机化学的黑暗时代已过去。以后，又有一些实验似乎证实了他的观点，使得许多化学家也认为基团是解释有机化学各种奥秘的最后答案，相信"有机化学就是复合基的化学"，纷纷致力于发现更多的基。李比希和杜马都是"基团论"的热情倡导者。

"基团论"认为"基"的组成是固定的，化学性质稳定，在反应中始终作为一个整体而不发生变化，因此"基团论"也被称为"一元论"。作为早期的有机理论，它解释了一些有机反应，归纳了一些反应事实，对有机化学的发展起到一定的推动作用。但它也暴露了许多弱点，如同一化合物，不同的人用不同的基表示，于是同一化合物就有不同的表示方法。人们甚至发现一些反应中基团里的原子能被其他原子取代，与"基团论"自身发生矛盾。这一些不仅使有机中的"基团论"发生了动摇，也使在无机中受到许多人青睐的"电化二元论"失去立足之地。

1833年，杜马发现了与"电化二元论"理论相悖的事实：在一次盛大的社交晚会上，蜡烛燃烧时冒出的一股股刺鼻的气味使许多人难以忍受，法国皇帝责成部下调查，任务落在杜马的肩上。很快他就查明了刺鼻的气味是由氯化氢引起的，因为当时的蜡烛都是用氯气漂白的蜂蜡制成的，这样氯就取代了蜂蜡中的氢。他又研究了一系列卤素与有机物的反应，发现氯等卤素都有"置换"出有机物中氢的能力，是一种比较普遍的现象，他把这些过程统一称为"取代作用"。不过，他并没有深刻研究其中的意义，因此以后再也没有提及。

杜马的研究引起他的学生罗朗（Auguste Laurent，1807—1853年）的注意。罗朗坚持并发展了杜马的观点。在对取代反应进行进一步研究后，他还发现取代反应的产物的性质并未发生很大的变化，于是提出"用其他元素取代有机物中氢，可以得到同初始性质相似的物质"，也就是说他把有机物视为一个具有结构的整体，它们的性质不仅取决于其中原子的性质，也取决于原子所在的位置。这就是罗朗的一元论。

然而，罗朗的一元论与贝采里乌斯的二元论是背道而驰的。按贝采里乌斯的二元论，有机物应当严格地按正、负两部分组成，且它们是不可能互换的，那么带正电的氢怎么可能被带负电的氯取代呢？即使能够取代，由于斥力的作用也不可能生成与原来物质性质相似的产物。当时贝采里乌斯在化学界是权威，自认为自己的理论绝对正确，一元论是一些"荒谬的观点"。开始，贝采里乌斯认为这些观点是杜马的,杜马知道后赶快辩解,说:"是罗朗把我的理论作了种种夸大其词的渲染,对此我概不负责。"于是所有的攻击都转向才 27 岁的"乳臭未干"的罗朗。面对强大的攻势,罗朗并没有动摇和屈服,他认为贝采里乌斯的论点无事实根据,是"罪恶昭彰的欺诈",他说:"哪怕这位著名的化学家能够拿出一个事实,我也就会放弃自己'奇怪的观念',否则坚持到底。"于是他又不断收集实验资料,充实自己的观点。但由于他的直言不讳和傲气,不久他被贬到边远的地区,一生穷困潦倒,45 岁便英年早逝。

但一元论最终还是取得了胜利,特别是 1839 年杜马用醋酸制备了氯代醋酸,且发现醋酸和氯代醋酸性质十分相似,这使他的态度发生了根本的改变,他不仅转而反对贝采里乌斯的二元论,同时还提出了有机物的"类型说",即有机化合物存在着一定的类型,如果有机物中的氢被等量的氯等卤素取代后,类型保持不变。如醋酸和氯代醋酸、沼气和氯仿等都属于同一类型。从杜马的类型说,我们可以看出它是罗朗一元论的发展。由于它解释了不少实验事实,得到了许多化学家的支持,并相继得到补充和发展,如霍夫曼提出了氨类型(胺)、威廉逊提出了水类型(醇、醚)、凯库勒提出了沼气类型(烷烃)。特别是 1852 年,日拉尔将已知的一些有机化合物归纳为四个基本类型,即氢型、氯化氢型、氨型和水型,这样,只要把母体中的氢用有机基团取代就可以得到各种有机化合物。

一元论虽然仍是对一些经验材料的整理分类,够不上一个严格的理论体系,但它毕竟是为有机化合物的分类做了较成功的初步尝试,为建立有机结构理论迈出了重要的一步。

第三节　经典有机结构理论的建立

一、碳的四价和碳链学说

前面我们已经提及,1849 年弗兰克兰在研究金属有机物时提出元素的"饱和能力",即后来所说的原子价。不过真正的原子价概念脱胎于类型说。从氢型、氯化氢型、氨型和水型中很容易看出:一原子氯可以和一原子氢结合,一原子氧可以与两原子氢结合、一原子氮可以与三原子氢结合。

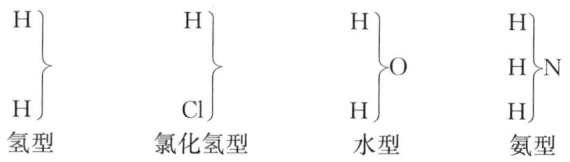

图 8-1　类型说示例

1857 年,凯库勒在研究了日拉尔的类型说以后,提出:"化合物的分子是由原子结合而成的,与某一个原子所化合的其他元素的原子或基的数目,由各成分的取代值所决定。"从这个观点出发,凯库勒把元素分为三组:"一价的如:Cl、Br、K,二价的如 O、S,三价的如 N、P、As",在这篇论文中他还提出了碳是四价的,当时他为日拉尔的类型中增加了沼气型,次年接着又把沼气型推广到所有的有机物中,得出了结论:"一个碳与四个'一原子的'氢是等价的",即碳是"四价"。

1858 年,凯库勒再一次强调了碳是四价的,他说:"当我们考察最简单的碳的化合物(沼气、氯甲烷、四氯化碳、氯仿、碳酸、光气、二硫化碳、氢氰酸)时,很明显,化学上认为最小量的碳,即一原子碳,总是和四个原子的一价元素或两个原子的二价元素相结合。一般来说,与一原子碳化合的化学亲和力单位等于四,这一事实使我们悟出碳是四价的概念。"然后他进一步提出了碳原子间可以相互成链的观点:"对于含有几个碳原子的物质,我们必须假定碳原子的亲和力不仅有一部分与其他种类的原子化合,而且各碳原子间也可以结合排成一线。"

几乎与此同时,英国化学家库珀(Archibald Scott Couper,1831—1892 年)也独立地提出了碳四价和碳原子间可相互成链的学说。他指出:"碳原子可以和一定数目的氢、氯、氧、硫等原子结合,碳原子与一原子元素的最高结合能力是四。""碳原子自己之间可以结合。"可见,库珀的观点与凯库勒的观点是一致的。比凯库勒更进一步的是,他认为碳是有变价的,还用一些图式表示有机化合物的结构:

$$C\begin{bmatrix}C\cdots OH\\H^3\end{bmatrix} \quad C\begin{bmatrix}C\cdots OH\\H^2\\C\cdots H^3\end{bmatrix} \quad C\begin{bmatrix}O\cdots O\\H^2\quad H^2C\\C\cdots H^3\quad H^3\cdots C\end{bmatrix} \quad C\begin{bmatrix}O\cdots OH\\O^2\\C\cdots H^3\end{bmatrix}$$

甲醇　　　　乙醇　　　　　　乙醚　　　　　　乙酸

图 8 - 2

由于库珀采用氧的原子量为8,如果用16,上面图式中所有连接的两个氧原子应改为一个氧原子,这样就与我们现在所用的有机化合物结构式非常相近。可惜的是由于不久后他就生病了,未能继续发展自己的思想,因此他的理论和方法在化学界的影响也不大。

凯库勒和库珀提出的碳的四价和碳链说,为有机结构理论奠定了基础。因为碳是四价的理论揭示了有机化合物中碳的结合方式,而碳碳之间成链所构成的骨架结构正是有机化合物的基础。

二、"化学结构"概念的提出

布特列洛夫

凯库勒和库珀的碳四价理论和碳链学说,虽为有机结构理论奠定了一定的基础,但他们并没有把物质的结构和性质直接联系起来。首先将这两者加以联系,并提出"化学结构"概念的是俄国化学家布特列洛夫(Butlerov,1828—1886年)。

布特列洛夫出生于俄罗斯喀山省奇斯托波尔城,早年丧母,由外祖父母在农村抚养长大,这使他从小热爱自然,热爱科学。在十六岁中学毕业后,考入了喀山大学的物理数学系,但在听了著名化学家克劳斯和齐宁的化学学术报告后,对化学产生了兴趣,改学化学。他在有机合成方面有许多贡献,如他发现了二碘甲烷的制备方法,研究了其性质;发现了甲醛的聚合物"二聚甲醛"(实际为三聚甲醛),并利用它与氨的反应制得了乌洛托品,与石灰合成了聚甲醛糖。

长期的有机合成研究,使布特列洛夫意识到有机化合物的结构和性质有联系。1861年,布特列洛夫在德国自然科学家和医生代表大会上作了题为《论物质的化学结构》的报告,报告中提出了"化学结构"这个概念,称"所组成化合物中各种原子的相互连接"为"化学结构",并认为"一个分子的本性,取决于组成单元的性质、数目和化学结构"。

1864年,他在《有机化学综合研究导论》中更充分地发挥了化学结构学说,并运用碳的四价理论来处理有机化合物的结构,提出了分子中的原子是相互影响的。他特别强调一种化合物只有一种确定的结构,因此也只能有一种结构式,同时化合物的性质与结构有一种依赖关系。也就是说:我们可以从分子的化学结构去了解或预测它的化学性质,反过来也可以从化学性质去确定分子的化学结构。可以说,布特列洛夫一生的主要工作就是确立他的化学结构学说并通过有机合成实验证实他的学说,他合成了他曾预言的三甲基甲醇(叔丁醇)和异丁醇等化合物。这一切工作,使"化学结构"学说逐渐被其他的化学家认同,并把这一理论应用于有机合成中。

三、有机物的同分异构现象

在1860年前后,有机化学结构理论及概念还很不完善。例如,由于人们对碳的四个价是否等价存在不同的看法,使今天看来很简单的乙烷,当时也认为它有两种异构体。一种是从电解醋酸或将碘甲烷与锌共热时得到的所谓"二甲基($H_3C—CH_3$)",由于它可看作是甲烷上的一个氢被甲基取代,属于沼气型,另一种是从乙腈中得到的所谓"氢化乙基($H—C_2H_5$)",看作氢分子中的一个氢被乙基取代,属于氢型,这样乙烷就有同分异构体。但对于丙醇,由于当时只得到一种,即现在的异丙醇,因此认为只有一种丙醇。

那乙烷和丙醇有没有同分异构体?碳原子的四个价是否等同?为了回答这些问题,1864年,德国化学家肖莱马(Cari Schorlemmer,1834—1892年)对此进行了深入的研究,发表了题为《论二甲基和氢化乙基的同一性》的文章。他用较纯的试剂进行实验,发现所谓的"二甲基"和"氢化乙基"是同一种物质,没有同分异构体,从而证明碳原子的四个价是等价的。他还指出,乙烷和丙烷都无同分异构体,从丁烷开始才有同分异构现象。根据他对有机结构理论和同分异构的正确理解,他预言丙醇应有两种同分异构体。后来分离出了正丙醇,并进一步用合成方法制备了正丙醇。

肖莱马肯定丙醇有两种同分异构体,否定乙烷有同分异构体,并解释了丁烷以及它的衍生物的同分异构现象。这为有机结构理论提出了强有力的证据,为有机化合物的结构式和命名创设开辟了道路。

肖莱马

肖莱马不仅是一位出色的有机化学实验家,还是一位有机化学理论家。他所以能取得这些成就,与他能正确运用辩证法研究自然科学有直接关系。他在十九世纪六十年代认识了恩格斯,又通过恩格斯认识了马克思,很快他们就成为亲密的朋友。不久,肖莱马就成为马克思和恩格斯的科学顾问,而自己在他们的影响下,不仅投身了革命运动,也学习了辩证法的思想。他用辩证法的思想指导自己研究化学,他在《有机化学的产生和发展》一书中指出:"化学的发展是按辩证法的规律进行的。"因此他坚信从研究脂肪烃能揭示有机化学的全部奥妙,指出从无机界到有机界的过渡是一种辩证的过渡,只要化学能人工制造出蛋白体,就会使它显现活体性状,从无机界过渡到有机界。从现代化学的成就看,虽然我们不能说脂肪烃的化学能揭示全部的有机化学,但它们确实是有机化学的基础,而无机界到有机界过渡的预言,更是体现了惊人的预见力。

四、苯的环状结构学说的建立

苯是芳香族化合物中最基本的单元结构,它最早由法拉第发现。十九世纪初,焦油煤气已普遍用于照明,人们发现装煤气的钢桶壁总黏结着许多油状物。1825年,法拉第将这些油状物收集起来,蒸馏分析,测定它的密度是氢气密度的39倍,实验式为CH_2($C=6$,$H=1$)。在有机化学建立了正确的分子和原子价概念后,日拉尔确定了它的分子量为78,化学式是C_6H_6。

苯的化学式和性质让化学家们感到为难,按它的结构,它应该有很高的不饱和度,然而它的性质却没有体现典型的不饱和性。1858年,凯库勒认识到苯中的碳原子彼此之间比脂肪族化合物中原子间的距离更近。1865年,他明确指出:"如果我们要弄清楚芳香化合物的原子结构,就有必要解释以下事实:(1)所有的芳香族化

凯库勒

合物,甚至最简单的芳香化合物都比相应的脂肪族化合物有较多的碳;(2)像脂肪族化合物一样,芳香化合物也存在许多同系物;(3)最简单的芳香族化合物至少含有六个碳原子;(4)所有芳香族的衍生物都具有某种同族的共同点,它们都属于芳香化合物。它们发生化学反应时常会分解出一部分碳,但主要产物至少含六个碳原子,除非有机基团被完全破坏。"

根据这些化学事实,他进一步提出所有的芳香化合物都含有一个共同由六个碳原子组成的原子团,它们比脂肪族中的碳原子更紧密地结合。于是他又集中精力去探讨这六个碳原子形成的原子团。开始,他曾以"香肠式结构"来设计苯的结构(如图 8-3 所示)。

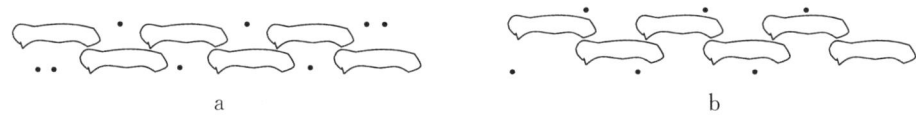

图 8-3

a 式化学组成应为 C_6H_8,与分析结果不符,若用 b 式的开链表示,两个空键必然会表现出高度的化学活性,与苯的性质不符。1865 年,凯库勒终于悟出了闭合链的形式是解决苯结构的关键,于是明确提出了苯分子是一个由六个碳原子以单、双键相互交替结合而构成的环状链。图 8-4 是不同时期凯库勒用以表示苯的方式。

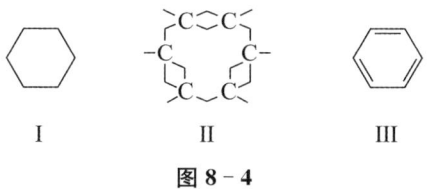

图 8-4

对于他是如何想到苯的结构是环状的,化学史上还留有一段美谈。在 1890 年德国化学会成立二十五周年的庆祝会上,凯库勒是这样描述他当时是怎样发现苯的环状结构的:"我一直坐下来在写我的教科书。但工作并未取得进展,我的心思放在了其他地方。我把椅子转到火炉旁并打了瞌睡。原子再次在我眼前嬉戏跳跃。这次小组分在经历中表现得有节制。重复出现的那种梦境使得我的大脑洞察力变得更加敏锐,从而能够识别出各种形态的大的结构:那条条长列有时挤在了一起,像条蛇运动似的缠绕旋转。瞧!那是什么?一条蛇紧紧咬住了自己的尾巴,并且这种形态嘲笑般地在我睛前旋转。仿佛有一个闪电把我惊醒了。我花费了晚上其余的所有时间,得出了假说的结果。"

从凯库勒的这段话看,苯的环状结构的发现似乎与他的梦境有关,是一种灵感的发现。然而如果我们分析他的思想方法,可以发现这一切是必然的。凯库勒是一个谦虚的人,他认为他的见解并非他个人的偶然所得,而是在前人工作的基础上发展起来的。他师从许多当时非常有名的化学家,如李比希、杜马和日拉尔,与威廉森、拜尔等著名化学家是好朋友,从老师和朋友那儿,他总是能吸收到他们的学术精华。甚至有研究认为凯库勒的苯环结构的提出可能是受奥地利一位名不见经传的中学教师洛斯密德出版的《化学研究》中包括苯环结构在内的368个"晦涩难懂"的结构式的启示有关。当然他也从不盲从任何学派,而有独立思考的习惯,特别是他早年爱好绘画、学习建筑,这使他有丰富的想象能力,能以建筑师的眼光看待化学,对化合物结构的见解也就比别人更敏感了。更重要的原因是他对苯及其衍生物的化学性质和组成进行了深入的研究。也许正是他对苯结构的苦思冥想,才有相关的梦境。

对于凯库勒的苯环结构,当时也有化学家提出了反对意见。如柯贝尔就提出,如果按凯库勒式,苯的取代物邻二溴苯应有两种不同的分子,但事实上只有一种邻二溴苯。为了解决这一个问题,凯库勒提出把苯分子看作是一个能动的物质,两种邻二溴苯处于快速的变动中,所以不能分开。这种说法虽无根据,但为以后的互变异构体提供了有益的启示。

凯库勒的苯环结构理论,在有机化学发展史上具有重要的历史意义。1890年,伦敦化学会在纪念苯的结构学说发表二十五周年的纪念会上,是这样肯定他的成就的:"苯作为一个封闭的链式结构的巧妙概念,对于化学理论发展的影响,对于研究这一类极其相似化合物的衍生物中异构现象的内在问题所给予的动力,以及对于像煤焦油染料这样巨大规模的工业的前导,都已举世公认。"

第四节 有机结构理论的发展

早期的有机结构理论,主要是考虑有机分子中各个原子在平面上的互相连接方式,然而随着对有机物性质研究的深入,人们逐渐意识到原子有可能是在三维空间进行排列的,这样就形成了立体化学。立体化学的形成是有机结构理论发展的一个重要里程碑,它使人们对有机化合物的性质与结构之间内在联系的认识,上升到一个新的高度。

一、有机物的旋光异构现象的发现和研究

有机立体化学的兴起是从对有机化合物的旋光异构现象的认识开始的。旋光性是指物质能使偏振光的偏振面发生偏转的特性,这是由于物质的内部结构与它的镜像不能重叠,这是三维物体的基本属性。无机化合物晶体的旋光性是1808年法国的莫勒斯(Maius)和他的学生阿拉戈与比奥(Jeam Baptiste Biot,1774—1862年)首先发现的。1815年,比奥发现不仅无机化合物的晶体有旋光性,许多天然有机物如松节油、酒石酸、樟脑、糖等也有旋光性,他认为这一定是与分子固有的性质有关的。

有机化合物的旋光异构现象的研究,是从研究酒石酸的旋光性开始。酒石酸最早是由舍勒发现的,由于葡萄汁酿酒的桶底沉渣里析出的酒石酸氢钾叫酒石,因此酸化后得到的酸就得名酒石酸。1844年,贝采里乌斯的学生米希尔里希发现,有两种化学成分相同但旋光性不同的酒石酸,一种是有旋光性的,一种是没有旋光性的。这些研究引起了当时还在巴黎师范大学学习的青年学生巴斯德(Louis Pasteur,1822—1895年)对旋光性研究的兴趣,1848年他用一个放大镜和一把镊子,通过细心的工作,注意到一个非常重要但被米希尔里希忽视的事实,酒石酸盐有特殊的半晶面,且它们的晶面有的向左,有的向右,随后他又发现这种半晶面与旋光性存在一定的关系。巴斯德是这样描述发现的过程的:"我小心分开半面晶面向右的晶体和半面晶面向左的晶体,然后用偏振装置分别地检查它们的溶液,我又惊又喜地看到半面晶面向右的晶体使偏振光平面向右旋,半面晶面向左的晶体使偏振光平面向左旋。把两种晶体各取等重制成的混合溶液,由于两种偏转相等、方向相反而抵消,所以对光不产生影响。"实际上,这就是

米希尔里希发现的无旋光性的酒石酸,即外消旋酒石酸。1860年,他又进一步提出左旋酒石酸和右旋酒石酸像左手和右手的关系一样不能重叠,认为可能是因为这些物质中的原子存在着一种非对称排布。他的实验和思想对碳四面体构型学说的形成有重要的意义。

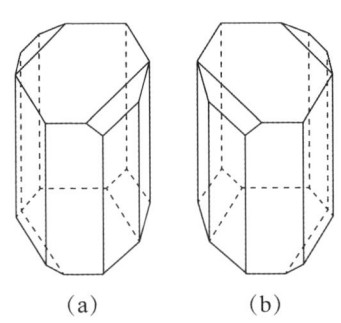

图 8-4　酒石酸钠铵的左旋和右旋晶体　　　　　巴斯德

巴斯德是法国著名的生物学家,细菌学的开山鼻祖,其实他对细菌的研究就是从研究酒石酸盐开始的。他有一句名言:"机会总是垂青于有心人。"因此任何时候,他对遇到的问题总喜欢寻根问底。他为了知道无旋光性的酒石酸是怎样产生的,曾长途跋涉到葡萄酒的原产地,深入工厂车间,和有经验的工人和技术人员共同探讨。也许正是由于他的"有心",他观察到别人没有注意到的现象,发现了酒石酸的旋光异构现象。

对旋光性研究较多的另一个化合物是乳酸,从1869年起,德国有机化学家威利森努斯(Johanne Wislicenus,1835—1902年)对从酸牛乳中提纯得到的发酵乳酸与从肌肉的水提液中提纯得到的肌肉乳酸进行了合成和降解等一系列的研究,发现它们结构相同,都是α-羟基丙酸,它们化学性质相同,但旋光性不同,是一对旋光异构体。1873年他发表文章指出:"如果分子在结构上可以是等同的,可是具有不同的性质,那么这种差别,就只有认为是由于原子在空间有不同的排布,才能加以解释。"可见,他的思想比巴斯德又进了一步,已经考虑到原子在空间的排布。

二、碳的四面体构型学说与立体化学的形成

在巴斯德和威利森努斯等对酒石酸、乳酸等有机化合物旋光异构现象的研究基础上,1874年,荷兰著名化学家范霍夫(Jacobus Henricus Vant Hoff,

1852—1911年)和法国化学家勒贝尔(Poseph Achille Le Bel,1847—1930年)分别提出了碳键的四面体构型学说,为有机立体化学的建立奠定了基础。

1874年,当时还在攻读博士学位的范霍夫受到威利森努斯文章的启示,发表了《建议把目前在化学中使用的化学式推广空间,并附有有机化合物的化学组成和旋光性之间关系的解释》的小册子,次年他又增补了《空间化学》。在1874年的前言中,他这样写道:"目前结构的化学式不能解释同分异构现象的例子愈来愈多,因此我们需要关于原子真实位置更确切的论说。"接着他用推理的方法,根据事实说明,如果碳原子的四个原子价被四个不同的基团饱和时,这四个基团在空间形成四面体结构,碳原子位于四面体的中心。这种结构有两种不同的排列方式,它们彼此就像人的左手和右手,不可能叠合,其中一个是另一个的镜像。因此它们可以得到两个,也只能得到两个不同的四面体。

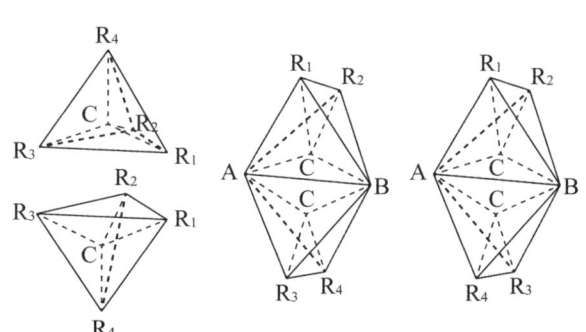

范霍夫　　图8-5　范霍夫对碳四面体构型的描绘和对几何异构的描绘

范霍夫把这种和四个不同原子或基团相结合的碳原子称为不对称碳原子。正是由于不对称碳原子的存在,有机化合物具有旋光性,他举了乳酸、酒石酸、异戊醇等为例。四个不同原子或基团的两种不同的排列方式造成它们旋光性相反,成为旋光异构体,他用这个理论解释了酒石酸的旋光异构现象,包括内消旋的酒石酸。同时他还根据结构与旋光性的关系推测化合物合适的结构,如他推测旋光性的戊醇应含有一个不对称的碳原子,如图8-6所示。

$$C_2H_5-\underset{\underset{H}{|}}{\overset{\overset{CH_3}{|}}{C}}-CH_2OH$$

图8-6　戊醇

范霍夫进一步指出,首先,如果碳的四个原子价中有两个原子或原子团相同,则排列方式只有一种,即化合物没有旋光性。其次,不对称碳原子数目与异构体的数目有一定的关系,如化合物含有一个不对称碳原子,就会有两个异构体;如果含有两个不对称碳原子,异构体的数目将成倍地增加。

范霍夫还讨论了含有双键分子的异构体。他认为可以把碳碳双键看作是共用一条棱的两个四面体,如果 R_1 和 R_2 不同,R_2 和 R_4 不同,那就有两个异构体。如图 8-7 所示的马来酸和延胡索酸。

马来酸(反丁烯二酸)　　延胡索酸(顺丁烯二酸)

图 8-7

就在范霍夫在荷兰发表碳四面体构型学说后不到两个月,法国化学家勒贝尔在巴黎也独立地发表了论文,虽然他是以巴斯德的实验为出发点,推理的方法有所不同,也没有像范霍夫那样清楚地说明四个不同原子或基团排列在空间四面体的顶点上,但阐述的观点几乎完全相同,都说明当与碳连接的四个原子或原子团不同时,这种分子的构型与它的镜像不能叠合,它们是对称的,溶液有旋光性。可见,科学的发展往往有自身的规律,当时机成熟时,同一规律常常会被不同的人几乎同时发现,关键看是谁抓住了机会。

手性碳的提出和碳四面体结构的建立,使有机结构理论从平面走向立体,是有机结构理论发展的里程碑。它也奠定了现代生物化学的基础,因为作为生命活动的生物大分子如蛋白质、多糖、核酸和酶等大多是手性分子,而手性异构体虽然物理性质、化学性质相同,但在生理、药理活性以及与生物分子的相互作用方面可能有很大的差异,因此有机立体化学理论的建立为研究和合成生物和药物等活性分子开辟了道路。

三、构象概念的提出和立体化学的发展

在有机化学发展的初期,由于当时所得的资料还不充分,人们认为碳链成环一般总是形成五元环和六元环,因此小环和大环都是不存在的,即使稍后得到时,由于它们化学性质活泼,也认为它们都是不稳定的。

第八章 从无机到有机：结构理论的发展

1885年，德国化学家拜尔（Adof von Baeyer，1835—1917年）为了解释这种事实，提出了张力学说。他根据范霍夫的碳四面体构型的学说，认为有机化合物中，如果碳是位于正四面体的中心，各个价键间的夹角是109°28′，是最稳定的结合状态。如果价键间的夹角偏离109°28′，则分子内就会产生张力，偏离角度越大，张力也越大，分子就越不稳定。张力学说在解释碳环化合物时，假定碳原子都在同一平面上，因此，三元环中键的夹角为60°，四元环中键的夹角为90°，五元环中键的夹角为108°，六元环中键的夹角为120°。环中键的

拜尔

夹角越接近109°28′，则碳环越稳定。这样看来，五元环是最稳定的，三元环和四元环由于内角偏离109°28′，有张力，不稳定。

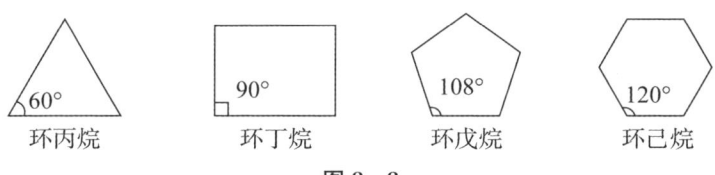

图8-8

然而根据张力学说，环己烷的内角也偏离109°28′，应该有张力，不稳定。但一切的实验事实都证明，环己烷是相当稳定的化合物。可见平面的张力学说可以解释三元环、四元环的不稳定性和五元环的稳定性，但对六元环及更大的环却不适用。

1890年，萨赫斯（Ulrich Sachse，1854—1911年）就这种现象提出了无张力环理论，认为六元环的六个碳原子并不是在同一平面，这样可保持碳碳间的键角在109°28′，从而形成无张力环。这种环中碳原子有两种排列方式，一种是对称的（即现在所谓的椅式），另一种是不对称的（即现在所谓的船式）。但当时他的模型不简明，又缺乏恰当的实验证明，因此没有引起人们的重视。又过了将近三十年，到1918年，德国另一位化学家莫尔（Ernst Mohr，1873—1926年）根据X射线测得金刚石的结构，重新又提出了无张力环的概念，并用模型清楚地表达了船式和椅式的两种不同的立体结构。1943年，挪威的哈塞尔（Odd Hassel，

1897—1981年)用电子衍射法研究环己烷,测得它的各个键角非常接近109°28′,无张力环从此获得了实验依据。

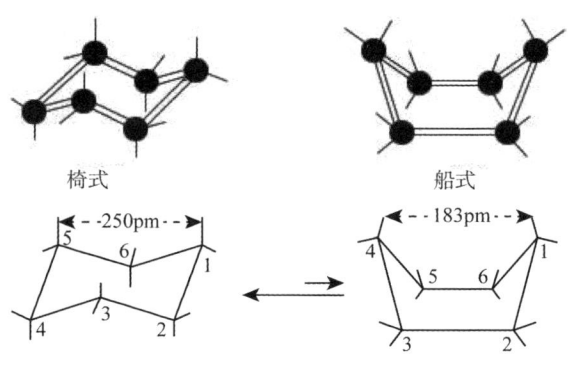

图 8-9

环己烷的椅式与船式立体结构及其各类衍生物都可以由单键的旋转而互相转换,这种由单键旋转而产生的立体异构体就是现在所说的构象异构体。这种理论不仅使我们能更好地理解有机化合物中原子在空间排列的相对稳定性,也能很好地解释有机化合物的一些物理特征、反应取向和反应历程,促进了有机立体化学的进一步发展。

第九章　从综合到分化：分支学科的形成

物质及其变化的多样性是化学研究从综合走向分化的物质基础。不同的物质有不同的特性，研究不同的物质特性有不同的方法。术业有专攻，为了深入认识物质及其变化，专门的知识和专业的技术不断形成和发展，学科的分化也成为必然。

第一节　分析化学的形成

人们对物质成分的分析，早在化学成为一门独立的学科之前就已经出现，如对矿石的识别、从动植物体内分离和提取某些纯的化合物或单质、制备某些物质等，同时也用到许多分析方法，如沉淀、蒸发、中和等。但当时这一切仅仅是一些实践的活动，形成的是一些经验的方法，而未形成系统的方法。

十七世纪中叶，随着化学成为一门以实验为基础的科学，实验在化学发展的过程中起到非常重要的作用。许多近代化学大师为近代分析化学的产生做了大量的准备工作，如波义耳全面地总结了关于水溶液中各种检验方法和鉴定反应，发现了以植物浸液作为酸碱指示剂；拉瓦锡不仅以定量实验为基础建立了科学的氧化学说，也开创了化学实验从定性研究到定量研究的先河等。到十九世纪中叶，工业和新技术发展的需要和一系列近代化学科学实验的成熟使分析化学的形成成为可能。

一、定性分析的系统化

1821年，德国化学家蒲法夫(Christian Heinrich Pfaff，1773—1852年)出版了一本《分析化学教程》，提出了系统分析的想法。他认为要使湿法定性检验简单化和减少盲目性，应进行初步检验。首先将被检验的物质溶解在一个强有力的溶剂中,根据它在溶解过程中所表现出的特性,可以有一些重要的启示和结论。其次可以以几个能发生特征反应的基本试剂加以检验,如氢硫酸、硫化铵、黄血盐、碳酸铵、氨水、苛性碱、草酸钾,这样可根据特征反应确定某组元素存在的可能性。蒲法夫的做法可以说是分组分析的萌芽。

1829年,德国化学家罗塞(Hoinrich Rose,1795—1864年)也编写了一本《分析化学教程》,首次明确地提出并制定了系统分析法,他根据一些试剂的特征反应确定某组元素的存在,然后分别检出:

盐酸组:使用的试剂是盐酸,如有沉淀生成,说明可能有亚汞、银或大量的铅存在。

硫化氢组:将硫化氢气体通入微酸性的滤液中,所得沉淀用氨性硫化铵处理,这样可将沉淀中存在的金、锑、锡和砷再溶解,然后可分别检出。沉淀残渣可能含有的是镉、铅、铋、铜等硫化物,可分别检出。

硫化铵组:向分出了硫化氢组沉淀后的滤液中加入硫化铵,这时铁、钴、镍、锌、锰和铝被沉淀,再用盐酸或硝酸溶解,分别检出。

碳酸铵组:向分出硫化铵组沉淀的滤液中加入碳酸铵,可沉淀出可能存在的钡、锶和钙。

磷酸钠组:向分出碳酸铵组沉淀的滤液中加入磷酸钠可沉淀出镁,钾可用氯化铂检出。

但是罗塞的教程内容烦琐,条理不清,使许多初学者感到混乱。1841年,德国化学家伏累森纽斯(Fresenius)为了使初学分析化验的人员能更娴熟地掌握各种金属和试剂的分析方法,提出了修订方案,编了一本名为《定性化学分析导论》的教科书。在书中,他将金属分为六组:

第一组:包括钾、钠和铵,它们的硫化物和碳酸盐都易溶于水,氧化物水化物能使石蕊变蓝。

第二组:包括钡、锶、钙和镁,它们的氧化物、碳酸盐和磷酸盐不溶于水,但硫化物易溶于水。

第三组:包括铝和铬,它们的氧化物不溶于水,与硫化铵反应不能生成硫化物沉淀,而是生成氢氧化物沉淀。

第四组:包括锌、锰、镍、钴和铁,它们在酸性溶液中不被硫化物沉淀,在弱碱性溶液中能被沉淀。

第九章 从综合到分化：分支学科的形成

第五组：包括银、汞和亚汞、铅、铜和镉，它们在碱性或酸性溶液中能被硫化物沉淀。它们还可以根据氯化物是否沉淀分为两组，其中能被盐酸沉淀的是银和亚汞。

第六组：包括金、铂、锑、亚锡、三价砷和五价砷，它们在强酸性溶液中也可被硫化氢沉淀，但它们的硫化物可溶于硫化铵中。

可以看出，伏累森纽斯的分组分析法与目前分析化学通用的系统分析方法已非常接近。以后又经过美国化学家诺伊斯（Noyes）进一步改进，定性分析系统化更趋完善了。

二、重量分析的完善

十九世纪上半叶，欧洲的采矿、冶金、机械、纺织、化工等与化学有关的工业飞速发展，地质勘探和普查大规模开展，这些都要求化学分析更加准确，需要化学分析从定性走向定量。而化学学科上已发展出多种正确的学说以及发现了一些基本定律，它们使化学分析从定性走向定量有了理论基础。

最早的重量分析可追溯到德国化学家克拉普罗特（Martin Heinrich Klaproth，1743—1817年），他曾用适当的方法将溶液中的某些金属元素转化为沉淀，然后将沉淀烘干或灼烧后称量，强调沉淀烘干或灼烧必须到恒重，最后利用换算因子求得金属的含量。为了提高分析的准确性，他曾采用银坩埚和铂坩埚，为了得到高温，他曾到烧瓷厂借过高温炉。虽然他一生中没有分离过任何新元素，但他的工作指示了铀和锆的存在，证实了碲和钛的发现。

贝采里乌斯是十九世纪最负盛名的分析化学家，他在测定原子量时把许多测定的新方法、新试剂和新仪器引用到分析化学，从而使定量分析的精确度有了质的飞跃。我们从他的名著《化学教程》中可以清楚地了解当时他所用的重量分析的各种仪器，如坩埚、浴锅、干燥器、过滤器等，同时书中对各种分析操作的要点和注意事项都有详尽的说明，如铂坩埚的保护和清洗、滤纸的选择、漏斗锥角的角度设计、天平的结构改进等。

1846年，伏累森纽斯又编了一本《定量分析教程》，介绍了各种元素如钾、钙、镁、锌、铜、铋等元

贝采里乌斯

素的重量分析法。如钙,他推荐了两种方法,一是称量草酸钙,二是称量碳酸钙。他还特别指出,草酸钙必须在灼烧后再称重,因通常草酸钙含一分子的结晶水,在180~200℃时才分解,如加热到红热,则草酸钙会进一步分解,生成碳酸钙。同时他创造性地利用缓冲溶液、金属置换反应、综合掩蔽剂等进行元素间的分离,使用天平的灵敏度已达到 0.1 mg,使分析的准确度进一步提高。

至此,重量分析法的基本原理和方法技术已形成。之后重量分析法的发展主要是通过仪器的改进、新的沉淀剂的引用和沉淀理论的研究来促进提升分析的精确度。如1878年美国化学家古希创制更坚固耐用的"古氏坩埚",制纸商人制造了用盐酸和氢氟酸除去矿物质的无灰滤纸,到十九世纪末随着现代分析天平的出现,重量分析法的精确度更高了。

重量分析法最大的缺点是操作烦琐、耗时长、分析效率低。随着容量分析法的产生,它逐渐退出分析化学的舞台。不过,作为化学分析的一种经典的方法,既使在今天的分析化学教材中,仍要作介绍。

三、滴定分析的建立

滴定分析是在重量分析法后发展起来的一种简易、快速的分析方法,它是在十八世纪中叶从法国诞生和发展起来的。"滴定"最初指的是"纯度的测定",它通常是通过量度溶液的体积和浓度确定物质的量,因此也称为"容量分析"。

滴定分析法的做法最初是从生产实践中得到启发的。荷兰化学家格劳贝尔用"滴定"的方法利用硝酸和锅灰碱制造纯硝石。他描述到:"把硝酸逐滴加到锅灰碱中,直到不再产生气泡,这样两种物料都失去原来的特性,这是反应达到中和点的标志。"只不过这时还不是用于分析。

1729 年,法国化学家日夫鲁瓦(Claude Joseph Geoffroy,1683—1752 年)第一次采用了滴定分析的原则。为了测定醋酸的浓度,他以碳酸钾为基准物,把要确定浓度的醋酸逐滴加到碳酸钾中,根据停止产生气泡来判断滴定的终点,从而计算醋酸的相对浓度。

以后又有不少化学家采用滴定方法分析物质成分,并不断对此方法进行改进和完善。1750 年,法国化学家文耐尔(Venel,1723—1775 年)测定某矿泉水中的碱时,用硫酸滴定矿泉水,加入紫罗兰浸液作指示剂,滴定到溶液刚刚变红作为滴定终点。1790 年,俄国化学家落维兹(T. Lowitz,1757—1804 年)以碳酸钾滴定醋酸时,事先加入少许钙盐,以碳酸钙沉淀的出现确定滴定终点。这些方法的出现为更准确地确定滴定终点开辟了道路。到1803年,苏格兰化学家布拉格还注意到二氧化碳在酸碱滴定中的干扰作用及使用指示剂的误差问题,因此他首先采用回滴法对这些误差进行校正,使滴定结果更准确。

法国科学家德克劳西(Descroizilles)是较早采用体积量度的人。1786年,他为找到一项检验锅灰碱的简易方法,发明了一种可倾倒、有刻度、细长的量筒,称为"碱量计",这可以说是最原始的滴定管。随着他的《关于商品碱的报告》一书的出版,滴定法中的容量量度的原则也逐步得到推广。

到十八世纪末,酸碱滴定、沉淀滴定和氧化还原滴定的原则和滴定方法都已基本确定。随着准确度的日益提高和方法的快捷方便,到十九世纪三十至五十年代,滴定分析出现了发展中的鼎盛时期,准确度接近重量分析法,方法由法国推广到了欧洲各国。

第二节 物理化学的形成

一、"物理化学"的提出

由于化学和物理的研究对象都是物质,因此化学与物理有一种天然的联系。早期,许多化学家同时又是物理学家,如近代化学的创始者之一波义耳在物理上有很重要的贡献,被恩格斯誉为"近代化学之父"的道尔顿最初就是从气体的物理现象入手提出原子论的。然而,随着化学的发展,人们发现这两门学科研究物质的运动形式各有自己的特点和规律,于是化学和物理学被逐渐分开且独立着,如当时的化学家大都不太注意物理学的新进展,热衷于有机化学的非定量的推理方法,轻视像物理学一样去运用数学定律。而物理学家虽然也使用化学品,但却力图把他们使用的具体物质概括为理想气体、液体和固体,希望这些定律在任何情况下都能适用。也正是这种分离,使许多化学研究在当时陷入困境。如物理学家比埃尔·普雷沃斯特(Pierre Prevost,1751—1839年)提出的关于物质吸收热和辐射热能保持一种动态平衡是极其重要的观念,但这一观念未及时应用于化学研究,使得化学学科对亲和力和化学平衡的解释长期没有理想的途径。

当然,当时也有一些化学家已意识到物理与化学结合的重要性。1736年,当时还在读大学的俄国著名化学家罗蒙诺索夫被派往德国进修化学和冶金学,他第一次接触到当时物理学和化学的新理论。当学到燃素说和微粒说时,他感到用现在的化学知识很难解释许多化学现象,于是他去进修了哲学。面对实际问题,他曾尝试用更为完善的力学和流体力学原理去说明冶金过程,并且逐步认识到使化学和物理学研究方法结合有重要意义。他首次提出了"物理化学"这一术语,在1752年到1753年间,他专门为学生开班讲授他自己编的《物理化学教程》。他认为"物理化学是利用物理学的定律来解释各种化合物在化学过程中是怎样形成的",包括所谓的"化学亲和力"的实质、反应方向的判断、反应进行的速度和程度。虽然他的观点当时影响不大,接受的人也不多,但这些问题却成为以后物理化学研究的重要内容。

二、物理化学基础的奠定

从十八世纪中期到十九世纪,以蒸汽机和电力的广泛使用为标志的技术革命对自然科学产生了巨大的影响。人们逐渐在物理学中发现了一些与化学现象相关的物理效应所遵循的规律,在化学中开始应用物理学知识形成了至今仍很重要的一些基本原理。这些内容也奠定了物理化学这门学科产生的基础。

1864 年,挪威应用数学家古德贝格(Cato Maximilan Guldberg,1836—1902年)和化学家瓦格(Peter Waage,1833—1900 年)在前人工作和他们自己所做实验的基础上,建立了真正的质量作用定律。他们从力学的角度理解化学平衡,认为化学反应是合力作用的结果,化学反应到达平衡是由于正反应方向的力与逆反应方向的力相等。影响化学反应的力的不仅有它的亲和力系数,还有就是所谓的"活动质量",即单位体积内的质量(即浓度),而不是物质的绝对质量。若通过实验测得平衡时"活动质量",则可求得正反应和逆反应的合力系数比。可见,古德贝格和瓦格对质量守恒定律的阐述已比较全面,且有实验根据。虽然他的化学平衡动态的观念仍是建立在亲和力的基础上,正反应和逆反应的合力系数比的意义直到范霍夫和德国化学家霍斯特曼分别从热力学导出平衡常数才被人们理解,但我们还是看到物理学和化学早期结合的特征和意义,它也为化学动力学的形成奠定了基础。

用化学变化的热效应来度量化学亲和力的研究,促使化学与热力学的结合,形成化学热力学的基础。1836 年,化学家赫斯(Germain Henri Hess,1802—1850 年)测量了许多反应的热效应,得出一条规律:一个化学过程,不论中间分几步完成,其热效应总是相等的。他称之为"总热量守恒定律",以后称为"赫斯定律"。这是热化学领域发现的第一个定律,也是自然科学上首先得出的能量守恒和转化的规律性结论。

热力学第一定律和第二定律是比"赫斯定律"更具有普遍性的一般规律,它们的发现是与蒸汽机在生产中的广泛使用有关的。能量从何而来?为了回答这个问题,1840—1849 年,英国酿酒商焦耳(James Prescott Joule,1818—1899 年)根据前人对热功转化规律的研究,巧妙地设计了大量实验,精确地测定了电热当量和热功当量,明确提出了能量守恒和转化定律(即热力学第一定律),肯定了能量不能无中生有。那能否把热量全部转化为功呢?热力学第二定律回答了这个问题：1824 年，法国陆军工程师卡诺（Nicolas-Leomard Sadi Carnot，1796—1832 年）设想了一个既不对外传热又没有摩擦的理想热机，通过分析提出卡诺原理，认为热机效率取决于两个热源的温差。他的观点当时并没有引起人们的注意。过了十年，法国工程师克拉佩龙（Benol Paul Emile Clapeyron，1799—1864 年）在认真地研究了卡诺的文章后，用更明确易懂的解析图表示了卡诺循环，并应用卡诺原理研究了气-液平衡，导出了著名克拉佩龙方程。这不仅为热力学和化学热力学起了桥梁作用，也使更多人理解了卡诺原理。1850 年，德国物理学家克劳修斯（Rudolf Clausius，1822—1888 年）又重新研究了卡诺和克拉佩龙的工作，提出了"一个自行动作的机器不可能把热从低温物体传送到高温物体去"。开尔文在 1852 年又提出另一种说法："不可能从单一的热源取热使之变为有用功而不产生其他的影响。"这些都是热力学第二定律的不同表示角度。1854 年，克劳修斯给出了热力学第二定律的数学表达式，并由此提出了"熵"的概念。如今熵是作为体系混乱程度的一种物理度量，"在任何自发变化中，宇宙的熵增加了"是热力学第二定律的现代表述。

吉布斯

将热力学原理进一步引入化学研究领域，对化学热力学的形成做出突出贡献的是美国物理学家吉布斯（Josiah Willard Gibbs，1839—1903 年）。从 1873 年开始，他陆续发表三篇论文，在熵函数的基础上，引出了体系平衡的判据；用内能、熵和体积作为描述体系状态的变量，在坐标图中给出了描述体系全部热力学性质的曲面；提出了化学势的概念，用以解决多组分复相体系的平衡问题。他已充分认识到他工作的深刻意义，在 1878 年《美国科学杂志》上发表的有关他论文的提要中他这样写道："与任何一个孤立物质体系中的变化相伴随发生的熵值增加便会很自然地导致如下的论断：当这个体系的熵达到极大值时，体系便处于平衡状态。虽然这一原理必然会普遍引起物理学家的注意，但它的重要性至今未必得到充分的评价，把这一原理当作热力学平衡理论的基础来发展的工作还没有完成多少。"由于他的论文多有严密的逻辑推理和严谨的数学表达，与当时大多数化学家的思维方式有出入，他的工作没有得到承认，甚至被认为是盲目的，没有实际用处。直到十几年后，由于德国物理化学家奥斯特瓦尔德和法国物理化学家勒夏特列的翻译和宣传，他的工作才震动科学界。奥斯特瓦尔德说："他将决定未来一个世纪化学的形式和内容，从此化学家们可以对化学进行多方面的和精确的描述。"勒夏特列认为吉布斯的工作可以同拉瓦锡发现质量不灭定律相提并论，因为它使许多热力学的经验定律如质量作用定律和勒夏特列原理等都可以从理论上加以推导。

热力学第三定律是在研究了化学平衡以后建立起来的。为了计算平衡常数，里查兹（T. W. Riehards，1868—1928年）研究了很多低温下的反应，发现温度逐渐降低时，自由能的变化与焓变相等。在这个基础上，1906年，能斯特提出当温度趋近零度时，自由能的变化与焓变相等，即熵变等于零。之后，普朗克根据统计理论提出，在绝对零度时任何纯净的完美晶状物质的熵等于零，这就是热力学第三定律。

物理化学的诞生还有一个重要的基础是电化学。化学中电效应的研究是从伏特创造电堆开始的。1791年，意大利解剖学教授伽伐尼（Luigi Galvani，1737—1798年）发现，如果使蛙腿的肌肉和神经与两种不同的金属接触，再使两种金属接触，蛙腿会发生痉挛性收缩，进而得出了动物体有特殊"动物电"的论述。

时任帕维亚大学自然哲学（物理）教授的亚历山德罗·伏特（Count Alessandro Giuseppe Antonio Anastasio Volta，1745—1827年）对这种现象很感兴趣，但他并不相信动物会产生电流。伏特认为，电的来源不是动物体，而是由两种不同的金属引起的。开始时，他将一片锌和一片银（例如硬币）放在一起，然后用舌头轻轻舔了舔，发现与两种金属接触的瞬间，舌尖微微有些刺痛。为了获得更强的效果，伏特想出了个主意：用银的小圆片和锌的小圆片相互重叠，并用盐水浸湿的厚纸片把各对圆片相互隔开，在头尾的圆片上连接导线。当两条导线接触时，产生火花。这就是著名的伏特电堆。

1800年3月20日，伏特写了一封长信给英国皇家学会的会长约瑟夫·班克斯爵士，详细介绍了自己的实验。6月26日，班克斯在皇家学会大声朗读了这封法语信的英文译本：

"我把几十个小圆片叠了起来……银片的直径大约是1英寸（约2.54厘米）锌片的大小和它差不多，数量也完全相同。我还准备了一些圆形的纸板，它们可以吸收并储存大量盐水。当用一根粗导线将金属圆片组与一碗水连起来。现在，如果把一只手浸到碗里，再用金属片轻轻触碰金属堆的另一头，浸在水里的

伏特向拿破仑展示电池

那只手就会感觉到明显的电击和刺痛，直达手腕，有时候刺痛甚至会传播到手肘的高度……"

伏特电池在当时轰动一时，当他给拿破仑做演示实验时，拿破仑深受震撼。

伏特电堆的出现，兴起了电池、电解和电镀工业，也导致许多重要的化学发现和理论的建立，如戴维发现了一些碱金属和碱土金属，贝采里乌斯创立了电化二元说。戴维的学生法拉第在电化学方面进行了深入广泛的研究。1832 年，法拉第通过实验证明产生的电与伏特电、温差电、磁电的本质是相同的，认识到电量和电的强度是不同的概念。1834 年，法拉第发表了电解定律：在电解过程中，电极上起反应析出量与电流强度和时间成正比；当以相同的电量通过不同的电解质溶液时，电极上起反应的量与该物质的当量成正比。他还首次提出了电解质、电极、阳极、阴极、阴离子、阳离子等概念。这一切为电化学的发展奠定了重要的基础。

三、物理化学的独立和诞生

十九世纪七十年代以前，人们在化学领域中应用物理学的定律是个别的、分散的，随着对化学平衡、热化学、电化学等研究的深入，物理化学逐渐成为一门独立的分支学科。1887 年，由范霍夫和奥斯特瓦尔德在莱比锡正式创办的《物理化学杂志》，标志着这个新分支学科的诞生。

就像任何一门新学科诞生之初不被人理解一样，初创时的物理化学常被人们理解为理论化学，而科学先驱的努力奋斗使之不断成熟。有人说，物理化学就是在"物理化学三剑客"（范霍夫、奥斯特瓦尔德和阿仑尼乌斯）在以捍卫电离理论为中心的共同战斗中成熟的。那他们三个人是怎么走到一起的呢？

电离理论首先是由瑞典化学家阿仑尼乌斯提出的。1876—1881 年，他在乌普萨拉大学攻读物理、化学和数学，大学毕业后又攻读博士学位。由于对电学的特殊兴趣，他给电学家艾伦德教授当助手，以获得良好的实验条件。在那里，他开始研究电解质问题，做了大量的电导实验，提出了电离学说，并以此作为自己的博士论文。乌普萨拉大学虽然授予了他博士学位,但他的理论却受到了质疑,就连他的化学老师克利夫教授也表示怀疑,认为"纯粹是空想"。他郁郁不得志,只能把论文寄给欧洲一些研究溶液理论的权威,如克劳修斯、迈耶尔、汤姆生、奥斯特瓦尔德。其中,奥斯特瓦尔德对他的论文产生了极大的兴趣,因为当时他正在研究酸对乙酸乙酯水解和蔗糖的转化作用。在看到阿仑尼乌斯的论文后,他又进一步研究,发现酸溶液的电导比值与酯的水解速度比值以及蔗糖转化速度的比值都近似等于氢

阿仑尼乌斯

离子浓度比值,阿仑尼乌斯的电离理论可以很好地解释这种现象,于是他接受了这个观点,积极为之辩护,通过教学传播它。不仅亲自到斯德哥尔摩去找阿仑尼乌斯,与他讨论电离理论,还邀请他到自己的研究室做研究工作。

1886年,阿仑尼乌斯到奥斯特瓦尔德的研究室工作,进一步以质量作用定律为基础探讨盐的电离作用,又发现盐溶液的浓度与电导率有关,溶液越稀电导率越大,表明电离度越高。到无限稀释时可认为物质完全电离。他还到"电导率测量大师"科尔劳施那里从事气体导电性的研究,看气体分子是否能形成离子。在那里,他看到范霍夫关于溶液渗透压的论文,意识到这又是对他溶液理论的极大支持。他写信给范霍夫,向他论述电离的基本原理,指出,凡是不符合范霍夫导出的凝固点降低公式和渗透压公式的溶液显然都是能够导电的酸、碱、盐电解质溶液,它们只有在公式中乘上系数 $i(i>1)$ 才与实验相符的原因,就是由于这些分子发生了电离,使溶液内溶质粒子增加了。

1888年2月,他特地去拜访了范霍夫。范霍夫对这位年轻有为的学者倍加欣赏,称赞他的理论为"理化学术上的一大革命",并让他在自己的实验室进一步研究溶液冰点降低的实验,论证电离理论。就这样,奥斯特瓦尔德、范霍夫和阿仑尼乌斯为了电离理论走到一起,成为当时物理化学研究的中坚力量。而他们的许多研究成果都是在《物理化学杂志》上发表,使得《物理化学杂志》也成为物理化学独立的标志。虽然电离理论在当时仍遭到许多科学家的怀疑,直到十年后才获得化学界广泛的信服,但他们三个人都因杰出贡献分获诺贝尔化学奖。

第十章　近代化学工业的兴起与发展

化学在实际生产中的应用自古就有。然而近代化学刚形成时,化学家们却是以探究自然世界奥秘为己任,并没有考虑这些研究的实用价值。新兴功利主义科学形象的代言人培根却认为科学应该增进人类的物质福利,强调学者要深入实际,实现学者与工匠的结合、知识与力量的统一,以解决思想上的贫困。由此发展起来的近代化学工业与古代化学工艺有很大不同。首先,它以18世纪的工业革命为背景,机器生产是它的重要特点,一般有较大的规模;二是它以近代的化学知识与理论为基础,不是单纯的生产实践,发展速度快;三是作为生产实践,它为化学的发展提供了大量宝贵的资料,促进化学理论的发展。

第一节　硫酸工业

硫酸是工业上最重要的三大强酸之一,它的发现可追溯至中古时期的炼丹和炼金。早在七世纪,我国炼丹家孤刚子在《黄帝九鼎神月经诀》中记有"炼石胆取精华法"得到硫酸,其中石胆即胆矾。在八世纪,阿拉伯的炼金家贾伯详细地说明了蒸馏绿矾可制得硫酸,他还用硫酸与硝石反应制得了硝酸。十五世纪,人们用绿矾制得的硫酸用来制药,硫酸被称为绿矾油,用量增大。

世界上第一个硫酸厂是由英国的医生瓦尔特(J.Ward)于十八世纪四十年代在伦敦附近的特维肯汉姆建立的。他将硫黄与硝石的混合物放在铁容器中共热,将生成的气体导入一个大玻璃钟罩内,用水吸收就制得了硫酸。他的这种方法是由荷兰化学家和发明家德莱贝尔(C.J.Drebbel,1572—1633年)创造的,即今天说的亚硝法,它利用硝石(KNO_3)分解产生的二氧化氮,将硫燃烧产生的二氧化硫转化为三氧化硫,三氧化硫溶于水得到硫酸。瓦尔特的工厂当时有100多个容积达66加仑的玻璃钟罩,使得英国硫酸产量大增,价格下降16倍。然而由于铁容器很容易腐烂,玻璃钟罩很容易破碎,无法进行大规模的生产。1746年,英国的罗巴克(J. Roebuck,1718—1794年)用木料做框架,铅板做墙壁,制成了供反应的铅室,用水吸收三氧化硫后,再在玻璃容器中浓缩。1749年,他扩大了生产规模,成为世界上第一家用铅室法制硫酸的工厂。

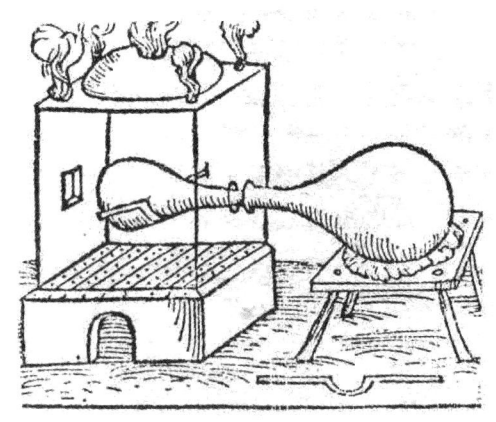

图 10-1 干馏绿矾(硫酸亚铁)制硫酸(1554 年)

十八世纪后半叶,由于工业的发展,对硫酸的需求量也越来越大。如制碱工业和有色金属需要大量的硫酸,纺织工业也由于原来用乳酸酸化漂白和靛蓝染色的纺织品改用硫酸酸化漂白和硫酸溶解靛蓝染色而需要大量的硫酸。生产的需要给了硫酸工业的发展极大的推动力,使得制造硫酸的技术日益完善。1774年,法国人德·拉·福里(De La Follie)提出铅室内通入蒸气;1793年克莱门特(Clement)和德索尔姆(Desormes)又将硫黄在铅室外燃烧,然后将气体导入铅室与水蒸气结合制取硫酸;1827年,盖·吕萨克提出在铅室的后方增置吸硝塔,吸收来自铅室中氮的氧化物;1859年,英国的格罗弗(J. Glover)又设置了另一个塔,使被吸收的氮的氧化物重新分离,送入铅室再次使用。至此铅室法制硫酸的流程和设备基本成型,只是到 20 世纪初,昂贵的铅室才逐渐被充填磁环的塔所代替,称为塔式法,但反应的实质是相同的。

铅室法制硫酸最大的缺点是流程复杂,收率较低。于是人们又寻求将二氧化硫直接转化为三氧化硫的更简单的方法。二氧化硫在有铂做催化剂的情况下可与氧气直接化合生成三氧化硫的实验早在 1817 年被戴维所确认。1831 年,英国食醋制造商人菲利普(Philips)用装有铂的磁管加热硫黄,在有充分空气混合的条件下制得了三氧化硫,获得了专利,这是接触法制硫酸的开端。1875 年,德国化学家麦塞尔(Messel)首先用铂做催化剂,将所得的三氧化硫用浓硫酸吸收,得到发烟硫酸,获得专利,从此接触法制硫酸逐渐工业化。但铂价格昂贵,作为催化剂易中毒失去活性,1913 年,德国的巴迪希(Badische)苯胺和纯碱公司用钒触媒代替了铂,催化性能更优良,价格更便宜,使接触法制硫酸得到了进一步的发展。

第二节　纯碱工业

纯碱是重要的工业原料之一,在纺织、肥皂、玻璃和造纸等工业中的用量都很大。人们最早使用的纯碱是天然碱,有的是从碱湖中提取的,有的是从草木灰、海草灰中提取的。然而随着工业的发展,纯碱的需求量大大增加,天然的碱已远远满足不了生产的需要,促使人们寻找制取纯碱的方法。

制取纯碱的原料最初人们想到的就是食盐,因为化学家们根据分析认识到食盐与纯碱含有共同的成分。开始的一些方法步骤复杂,效率低。如1773年,谢勒将食盐溶液与氧化铅混合,然后暴露在空气中吸收二氧化碳,过滤掉黄色的氯氧化铅沉淀,就可得到碳酸钠溶液。英国的化学家基尔(C.J.Keir)利用这种方法建立了一座生产纯碱和肥皂的工厂。反应如下:

$$2NaCl+2PbO+H_2O =\!=\!= 2NaOH+PbOCl \cdot PbCl$$

1778年,法国的一位自然历史教授戴·拉·迈特里(De La Metherie)利用食盐按下面的反应制得纯碱:

$$2NaCl+H_2SO_4 \xrightarrow{\triangle} Na_2SO_4+2HCl\uparrow$$

$$Na_2SO_4+4C \xrightarrow{高温} Na_2S+4CO\uparrow$$

$$Na_2S+2CH_3COOH =\!=\!= 2CH_3COONa+H_2S$$

$$2CH_3COONa+4O_2 =\!=\!= Na_2CO_3+3H_2O+3CO_2$$

1779年他在巴黎郊区建厂生产,不久因消耗硫酸的量太大且产品不纯而停产。

1782年,法国科学院以12000法郎悬赏征求纯碱工业化生产的新方法,以满足生产的需要。1789年,法国的路布兰(Nicolas Leblanc,1742—1806年)经过三年的努力,提出了一套可综合利用原料的完整流程,获得专利,并得到公爵的资助建了厂。他的制碱法分两步:第一步与迈特里的方法类似,将食盐和硫酸在炉中混合加热,得到硫酸钠和氯化氢;第二步有所区别,在利用焦炭使硫酸钠还原为硫化钠后,使之与石灰石反应,得到碳酸钠和硫化钙,溶于水后,从水溶液中就可获得较纯的碳酸钠晶体。反应式如下:

$$2NaCl+H_2SO_4 \xrightarrow{\triangle} Na_2SO_4+2HCl\uparrow$$

$$Na_2SO_4+4C \xrightarrow{高温} Na_2S+4CO\uparrow$$

$$Na_2S + CaCO_3 = Na_2CO_3 + CaS$$

路布兰制碱法的成功之处有二：一是原料的综合利用和生产的综合化，当时除了生产碱外，还能同时生产硫酸、芒硝、盐酸、苛性钠等多种产品，提高了效益。二是为近现代化工生产提供了许多新设备，如洗涤塔、旋转煅烧炉、开口式特兰锅等，为大型联合化学工业的发展奠定了基础。当路布兰制碱法传到英国时，不仅得到了推广，还得到了发展。特别是针对它的副产物氯化氢污染问题，人们通过水吸收之制得盐酸，或转化为氯气用石灰水吸收制得漂白液，进一步变废为宝。然而，路布兰制碱法因法国处于战争时期并未迅速得到推广和发展，政府的悬赏也因公爵被法国资产阶级革命党人送上断头台而被取消，工厂被没收。虽然后来工厂又拨归路布兰经营，终因资金缺乏难以维持。路布兰本人则因贫穷潦倒，进入救济院，1806年自杀身亡。

路布兰制碱法虽然盛行一时，但存在不少缺点，如熔融在固相进行，需要高温；设备生产能力小，易腐蚀；原料利用不充分，纯碱质量不佳等。因此，化学家研究更好的生产纯碱方法之路并未停止。1859年，比利时人索尔维（Ernest Solvay，1838—1922年）通过摸索，利用盐卤与碳酸铵混合制得了碳酸氢钠沉淀，这为他的制碱法的建立奠定了关键的一步。1861年，他利用炼焦厂的粗氨水、石灰窑的二氧化碳和食盐制出了纯碱，获得专利。1862年，他实现了氨碱法的工业化，使制碱生产连续化。他的制碱法反应如下：

索尔维

$$H_2O + CO_2 + NH_3 = NH_4HCO_3$$

$$NH_4HCO_3 + NaCl = NaHCO_3 + NH_4Cl$$

$$2NaHCO_3 \xrightarrow{\triangle} Na_2CO_3 + CO_2 + H_2O$$

索尔维制碱法的最大优点是能连续生产，产量大、成本低廉、废物容易处理。同时它的产品质量优良，碳酸钠的俗名为纯碱也是由此而得名的。1867年，这种纯碱在巴黎世界博览会上获得铜奖，1876年获维也纳博览会奖章。于是各国纷纷购买专利，采用索尔维制碱法，世界纯碱产量迅增，价格大幅下降，到二十世纪二十年代，索尔维制碱法完全代替了路布兰制碱法。

侯德榜

在世界制碱史上做出杰出贡献的还有我国著名制碱专家侯德榜。侯德榜，福建闽侯人，少年时就聪明过人，而且十分勤奋。1921年，受著名实业家范旭东的聘请，毅然放弃了国外优越的条件，接受永利碱业公司的聘请，于1921年回到祖国，发展中国自己的化工事业。面对外国资本家在制碱技术上的封锁，他凭着"外国人能办到的，中国人也能办到"的信念，潜心研究，改善工艺和设备，终于使碱厂在1923年开工，1926年生产出第一批质量合格的"红三角"牌纯碱。

然而索尔维制碱法的一些缺陷也限制了制碱工业的发展，如食盐的转化率低，设备腐蚀严重。为了提高食盐的利用率，侯德榜经反复研究，提出将制碱与合成氨结合，即在仍用氨碱法制碱原理的基础上，用合成氨系统供应的氨和二氧化碳。而制碱过程中生成的氯化铵在冷冻后，以食盐使之析出，作为肥料，食盐则反复使用，提高了使用效率，也降低了成本。这就是著名的"侯氏制碱法"，也称为联合制碱法。它的主要反应是：

$$NaCl + H_2O + CO_2 + NH_3 = NaHCO_3 + NH_4Cl$$

"侯氏制碱法"的成功，是世界制碱技术的重大突破，在国际上得到很高的评价。但侯德榜并没有以高价出售专利，而是写成《制碱》这本光辉的著作，把它公布于世，轰动整个科学界。

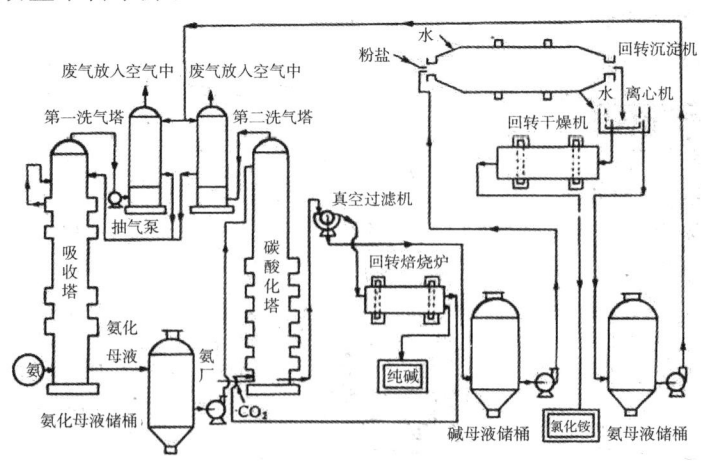

图 10-2　侯氏制碱法流程图(1941年)

第三节　合成氨工业

氨不仅是重要的化学化工原料,也是重要的氮肥和制氮肥原料。早在1784年,法国化学家贝托雷已经证明氨是由氮和氢两种元素组成的。十九世纪初,人们在炼焦过程中回收煤焦油的焦炉煤气中发现其中有氨气存在,于是许多化学家试图用空气中的氮气和水中的氢来合成氨。在尝试加压、升高温度和用催化剂等一系列方法后,实验都失败了,以致有人开始怀疑由氮和氢直接合成氨是不可能的。

合成氨工业的突破性进展与物理化学的研究有极大的关系。十九世纪下半叶,质量作用定律、化学平衡原理、化学热力学和动力学方面的研究成果,为解决合成氨中遇到的问题提供了理论的指导。一些化学家研究了氨在常压下的分解情况,观察到即使在500~780℃的温度下,氨的分解也是不完全的,说明氨的分解是一个平衡反应,这样从平衡的观点,人们认识到氮和氢直接合成氨是完全可能的。法国物理化学家勒夏特列根据他提出的化学平衡移动原理,认为较高的压力可增加氨的产率,并在1901年进行了试验,但由于反应器爆炸而没有成功。可见氮和氢直接合成氨虽然是可能的,但单纯地增加压力或单纯地升高温度,都很难使合成氨在生产上达到理想的转化率。

德国化学家哈伯(Fritz Harber,1868—1934年)为合成氨从实验走向生产做出了决定性的贡献。1904年,哈伯利用内充铁催化剂的陶瓷管合成氨,测定出在常压和1 020℃的高温下达到平衡时,气体混合物中氨占0.012%。在以后的八年中,哈伯又进行了两万多次试验,通过测定的数据,提出了让反应气体在高压下循环加工,并在循环中不断地分离出氨,可以使氨的转化率提高。同时,他又不断地实验各种催化剂和摸索实验条件。开始时他用锇作催化剂,在175 kg/cm² 的压

哈伯

力和550℃时,氨的转化率为8%。以后他又用铀-碳化铀等作催化剂,在125 kg/cm²和500℃下氨的转化率为10%。他的"循环"方法和催化剂都获得了专利,而这些问题的解决,使合成氨的工业生产有了实现的可能。

走出实验室,进行工业化生产,仍是一段坎坷的路。哈伯将他设计的工艺流程申请了专利后,把它交给了德国当时最大的化工企业——巴登苯胺和纯碱制造公司。在工程师博施(Carl Bosch)的领导下,他们根据哈伯的实验室工艺流程,首先找到了较合理的方法,生产出大量廉价的原料氮气、氢气。其次,他们认识到哈伯研究的锇从产率的角度是不错的催化剂,但是它难于加工,且与空气接触时,易转变为挥发性的四氧化物,另外这种稀有金属储量极少。另一种催化剂铀,不仅价格很贵,而且对痕量的氧和水都很敏感。为了寻找高效稳定的催化剂,两年间,他们进行了六千多次试验,测试了两千多种不同的配方,最后选定了含铅镁促进剂的铁催化剂。最重要的是他们开发了适用的高压设备,这是合成氨工艺的关键。当时能受得住200个大气压的低碳钢,却害怕氢气的脱碳腐蚀。博施想了许多办法,最后决定在低碳钢的反应管子里加一层熟铁的衬里,熟铁虽没有强度,却不怕氢气的腐蚀,这样总算解决了难题,制成了高压容器,加之拉普(F. Lappc)又解决了高压下机械方面的一系列难题。1911年,他们建立了世界上第一个合成氨的工业装置。1913年9月9日,一个日产30吨的合成氨工厂建成并投产。

合成氨生产方法的创立不仅开辟了获取固定氮的途径,更重要的是这一生产工艺的实现对整个化学工艺的发展产生了重大影响。合成氨的研究来自正确的理论指导,反过来合成氨生产工艺的研试又推动了科学理论的发展。鉴于合成氨工业生产的实现和它的研究对化学理论发展的推动,哈伯获得1918年诺贝尔化学奖,博施获得1931年诺贝尔化学奖。当然对于哈伯,他因在第一次世界大战期间从事研制毒气武器倍受各国科学家的指责。可见,科学家也不是都是完人,当他们在把握科学这把双刃剑时,意识的偏差会使科学成果的应用带给人类完全不同的结果。

第四节 染料工业

人类最早使用的染料都是从植物中提取的,而近代人工合成染料是与炼焦工业与煤气工业的发展有直接的关系。十八世纪末十九世纪初,由于工业的发展,需要大量的焦炭和煤气,而不论是炼焦工业或煤气工业,都产生大量的煤焦油。当时这些煤焦油是废物,于是它们被扔得到处都是,污染环境、造成公害。利用煤焦油也就成为当时生产中迫切需要解决的一个问题,许多化学家也把这一课题作为自己的研究方向。

德国化学家霍夫曼可以说是煤焦油综合应用的开拓者。实际上,霍夫曼在大学里开始学的是法律和哲学,由于对自然哲学的兴趣,他去听李比希的课,渐渐地被化学深深吸引,并转而攻读化学,开始他的化学研究生涯。

霍夫曼跟随李比希所研究的第一个课题是"煤焦油中的碱性物质",经过反复实验,1841 年 4 月,他以《关于煤焦油中有机碱的化学研究》获得博士学位。由于他实验技术精湛、博才多学和思维敏捷,被李比希聘为实验室助理,继续研究煤焦油和苯胺。1845 年,他发现了用苯制取苯胺的方

霍夫曼

法,但由于当时苯的来源很少,霍夫曼尝试从煤焦油的低沸点物中提取苯,获得成功。以后,他和他的同事们又从其中分离出萘、蒽、甲苯、苯酚、苯胺等一系列芳香族化合物,为煤焦油的综合应用开辟了道路。

霍夫曼经过研究,发现治疗疟疾的特效药奎宁的组成中含有苯和苯胺,于是他设法与 18 岁的助手英国人柏琴(W. H. Perkin)合作,希望通过苯胺的氧化得到奎宁。1856 年,柏琴在实验室里将强氧化剂重铬酸铵加到从煤焦油中提取的粗苯胺中,出乎意料的是他没有得到奎宁,而得到了一团黑色的黏稠物质。他的实验目的没能达成,他不得不把这些东西倒掉,然而就在他用酒精洗涤试管时,试管中出现了美丽的紫色溶液,当他把布浸入溶液,发现布被染色了,而且这种颜色相当牢固,即使肥皂洗、太阳晒,也不褪色。就这样,被称为苯胺紫的第一种

人工合成的染料在无意中问世。柏琴很快又设计了这种染料的工业生产方法，并获得制造苯胺紫的专利，1857 年投入生产。

1858 年，霍夫曼用四氯化碳处理粗苯胺，又成功地制取了碱性品红的红色染料。1860 年，他用苯胺与碱性品红的盐酸盐共热，又制成了一种蓝色染料苯胺蓝。而苯胺蓝用浓硫酸磺化，又转变为可溶性的酸性染料。以后，又合成了一系列苯胺类的染料，如翡翠紫、碱性蓝、醛绿、碘绿、藏红、甲基紫等，奠定了合成染料工业的基础。

随着苯环状结构学说的建立，人工合成染料工业有了进一步的发展。1868 年，德国化学家格雷贝（C. Graebe）和利伯曼（K. Liebermann）研究了茜素的结构，并于 1869 年以煤焦油中提取的蒽为原料，人工合成了第一种天然染料——茜素。马克思对这一合成曾给予极高的评价："由煤焦油提炼茜素和茜红染料的方法，利用现有的生产煤焦油染料的设备，已经可以在几周之内，得到以前需要几年才能得到的结果。"因为从茜草生长到茜根成熟提取染料，一般需要几年的时间。可见，人工合成化合物的工业极大地提高了生产效率。

到十九世纪后半叶，合成染料工业已成为有机合成的一个重要方面，被称为"化学工业的王冠"。

第三编

现代化学

第十一章　走向推理：化学理论新发展

十九世纪末关于 X 射线、放射性和电子三项重大发现打开了原子和原子核内部的大门。现代物理学革命影响和推进了现代化学的变革，化学也就由此进入了现代化学的发展时期。人们发现的 X 射线、电子、光子微粒的波性以及建立的原子结构模型等，终于为发展以原子理论为主线的化学准备了新的实验手段和理论工具，从此化学的发展如虎添翼。在三大新发现的启示和推动下，二十世纪初量子论的发展使化学和物理学有了共同的语言，量子化学应用量子力学的原理和方法研究分子和原子的微观结构，是现代化学的重要理论基础。物理学和化学的渗透使人们对这两大学科的边缘课题产生了浓厚的兴趣，加速了化学科学概念与理论的建立和形成。而第二次世界大战以后的新技术的出现，使得化学基础理论得到了巨大的发展。现代化学科学理论的进展，使化学跨越了以描述性为主的阶段，将归纳和演绎相结合，发展到推理阶段，建立了严密的理论体系。

第一节　原子结构的探索

现代原子学说以近代科学原子论的发展为前提，探讨原子的组成及其内部结构的奥秘。十九世纪末许多新的实验现象的出现，尤其是电子、X 射线和放射性现象的发现，使人们修正了原子不可再分割的观念。科学家依靠先进的科学技术手段，不仅证明了原子的可分性和原子结构的复杂性，而且为人们展示了物质结构具有无限层次的基本思想：分子、原子及各种基本粒子只不过是物质在无限分割过程中的不同阶梯。现代原子学说比近代科学原子论更具辩证色彩，更少机械性。

一、汤姆生发现电子

图 11-1　汤姆生做实验

十九世纪末,德国物理学家戈尔兹坦在对低压气体的放电现象的研究时,发现了"阴极射线"。针对这种阴极射线的组成成分,科学家们持不同的态度,有的说是电磁波,有的说是带电原子,还有的说是带负电的微粒。

1897 年,英国物理学家汤姆生(J. J. Thomson,1856—1940 年)吸收了 X 射线的研究成果,巧妙地设计了一套装置,用实验证明了阴极射线无论在电场的作用下还是在磁场的作用下都与带负电粒子的路径相同,证实了阴极射线就是带负电的粒子流。汤姆生等人又利用阴极射线在电磁场中的偏转作用测定了这种带负电的微粒的速度、电荷与质量之比(e/m)。同时他还观察到,无论改变放电管中的气体的成分还是改变放电管内的阴极材料,生成的带负电的微粒的荷质比都是一样的,这说明它是所有原子共有的组分。汤姆生把这种带负电的微粒定名为"电子"。1911 年美国芝加哥大学物理学家密利根(R. A. Millikan,1868—1953 年)通过著名的"油滴实验"确定了电子的电荷和质量,电子的单位电荷为 1.602×10^{-19} 库仑,并计算出了电子的质量为氢原子质量的 1/1 837。到此为止,人们认识到了电子是一种带负电并具有一定质量的微粒,电子能从各种不同物质的原子中分离出来,说明电子普遍存在于原子中。

电子的发现打开了进入原子内部的大门,否定了两千年来认为原子不可再分的传统观念,使物理和化学的研究走向深入原子内部的新阶段。可以说,电子的发现既是现代物理学革命的序曲,也是现代化学变革的起点。

二、卢瑟福的原子核模型

既然电子是原子中的一个组成部分,又是带负电的微粒,又由于整个原子显电中性,因而可以推断在原子中除了电子以外还必然存在着某种带正电荷的部分,且它所带正电荷的电量必定和原子中所含电子的负电荷总量相等。

1899 年,英国物理学家卢瑟福(D. D. Rutherford,1871—1937 年)用更强的

磁场作用于镭射线,发现射线被分解成三部分,他分别将其命名为 α、β、γ 射线（其中 β 射线就是汤姆生发现的电子,γ射线是类似 X 射线的光）。卢瑟福在进行 α 粒子轰击金箔的散射实验时发现,一束 α 粒子中的绝大部分可以穿透金箔,极少数 α 粒子在穿透金箔时发生偏转,个别粒子会反弹回来,这说明原子本身不是实体球,内部存在很大的空隙。卢瑟福设想这是由于原子内部有一个带正电的核。1911 年他正式提出了原子的核模型:原子由原子核和核外电子组成,原子核带正电荷,位于原子中心,电子带负电荷,在原子核周围空

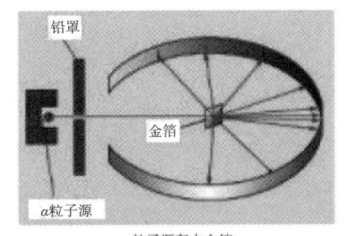

图 11-2　α 散射实验及推理

间做高速运动,就像行星绕太阳运转一样。原子的质量几乎全部集中在原子核上。卢瑟福的原子模型也称为"行星模型"。

发现了原子核后,科学家用实验求出了不同元素的核电荷 Z,发展了卢瑟福的原子结构观点。1913 年英国人莫斯莱(Henry Moseley,1887—1915 年)发现,每种元素被阴极射线轰击时,能发射出具有特征频率的 X 射线,且频率为原子序数所决定。继而提出了元素原子序数与其产生的 X 射线波长之间的经验公式,即特征 X 射线波长(λ)的倒数的平房根与原子序数(Z)呈直线关系。

$$\sqrt{1/\lambda} = a(Z-b) \quad （a 和 b 为常数）$$

莫斯莱的经验公式与卢瑟福等人的 α 散射实验的结果使人由此做出推论:原子序数在数量上正好等于核电子数。这一推论于 1920 年被卢瑟福的学生查德威克(James Chadwick,1891—1974 年)所做的不同元素的 α 散射实验得到了证实。

三、玻尔的原子结构学说

在原子的核模型建立之后,知道了原子序数决定核外电子数,并且逐步明确

了核外电子的分布和活动情况决定着元素的化学性质。1913年卢瑟福的学生丹麦物理学家玻尔(N. Bohr,1885—1962年)提出了他的新的原子结构学说,进一步说明了原子的电子层结构。

1885年瑞士科学家巴尔麦(J.J.Balmer)研究氢原子光谱时发现在可见光区得到的光谱线的波长可用下式表示:

$$\lambda = b\frac{n^2}{n^2-4} \quad (b\text{ 为一常数},n=3,4,5)$$

1890年,瑞典的物理学讲师里德堡(J. R. Rydberg,1854—1919年)预期氢原子可能有多个谱线,并将若干光谱线组归纳成一个统一的公式:

$$\gamma = \frac{1}{\lambda} = R\left(\frac{1}{n_1^2} - \frac{1}{n_2^2}\right)$$

式中 γ 称为波数,R 为里德堡常数,n 为整数,且 $n_2 > n_1$。

在1906—1914年间,美国人莱曼(T. Lyman,1874—1954年)在紫外区,帕申(Paschen,1865—1947年)、布拉开(Brackett)、浦分特(Pfund)分别在红外区发现各组谱线,至此,里德堡氢原子光谱线通式得到了充分证实。

1900年,德国柏林大学教授普朗克(M. Plank)为了克服经典物理学对黑体辐射现象解释上的困难,提出了辐射能的放射和吸收不是连续的,而是一小份一小份。他把每一小份的能量叫作"量子"。1905年,德国物理学家爱因斯坦(A. Einstein,1879—1955年)为了解释光电效应,根据普朗克的量子论提出了光子学说,认为光的能量与光子的能量成正比。

在前人工作的基础上,1913年玻尔应用普朗克的量子假说和卢瑟福含核原子模型的基本思想,大胆地提出了他的原子结构模型,他做了三个假设:

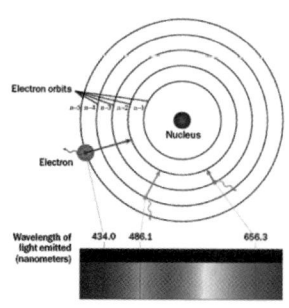

图11-3 玻尔原子结构模型

(1) 电子绕带正电的原子核在圆形轨道上运动,在一定轨道上运动的电子具有一定的能量,称为定态,在定态下运动的电子并不辐射能量。但原子可能有许多定态,其中能量最低的定态叫作基态。

(2) 根据普朗克方程式,原子中的电子由一定态跃迁到另一个定态时,会放出或吸收能量,其频率 ν 由两定态的能量差决定:$h\nu = E_2 - E_1$。

(3) 原子可能存在的各种定态是量子化的(即不

连续的）。

根据上述假设和推论，玻尔计算了氢原子中处于各定态时电子的轨道半径。当 $n=1$ 时，计算所得半径为 0.052 9 nm，这一计算值即称为玻尔半径。

玻尔理论的意义在于成功地解释了氢原子光谱现象。为了解释氢原子光谱的双线现象，1915 年德国物理学家索末菲（A.Sommerfeld）发展了玻尔理论。提出了原子中电子所处的轨道除了圆形外，还可以有椭圆形轨道。也就是说，具有相同主量子数 n 的电子，由于轨道的形状的不同会引起能级有较小的差异，从而在光谱中出现了精细结构现象。他首先引进了一个新的量子化条件即角量子数。1916 年又提出磁量子数。到了 1925 年在研究碱金属原子的光谱时，又引进了自旋量子数。索末菲弥补了玻尔理论的不足。这一补充也称为玻尔-索末菲理论。

四、德布罗意的波粒二象说

玻尔的原子理论虽突破了经典理论的框架，但是，玻尔仍然将电子看成是经典物理学中所描述的电子在运动时具有完全确定的轨道。新量子论中虽然假定了原子能级的量子化，但是不能给出这种不连续性假定的根据。1923 年，法国物理学家德布罗意（Louis-Victor de Broglie,1892—1987 年）提出了物质波理论，将量子论发展到一个新的高度。

受光的波粒二象性的启发，1923 年，当时正在写博士论文的德布罗意提出了大胆的假设，认为爱因斯坦的光量子理论以及波粒二象性的思想，应该推广到一切物质粒子，原子中的电子和其他物质组分一样都有类似波动的特性。1924 年 11 月，他写出博士论文《关于量子理论的研究》，更系统地阐述了一切微观粒子（包括电子）都具有波粒二象性的论点，建立了德布罗意关系式：

$$P=\frac{h}{\lambda}$$

关系式的左边以动量 P 表示物质的微粒性，而右边表示了物质的波动性，通过普朗克常数 h 把物质的粒子性和波动性定量地联系起来。

德布罗意的关于电子具有波动性的假设后来被大量的实验所证明。美国的戴维森（C. T. Davisson）和革末（L. H. Germer）于 1927 年首先通过著名的电子衍射实验，证实了德布罗意物质波的存在。

薛定谔

继德布罗意之后,沿着物质波概念继续前进并创立了波动力学的是奥地利物理学家薛定谔(E. Schrodinger,1887—1961年)。1926年,薛定谔接受物质波的观点,得出了描述核外电子运动的波动方程,即薛定谔方程。差不多与薛定谔同时,德国物理学家海森堡(W. K. Heisenberg)于1925年采用量子力学的矩阵表示法从矩阵力学的角度描述核外电子运动的波动性和微粒性。从德布罗意假定电子具有波动性算起只用了5年左右的时间,人们就比较清楚地认识了原子内部电子运动的形式。

随着对原子内电子运动状态的了解,1925年奥地利物理学家泡利(W. Pauli,1900—1958年)在分析了大量元素的原子结构及相应的光谱后发现一个规律:在一个原子中不可能有两个或两个以上的电子会处于完全相同的状态,即所谓"不相容原理"。该原理合理地说明了多电子原子的电子结构。进一步认识了原子核外电子是分层排布的,每层所排布的电子数目与该层的主量子数有关,最外一层电子的数目决定元素的化学性质。这样就从微观的角度解释了元素周期表。

第二节 同位素的出现和元素概念的转变

近代化学的先驱、英国著名化学家波义耳提出的元素定义从十七世纪一直延续到十九世纪末,波义耳认为元素是一种单一的基质,所谓某种元素,也就是某一单质,以此定义为其理论规范的元素观一直被人们所接受。但是到了二十世纪初,在原子物理学和核物理学的影响下,尤其是放射性现象的研究引导人们发现了许多放射性元素及其化合物,证实了同位素和元素蜕变的存在。这样一来,以同位素概念为基础的新元素观便取代了以单一元素概念为基础的旧元素观,新的元素学说标志着化学发展进入一个新的阶段。

一、居里夫妇发现钋和镭

贝克勒尔发现了铀的放射性,激起了许多科学家对铀射线来源和本质研究的兴趣。出生于波兰的法国化学家玛丽·居里(M. S. Curie,1867—1934年)从1897年开始了对放射性物质的研究。她选择这个课题作为自己博士论文的题目。居里夫人不满足于用底片感光程度去测量放射强度,而使用了她丈夫皮埃尔·居里(Pierre Curie,1859—1906年)发明的铀射线检验器定量地测定。他在铀射线测定的基础上,又发现钍矿石也具有这种放射性,于是玛丽建议把具有这种特殊"放射作用"的铀和钍元素叫作"放射性元素"。

1898年6月,居里夫妇开始一起搜索放射性元素。他们首先将沥青铀矿分解,再用系统的化学分析程序把其中各种元素按组逐步分开,并同时进行放射性追踪,最后他们发现在沥青铀矿中有两种新的放射性成分,其中一种新元素的性质很像"铋"。同年7月,他们终于根据放射性证实了这个远比金属铀放射性强的新元素,他们为该元素命名为"钋"。

居里夫妇

五个月后,居里夫妇又发现了另一个新的放射性元素,其性质与钡元素相像。他们通过实验测定混有新元素的 $BaCl_2·2H_2O$ 晶体,竟发现比金属铀的放射性大 900 倍。他们给该元素命名为"镭"。

居里夫妇又用四年的时间,从 8 吨铀矿渣中分离出 0.12 克纯的氯化镭,并测定出镭的原子量为 225。这一研究成果不仅在化学学科建立起放射化学的新领域,同时由于放射性物质所发现的射线在医学和工业上所具有的潜在的实用价值而倍受重视。特别是镭元素以其强放射性,使科学家拿到了打开原子结构大门的钥匙。

二、索迪提出同位素

在对放射性元素镭及其产物的研究中,卢瑟福和英国化学家索迪(F.Soddy,1877—1956 年)表现了更大的兴趣,他们于 1901 年开始合作,对镭射气进行精密研究。他们在溶解钍矿石的实验中,往溶液中加入氨水沉淀出氢氧化钍,将滤液蒸干,惊奇地发现不应含有钍的滤液中却有极强的放射性,他们怀疑又有新的放射性元素,并将其暂称为"钍 X"。据此现象,他们于 1902 年提出了元素蜕变假说,认为放射性的产生是由于原子本身分裂或者叫蜕变成为另一种元素引起的。明确指出一种元素的原子可以变成另一种元素的原子。否定了长期以来的"元素不会变,原子不能分"两个经典观念。

二十世纪初,科学家发现某些放射性元素的化学性质与元素周期表中的某些元素的化学性质极为相似。1909 年,瑞典化学家斯特龙霍姆(Stremholm)和斯韦德伯(Svedberg,1884—1971 年)建议这些化学性质十分相似的元素在周期表中应占据同一位置。

到 1910 年,被科学家分离和加以研究的放射性"元素"已达三十余种。根据这些化学性质完全一样,却又难以用化学方法将它们分离的事实,索迪提出了同位素的假说:即一种化学元素有两种以上的同位素变种的存在可能是元素存在形态的普遍现象。同位素不仅可能以放射性同位素的形态存在,而且还可能以稳定同位素的形态存在。索迪接受了斯特龙霍姆和斯韦德伯的建议,将 37 种放射性"新元素"分成了 10 类,将那些不能用化学方法分开的元素放在周期表的同一位置,并称其为"同位素"。

1912 年,汤姆生发现了质量为 22 的氖的稳定同位素,使索迪的同位素假说得以初步证实。

同位素的发现使人们对"化学元素"这一概念有了新的认识。化学元素不再只是代表一种原子,而是可以代表几种原子,这些原子尽管原子量不同,放射性及"寿命"也不同,但它们的化学性质却完全一样,元素周期表中的一格,即一种元素不过是某一类同位素的总体。

三、质谱仪分离同位素

对于索迪预测的"一种化学元素有同位素变种存在,且分别以放射性同位素和稳定同位素两种形态存在",人们除了对放射性同位素利用其放射性不同而加以识别外,还试图找到一种对于稳定同位素识别的方法,完成这一任务再次依靠了实验物理学的发展。

阿斯顿(F. W. Aston,1887—1945年)为了进一步证实氖同位素的存在,将天然氖气进行反复扩散分离,最后得到两部分氖气,分别测定其原子量,一部分为20.15,另一部分为20.28,观察到这两部分气体所形成的氖22的阳极射线的亮度也发生了相应的变化,这不仅确证了 ^{22}Ne 的存在,也是首次实现同位素的部分分离。

1919年,阿斯顿改进了磁分析器,联合磁场和电场的作用,制成了第一台质谱仪。它可以分离不同质量的带电粒子,并测出其质量。这种利用其质量不同而将同位素分开并进行称量的方法,把研究微观粒子的手段大大地推进了一步。阿斯顿在利用质谱仪的第一项研究中就发现了氖、氩、氪、氙、氯等元素都有同位素存在。例如,氯为 ^{35}Cl 和 ^{37}Cl 的混合物,氯的原子量35.46只不过是平均值,实际上并没有这种质量的原子存在。这些研究成果不仅丰富了同位素理论的内容,也找到了长期困惑化学家的一个疑点:绝大多数元素的原子量为什么不是整数。接下来的三年时间,阿斯顿又利用这台仪器研究了30多种元素。发现它们大多数是两种或两种以上同位素的混合体。经过几年的努力,阿斯顿在71种元素中发现了它们的202种同位素。

在同位素的发现中,最引人注目的是1932年哥伦比亚大学的尤里(H. C. Urey,1893—1981年)发现的质量为2的氢的同位素——氘,符号为D。1933年,美国化学家刘易斯(G. N. Lewis)采用电解水的方法,获得了极纯的氧化氘(重水)。作为氢的同位素,氘气在军事、核能和光纤制造上均有广泛的应用。

四、元素的人工转变和合成

放射性元素发射高能的α粒子，人们希望能以其轰击其他原子，可以打破这些原子产生新元素。1919年，卢瑟福第一次真正地把一种元素变成另一种元素。

1910年前后，人们开始认识到原子核的结构及核内运动的复杂性，并逐渐掌握其规律。卢瑟福考虑，放射性原子会自发破碎，那么能不能把一个原子人为地破碎呢？既然重金属可以发生衰变，轻金属在极强的外力作用下，也应当发生衰变。卢瑟福等人在利用α粒子散射来研究原子核时，发现用α粒子轰击轻元素时出现一些反常现象。他估计这可能是由于轻核元素的核电荷少而斥力小，高速α粒子有可能克服斥力打到核里去，因而出现反常情况。为了证实这种可能，他选用了镭C作为α射线源，对轻元素进行轰击，发射出的高能α粒子打在原子核上，从而使这一个原子破碎。1919年卢瑟福和他的助手用镭放射出来的α粒子轰击氮原子。氮原子破碎了，飞出两种碎片，经检测，大的碎片是氧原子，小的碎片是一种射程很长、质量很小的微粒，并确认了这种微粒正是氢原子核，卢瑟福将它命名为"质子"，这一人工核反应为：

$$_2^4He + _7^{14}N \rightarrow _8^{17}O + _1^1H$$

卢瑟福的实验是人类历史上首次实现了一种元素到另一种元素的人工转变。1921年至1924年，卢瑟福用多种材料进行实验，先后证明了硼、氟、钠、铝和磷等十几种轻元素都可以像氮原子那样，在α粒子的轰击下发生衰变。同时也确证了原子核中存在着质子。根据原子核中存在质子的事实，1919年居里夫人提出了原子核的质子-电子模型：认为原子核是由质子和电子组成，电子中和了一部分质子的电荷。原子序数是原子核内未被中和的质子数目，原子核中有电子，这也解释了β放射性的问题，这个模型解释了当时观察到的有关放射性蜕变的各种事实。

1920年，卢瑟福又根据原子核的稳定性和原子量提出了中子的假说，他认为核中的质子与电子的结合比它们在氢原子中的结合要紧密得多，因此应该存在不带电的微粒——中子。他的这个假说，一直到1932年卢瑟福的学生查德威克（J. Chadwick, 1891—1974年）通过云室实验用钋产生的α粒子轰击铍，重复德国物理学家玻特（Bothe, 1891—1951年）和居里夫人的女婿约里奥·居里

(F. J. Curie，1900—1958 年)和长女伊仑·居里(I. J. Curie，1897—1956 年)所做过的研究，判明了卢瑟福预言过的不带电荷中子(n)的存在。其反应为：

$$_4^9Be + _2^4He \rightarrow _6^{12}C + _0^1n$$

中子的发现，使人类关于物质结构的认识产生了一个飞跃，为核科学开辟了一个新纪元。因为中子的发现不仅帮助人们正确认识原子核结构，而且还为人工变革原子核提供了有效的手段。发现中子的同年，海森堡(W. Heisenberg，1901—1976 年)和苏联科学家伊凡宁柯(Iwanenko，1904—1994 年)分别提出了原子核的质子-中子模型，并很快得到了人们的普遍认可。

1934 年约里奥·居里夫妇发现了人工放射性，开始了放射性元素的人工制备。1938 至 1940 年间，约里奥·居里夫妇和哈恩(Hahn)发现了原子核的裂变和链式反应，开辟了人类利用原子能的新时代。在 20 世纪 40 年代至 50 年代间，人工合成了原子序数为 93 至 102 的超铀元素。自 20 世纪 60 年代以来，科学家又陆续合成了 103 号以后的超铀元素，提出了超重元素稳定岛的假说，尝试着人工合成超重元素，同时又开始了物质和反物质相互作用的研究，出现了正电子素和介子素化学(Positronium and muonium chemistry)。这些新假设、新结论标志着人们对构成万物的元素的概念以及对元素之间的联系逐步有了本质的认识和深刻的转变。

第三节　化学键理论的形成和发展

化学键理论的建立,是人们对分子中原子相互结合方式的认识,是现代化学在理论上的重大突破。特别是在二十世纪二十年代中期量子力学的发展和建立,使原子中电子运动规律得到了比较准确的描述。人们越来越深刻地认识到,原子中电子的特征和行为决定着化学现象的本质。其中,以量子力学为背景发展起来的价键理论、分子轨道理论和配位场理论是现代化学键理论的三个基本理论,是现代化学的理论基础,是继原子论、分子论和元素周期律之后化学理论发展的新的里程碑。

一、柯塞尔和路易斯的原子价电子理论

原子以什么力量或方式相结合形成各种化合物,这是化学理论的核心问题之一。化学家很早就已经注意到原子之间存在某种确切的数量关系。从"化学亲合力"到电化二元论的"库仑力",从"原子价"到"化合价"的概念,是近代化学时化学家们的思考。

但是原子之间是怎样发生作用而相互结合的,分子中化学结合力的实质是什么等问题,直到二十世纪,复杂的原子结构被揭示后,才逐渐得到了回答。在电子被发现后的1904年,汤姆生指出,一定数目的电子占据某一轨道后,由于相互排斥而阻止更多的电子进入这个轨道。同年波兰化学家阿贝格根据元素周期律和实验所反映的经验,提出了原子价的八数规则,认为每一种元素都有一个正常价,即在化学反应中通常表现的价,还有一个符号相反的反常价,这两种价的绝对值的和通常是八。例如氯元素正常价是-1,反常的价是$+7$,绝对值的和是8。

不久有人将原子价与电子的概念联系起来后指出,正价数表示一个原子给出的电子数,负价数则是一个原子可以接受的电子数。1913年玻尔在提出他的原子结构模型时,阐明了各种元素原子的电子结构,指出元素原子最外层轨道的电子数相当于周期表中的族数。1916年德国物理学家柯塞尔和美国化学家路易斯利用原子的立体模型来解释价键,都认识到价键是由原子的外围电子结构所决定。

柯塞尔则明确提出,由于原子失去电子或夺得电子以达到与惰性元素相同的外层电子稳定结构,一部分因失去电子而带正电,另一部分又因夺得电子而带负电,这些正负离子之间因库仑力而相互结合。这种存在于正负离子间的价键称为离子键,离子键理论成功地解释了离子型化合物,但对于非离子型化合物,如氧分子、甲烷等就无能为力了。

1916年路易斯针对这一情况,指出可能存在着两种类型的化合物,一种是极性键化合物,另一种是非极性键化合物。1919年美国化学家朗缪尔进而明确提出共享电子对的设想。他们认为,氢原子失去一个电子,不能形成一个稳定的离子,氢原子必须形成像惰性气体氦那样具有两个外围电子的结构。当氢和氯化合时,氯需要得到一个电子,以便形成像惰性气体氩那样的外层电子数(8)。这样,只能是氢、氯各出一个电子,然后共享这对电子才能具有稳定的结构。一般称共价键为路易斯-朗缪尔化学键理论。

离子键和共价键理论的问世,标志着以电子理论为基础的现代结构化学基本形成。

二、鲍林和斯特莱的价键理论

价键理论以美国化学家鲍林(L. Pauling,1901—1994年)和美国物理学家斯特莱(J. C. Slater,1900—1976年)提出的杂化轨道理论为代表。

1927年德国人海特勒(Walter Heitler,1894—1981年)和美籍德国人伦敦(F. London,1900—1954年)采用量子力学的薛定谔方程来研究最简单的氢分子。它们对氢分子中两个氢原子间的化学键作了近似计算,发现当两个氢原子足够接近时,如果两个电子自旋方向相反,就会形成两个原子所共有的电子云。两个氢原子结合成一个稳定的氢分子,是由于电子密度的分布集中在两个原子核之间,形成化学键,使体系的能量降低,氢原子便可以在平衡距离稳定存在。这便是价键理论最初的基本要点。

在海特勒和伦敦处理氢分子时提出的自旋反平行的电子对成键基础上,根据原子轨道最大重叠的观点,1928年,美国著名化学家鲍林进一步提出:如果电子云的重叠越多,所形成的共价键就越稳定。所以共价键的形成在可能的范围内一定采取电子云密度最大的方向,即共价键有方向性。1931年,鲍林和斯特莱又补充提出杂化轨道理论。它们从电子的波动性出发,认为波可以叠加。在有机化合物中碳原子和周围电子成键时,其中的电子所用的轨道不完全是原来的单一轨道,而是由于波的叠加而形成的"杂化轨道"。

在解释甲烷的正四面体结构时,鲍林假定在四价碳的化合物中,成键轨道不是纯粹的 $2s$、$2p_x$、$2p_y$、$2p_z$,而是由它们"混合"起来重新组成的四个新轨道,其中每一个新轨道含 $\frac{1}{4}s$ 和 $\frac{3}{4}p$ 的成分。这种由一个 s 轨道和三个 p 轨道组成的杂化轨道称为 sp^3 杂化轨道。这四个轨道形状相同,方向不同。其角度分布的极大值指向四面体的四个顶点,这样,便比较成功地解释了 CH_4 四面体结构的事实。这一理论还能满意地解释乙烯分子平面结构以及乙炔分子的直线型结构和其他许多分子的几何结构问题。

鲍林

鲍林在 1931 年发表的论文中,还进一步把 d 轨道组合进去,提出了原子轨道的一系列杂化形式:两个 d 轨道与一个 s 轨道和三个 p 轨道可以形成 d^2sp^3 杂化轨道,并且六个等同的成键轨道的方向按八面体形式排列;若只有一个 d 轨道,也可能与一个 s 轨道和两个 p 轨道形成 dsp^2 杂化轨道,这四个键处在同一平面上,轨道方向伸向四方形的四个角。鲍林提出的这些杂化轨道的形式,可用来解释配位化合物的结构,促进了配位化学的发展。

鲍林因对化学键本质方面的研究并用于阐明复杂物质的结构获得 1954 年诺贝尔化学奖。后来他在他的专著中对价键法有精确的描述。他在《化学键的本质》一书中发表了扩展的非数学处理方法。书中阐明了化学键的本质和化学键理论如何应用于解释复杂物质的结构。

杂化轨道理论自二十世纪三十年代后得到了较为迅速的发展。五十年代末,我国化学家唐敖庆教授等用群论的方法得到包括 f 轨道在内的等性杂化轨道的夹角公式。自七十年代中期以来,鲍林和他的学生又重新对杂化轨道理论作了一系列定量研究。至此,杂化轨道理论以从定性或半定量阐明一些分子结构迈向定量地阐明结构化学的有关问题。

三、洪特和穆利肯的分子轨道理论

随着发展,人们发现价键理论仍存在一些缺陷,如对有些分子的化学键不能给出适当地描述。例如:氧分子的结构式为:

$$:\overset{}{\underset{}{O}}::\overset{\times\times}{\underset{\times\times}{O}}:$$

若按价键理论,分子中的电子都是成对的,应呈现反磁性,但实验证明 O_2 是顺磁性。除此之外,在解释某些多原子分子及许多有机共轭分子结构时也碰到了困难。究其原因是价键理论是从各原子都有未成对的电子推广而来,它只考虑在两个原子之间可以形成共价键,且电子一定要配对才能成键。为了解决这些问题,二十世纪二三十年代发展起了分子轨道理论。

分子轨道理论是洪特(Hund)和美国化学家穆利肯(R S Mulliken)等人于1932年前后建立起来的。他们利用分子轨道函数对分子的电子状态进行了系统的分析,假定分子的价电子不受特殊原子的约束,绕两个或多个原子核进行轨道运动。能量相近的原子轨道可以组合成分子轨道,由原子轨道组合成分子轨道时,轨道数目不变,但能量会发生变化。能量低于原子轨道的分子轨道为成键轨道,高于原子轨道的为反键轨道。分子中的电子就像在原子轨道中一样,根据泡利不相容原理、能量最低原理和洪特规则填充到各分子轨道中去。在成键时,原子轨道重叠越多,则生成的键越稳定。两个原子轨道有效的组合成分子轨道时所必须满足的条件是"能量近似条件""电子云最大重叠条件""对称性匹配"。

分子轨道理论从分子的整体出发考虑电子的运动,解决了价键理论所不能解决的问题,很自然地说明了 O_2 等分子为什么是顺磁性的,同时提出了"三电子键"以及"单电子键"等概念,说明了诸如 N_2^+、O_2^+、NO、O_2 等含有单电子键和三电子键的原因。

为了解决以分子轨道法在求得较复杂分子的单电子波函数及其能量时所遇到的困难,1931年,荷兰物理化学家休克尔(Erich Huckel,1896—1980年)又提出了一种简化的近似方法,称为 HMO 法。它从分子的整体出发,处理多原子 π 键体系,解释离域效应和诱导效应等方面的问题,大大简化了像苯分子中的 π 键体系分子轨道的求解问题。

分子轨道理论于二十世纪六十年代在有机化学结构分析和合成方面得到了

广泛应用,在理论上取得重大突破。1965年美国化学家伍德沃德(R. B. Woodward,1917—1979年)和生于波兰的美国化学家霍夫曼(R. Hofmann)提出了分子轨道对称守恒原理,该原理对解释和预示一系列化学反应进行的难易程度以及了解产物的立体构型具有指导作用。分子对称守恒原理是伍德沃德通过他多年有机合成实践提出的,特别是在合成维生素 B_{12} 的过程中,他发现大量分子轨道对称性对反应难易和产物的构型起决定作用。1963年霍夫曼和伍德沃德合作致力于化学反应过程的理论研究,提出了可以预言有机反应难易的"伍-霍规则"。该规则不仅可以解释协同反应的规律,而且也概括了有机化合物的重排、芳构化和环化等。后来,霍夫曼又将分子对称守恒原理推广到无机化学领域中。

分子轨道理论从量子力学的角度考虑分子中所有原子核和电子之间的相互影响,分子轨道计算与实验光谱结果的结合为描述大分子中的化学键提供了一种强大的工具,它标志着现代化学研究开始从分子的静态进入分子的动态,从而导致对化学物质的组成、结构和性能关系的全面揭示。

四、欧格耳的配位场理论

价键理论和杂化轨道理论虽然能较好地解释一些有机化合物的结构和某些金属配合物的构型和磁性,却难以解释配合物的颜色等特性。英国化学家欧格耳(L. E. Orgel)把晶体场理论和分子轨道理论结合起来,提出了配位场理论,为研究配合物的一些特性提供了很大方便。

维尔纳

十九世纪九十年代,瑞士苏黎世大学化学教授维尔纳(A. Werner,1866—1919年)提出了配位理论,为络合物的研究奠定了理论基础。配位理论认为:原子价概念不能说明络合物的结构,应引进副价概念来扩展原子价概念。维尔纳提出:一些金属在形成复杂化合物时,除了有叫作主价的化学键外,还可以有另外一种叫作副价的化学键参与。如:在 $CoCl_3 \cdot 4NH_3$ 中,钴的主价为3,副价为4,主价力使钴与氯生成 $CoCl_3$,而副价力使氨分子与 $CoCl_3$ 结合成 $CoCl_3 \cdot 4NH_3$。为了解释钴氨络合物中氯的不同行为,他把络合物分为"内界"(在化学式中以"[ ]"括起来)和"外界"。内界是由中心原子或离子直接与周围紧密结合的"配位体"或"络合基"组成的,内界不易解离。方括号以外的部分称为外界,当络合物溶解时它们会解离出来,中心离子所具有的配位体的最大数目称为配位数。

维尔纳还根据络合物的同分异构现象,提出了络合物的空间几何构型问题。他指出:具有六个副价的中心离子所形成的络合物内界部分具有正八面体构型,六个副价指向正八面体的六个顶点,而中心离子位于正八面体的中心。配位数为4的络合物或是四面体构型,或是平面四边形构型,可能形成几何异构体。在几何异构体的基础上,维尔纳进一步指出在八面体构型的顺式结构中还存在旋光异构体。

维尔纳理论不仅解释了络合物研究的实验事实,扩展了原子价概念,还提出了络合物的异构现象,为立体化学的发展开辟了新的领域。但是,由于配位理论未能给出"副价"确切的含义,说明人们在原子结构及化学作用力的本性方面还没有形成完整的认识。

1929年,美国物理学家贝特(H.Bethe)提出了"晶格场理论",用来讨论晶体中金属离子的能级分裂情况。该理论认为,中央金属离子周围形成了一个静电场,从而改变了中央金属离子的能级。晶体场理论虽成功地解释了配合物的磁性和颜色等,但在研究中人们意识到:晶体场理论将金属离子与它周围的配位体的相互作用看成是纯粹的静电作用,完全没有共价的性质。但实验(如顺磁共振和核磁共振等)证明金属离子轨道和配位体的轨道却有一些重叠,即具有一定的共价成分。1952年,英国化学家欧格耳把d轨道能级分裂的原因归结为配位体的静电作用和生成共价键分子轨道的综合结果,这即是把晶体场理论和分子轨道理论结合起来建立的"配位场理论"。该理论提出:当金属离子与配位体的轨道间重叠不大时,只需对金属离子的电子之间相互作用参数取不同的数值,以反映它们之间共价作用的性质,晶体场理论的基本处理方法仍可适用,但对于金属离子与配位体间轨道重叠很大的羰基配合物、夹心配合物和烯烃配合物等,则必须引入分子轨道理论才能得以阐明。

1961年,欧格耳在他的名著《过渡金属络合物导论——配位场理论》一书中指出:"当两个原子轨道组合形成离子域作用更强的分子轨道时,得到两个新轨道。形成的新轨道等于组合的轨函数,并且有一个新轨道比任何组合轨道都更稳定，而另一个新轨道比任何组合轨道都不稳定。"基于此种考虑，如果六个配位体各有一个 σ 轨函数，则各与一个金属轨函数重叠，形成适合 σ 键的两个分子函数，一个成键的，一个反键。其次，如果配位体还有 π 轨函数，就应让它们与金属离子的 t_{2g} 轨函数重叠形成"成键"和"反键"的分子轨函数。在成键过程中，t_{2g} 的 d 轨道不受 σ 成键的影响，而 e_g 轨道与配位体轨道组合形成一个双重简并的成键轨道和双重简并的反键轨道。这与晶体场理论相一致。

配位场理论利用能级分裂图，比较合理地说明了许多过渡元素配合物的结构和性能的关系。特别是欧格耳根据 1940 年以来搜集的研究资料，绘制出表格，使人们清晰地了解到在形成各类构型的配合物时，金属离子轨道的成键情况，为人们研究配合物分子提供了参考依据。可以说，配位场理论是迄今为止较为满意的配合物化学键理论。

在上述三种理论的基础上，最近化学键理论又有了新的进展。1998 年美国化学家科恩（W. Kohn）发展了电子密度泛函理论，为分子性质的计算开辟了新途径。英国化学家波普尔发展了量子化学计算方法，如 NDDO（忽略双原子微分重叠）、CNDO（全略微分重叠）、INDO（间略微分重叠）等，并采用高斯函数解决了哈特里-福克-罗特德方程计算的关键障碍，做出了量子化学软件包 Gaussian-70 到 Gaussin-98，可计算分子体系的能量、分子的平衡性质、过渡态和反应途径，以及分子的光、电、磁性质等，使化学进入了实验和理论计算并重的新时代。

第四节 晶体结构的测定和认识

十九世纪末,晶体结构几何理论已经形成,不过那只是人们对于晶体结构的猜想。伦琴于 1895 年发现的 X 射线,使人们找到了测定晶体中晶胞形状、大小以及晶体中原子的分布方式的办法。

一、劳厄发现晶体 X 射线的衍射现象

自从 X 射线发现以后,人们发现肉眼看不见的 X 射线能穿过物体,能使胶片感光,但不产生反射、折射,通过普通光栅时也不产生衍射现象。当时法国孟宪大学的索莫菲教授估计,若 X 射线是一种电磁波,则其波长应当在 1Å 左右。另外,结晶学家当时已经认识到晶体具有空间点阵结构,并能准确地测定阿佛加德罗常数。根据已知的原子量、分子量,阿佛加德罗常数及晶体的密度等,可以估计出晶体中原子间的距离为 1~2Å。在这些估计的基础上,1911 年德国物理学家劳厄(Max Von Laue,1879—1960 年)设想,X 射线是极短的电磁波,而晶体中原子或离子有规则地排列,便想到晶体可以用作 X 射线的天然立体衍射光栅。随后,伦琴的学生、德国人弗里德里希(W. Friedrich)和克尼平(P. Knipping)以五水合硫酸铜晶体为光栅进行了劳厄推测的衍射试验。经过艰苦的努力,终于在 1912 年取得了第一张 X 射线衍射图,初步证实了劳厄的预见。后来劳厄等人又在硫化锌、铜、氯化钠、黄铁矿、萤石和氧化亚铜等立方晶体上进行实验,也都得到了衍射图。劳厄等人证实 X 光通过晶体产生衍射是现代科学中的一个关键性实验,它既揭示了 X 光的波动性,也证实了经典结晶学中提出的点阵理论。从此,不仅可用晶体来研究 X 射线的性质,也可用 X 射线来研究晶体的结构,了解原子、分子、离子在空间的排列情况。

为了解释所得到的衍射图,就在同一年,劳厄便先从一维点阵对 X 射线的衍射进行推导。他考虑到:由于晶体是质点在三维空间作周期性、有规律地排列,所以,晶体

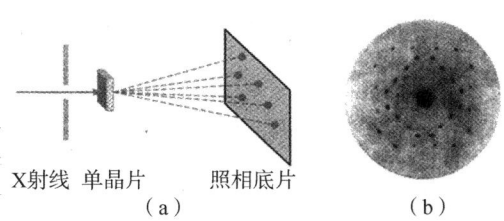

图 11-4 劳厄法 X 射线衍射图

对 X 射线应同时满足三个方向上 X 射线所遵循的规律,从而推导出了决定晶体衍射方向的劳厄方程。该方程将空间点阵看成是互相平行、互相贯穿的三组直线点阵,由此出发讨论由点阵相联系的原子或电子所散射 X 射线的"合作"条件,很好地解释了衍射图。

劳厄的工作开创了 X 射线晶体结构分析的新纪元,为晶体结构研究开辟了路径。人们根据 X 射线衍射方向可以确定晶胞的形状和大小,根据衍射强度还可以确定分子、原子在晶体中的分布位置,使 X 射线成为人类探索微观物质结构的强大武器。用 X 射线来研究晶体的结构在很大程度上改变了化学的面貌和进程,并为分子生物学和材料科学的奠立和发展起了重要作用。

二、布拉格利用 X 射线测定晶体结构

在劳厄研究的基础上,英国的布拉格父子(W. H. Bragg,1862—1942 年;W. L. Bragg,1890—1971 年)开始共同研究 X 射线的晶体衍射。1912 年,在劳厄方程建立之后,大家都在推敲劳厄实验结果是否肯定 X 射线是一种电磁波。W. H. 布拉格首先预见,要去寻找一种兼容它们二者的统一理论。就在劳厄方程建立的同年,W. L. 布拉格感到劳厄对硫化锌晶体衍射图的分析方法过于复杂。他从自己的衍射实验中发觉,晶体中有一系列原子面在反射着 X 射线,从而出现了一个个衍射点。根据这一假说,他在对硫化锌的劳厄图分析后指出:硫化锌具有立方面心点阵结构。为了验证这一假说,布拉格设计了一套实验装置。让一束波长为 λ 的单色 X 射线光束落在晶面上,以具有层形解理的云母来反射 X 射线,结果在合适的入射角 θ 都得到了很强的反射线。从这一设想出发,布拉格改进了劳厄方程,推出了表示 X 射线在晶体中衍射条件的另一个方程:

$$n\lambda = 2d\sin\theta$$

这就是著名的布拉格方程。与此同时,俄国科学家伏尔夫也推出了相同的公式。式中 d 为晶面间距,$n=1,2,3\cdots\cdots$分别表示一级、二级、三级……衍射。布拉格由实验得出 $\sin\theta$ 与 n 之间的关系,并从理论上得到了论证。它不仅解释了衍射图形,而且证明了晶体结构几何理论的正确。使人们由研究晶体的外形发展到研究晶体的内部结构和原子排列,奠定了 X 射线摄谱学的基础。

1913 年,布拉格父子利用 X 射线衍射法测定了氯化钠和氯化钾的晶体结构。测定结果表明,这类化合物是正负离子在空间周期排列的无限结构,并无单

个分立的 NaCl、KCl 分子存在，纠正了以往将 NaCl、KCl 当作分子式的错误看法，使以往的分子概念得到了发展。通过结构分析，还测定了 NaCl 晶体中 Na^+ 和 Cl^- 两中心间距离为 2.817Å。接着，他们又测定了金刚石和石墨的结构。结果表明：金刚石中每个碳原子处于正四面体的中心，周围四个顶点上各有一个碳原子，相邻原子间的中心距离都是 1.54Å。而在石墨晶体中，在同平面中的碳原子与三个碳原子相连接，整个平面是一系列连续的正六边形，相邻两平行平面间的距离是 3.40Å。这就解释了金刚石的高硬度及石墨的润滑性和柔软性。

在随后的几年间，布拉格与英国人莫斯莱（Henry Moseley）和达尔文（Darwin）试验用电离箱及吸收屏检验衍射线，看其是否与入射的 X 射线有相同的性质。在试验过程中除发现有连续 X 射线谱外，还有波长由对阴极靶子的材料所决定的特征 X 射线谱。用这种特征谱线研究晶体结构效果更好。接着，他们又对硫化锌、黄铁矿、萤石、方解石等进行了结构测定。这使人们对晶体内部原子排列方式、离子团结构、原子的大小、原子间的距离有了更明确的了解。

1916 至 1919 年间，荷兰物理化学家德拜（P. J. W. Debye 1884—1966 年）等发明了 X 射线粉末衍射法，成功地测定了合金、γ-黄铁矿等复杂晶体的结构。德国物理学家玻恩（Max Born，1882—1970 年）等人又利用 X 射线衍射测定晶体结构数据来计算点阵能，进一步阐明了离子晶体中正、负离子静电引力的本质。

X 射线衍射晶体结构分析扩展到对晶体中分子内部结构的研究，推动了分子结构理论的发展。

三、霍奇金对青霉素和维生素 B_{12} 结构的测定

人们利用 X 射线分析晶体结构，至二十世纪三十年代，完成了数以百计的无机盐、金属配合物和一系列硅酸盐的结构测定，积累了相当丰富的资料。20 世纪 40 年代以后，由于电子计算机技术的进步和各种精密仪器的使用，测定单晶体的效率提高了上百倍，精度和应用范围也有了很大发展，分子立体结构的 X 射线衍射研究突飞猛进，成就斐然。到了二十世纪四十年代和五十年代中期，凡属有代表性的无机物和有机物的晶体结构已有相当充分的积累。当然对比较复杂的晶体结构分析还不尽如人意，要求对被研究分子的结构或多或少有所了解。从二十世纪五十年代开始，有些比较复杂的结构开始可以测定。一个典型的实

例就是英国女化学家霍奇金(D. M. C. Hodgkin,1910—1994年)于1942—1949年在牛津大学完成的对晶体青霉素的结构分析。青霉素碱金属盐的单晶过去需借助IBM穿孔卡片机花费大量计算时间才获得其三维电子分布,而今几天之内就可以分析完毕。

1948年,霍奇金又与同事合作拍摄了晶状维生素B_{12}的第一张X射线衍射照片。其后经过十年的努力,终于阐明了这个复杂分子的主体结构和原子排布,为人工合成B_{12}奠定了基础。她在1957—1962年间发表了一系列论文。由于她在分析复杂分子结构方面完成了重要生物大分子的结构测定,荣获了1964年诺贝尔化学奖。

四、华特生等人对生物高分子空间结构的研究

二十世纪五十年代初,化学家与生物学家开始联手探索生物高分子的结构,研究它们的结构与功能的关系,而X射线衍射分析法也正是研究蛋白质分子主体构型的最直接、最有效的方法。当时已有二十多种主要氨基酸和近十种简单肽的结构被测定,链长、键角数据已分别精确到0.03Å和4°。在此基础上,1950年,美国化学家鲍林等指出:在肽链分子内部要满足最大限度的氢键,可能形成两种螺旋体,一种是α-螺旋体,另一种是γ-螺旋体。不久,α-螺旋体便在一系列α型纤维蛋白、合成多肽和球蛋白晶体的衍射图上得到了证实。

1951—1953年间,美国生物物理学家华特生(J. D. Watson)和英国化学家克里科(F. H. C. Crick)利用X射线分析研究了脱氧核糖核酸DNA的结构,提出了DNA分子的双螺旋结构模型。在这个模型中,两条核苷酸链围绕同一轴盘旋成一双螺旋。嘌呤碱和嘧啶碱在螺旋体的内侧,糖和磷酸基在外侧。两条链依靠嘌呤碱和嘧啶碱之间的氢键连在一起,从而维持双螺旋的空间结构。该结构模型的提出在DNA分子结构的发现上起了决定的作用,为人类复制DNA提供了方向,为生物学进入分子水平打开了一个突破口。

1957年,英国生物学家肯德鲁(J. C. Kendrew,1917—1997年)用特殊X射线衍射技术及电子计算机测定和描述了鲸肌红蛋白的结构,确定了这种蛋白质的螺旋结构中氨基酸单位的排列,得到了球蛋白的第一个三维电子密度分布图,使人们第一次清楚地看到了蛋白质分子的主体图像。1959年,奥地利出生的英国化学家佩鲁茨(M. F. Perutz,1914—2002年)又完成了马血红蛋白的结构的

测定。肌红蛋白和血红蛋白晶体结构分析的成就,揭开了生物化学发展新阶段的序幕,在分子和原子水平上,使人们对生物的生理作用有了更深刻的认识。

英国化学家桑格(F. Sanger,1918—2013年)发明了一种巧妙的方法测定最简单的蛋白质牛胰岛素的结构,并在1955年报道了胰岛素的氨基酸的顺序。1980年他又确定了核酸中核苷酸的顺序,成为迄今为止唯一一个两次获得诺贝尔化学奖的科学家。霍奇金于1969年又测定了分辨率为2.8Å的胰岛素晶体结构。我国科学家于1965年9月在世界上首次合成具有生物活力的结晶牛胰岛素。又于1967年开始测定天然猪胰岛素的晶体结构,于1971—1972年完成了分辨率为2.5Å和1.8Å的胰岛素晶体结构的测定,这一结果为今后研究胰岛素分子的结构和功能创造了有利条件。目前已较深入地测定了四十多种蛋白质的晶体结构。

二十世纪七十年代发展了精密结晶学,X射线结构分析采用先进的衍射仪(如四圆衍射仪)和电子计算机技术及与相应的计算软件相结合,为晶体结构与性能的研究提供了更丰富可靠的定量的结构数据。利用这种技术,科学家在研究大的核酸——蛋白质配合物等方面取得了可喜成果。特别是结晶电子显微技术与核磁共振、质谱、电子衍射、中子衍射仪器结合,使人们在晶体结构的测定中获得了更多的信息,大大加深了人们对微观世界的认识。

第五节 溶液理论及其发展

绝大多数化学反应,包括生物体内的化学反应,都是在溶液中进行的。因此对溶液的研究一直为化学家所注意。早在十八世纪,人们已注意到溶质使水的冰点降低、沸点升高的现象,并提出了依数性的概念、拉乌尔定律、范特霍夫方程式和阿仑尼乌斯(S. A. Arrhenius,1859—1927年)电离理论。进入二十世纪后,原子的电子结构的阐明,明确了原子与离子的区别。化学键理论的建立,使人们认清了离子结合的本质。人们对溶液的研究及认识不断加深,溶液理论也不断发展。

一、德拜和休克尔的离子互吸理论

阿仑尼乌斯的部分电离理论,应用于稀溶液或弱电解质是成功的,但不适用于强电解质溶液。进入 20 世纪以后,化学家初步认识到强电解质溶液中离子的活动似乎不是完全自由的。正、负离子间的相互引力使它们的行动彼此牵制着。1923 年,德拜和他的助手休克尔提出了强电解质溶液中离子互吸理论。他们假定强电解质在水溶液中完全电离,由于离子浓度大,因而离子间的互吸作用便影响溶液的性质。他们首先从强电解质在水中完全电离以及离子互吸的概念出发,建立了一个能表达溶液中离子行为的"离子氛模型"。他们认为在完全电离的强电解质溶液中,每个离子都被具有相反符号电荷的离子对称包围着。由于离子间相互作用而出现了一种对称的"离子氛",使得离子的行为与分布受到一定的制约。他们根据这个"离子氛模型"导出了电导值的总减少量与浓度的平方根成正比。

德拜-休克尔的离子互吸理论获得了普遍的承认,使电离学说得到了极大的完善。1926 年,挪威物理学家翁萨格(Lars Onsager)发展了德拜-休克尔的理论,把它推广到不可逆过程,考虑了离子的布朗运动及溶液的介电常数、黏度、松弛力和电泳力等对强电解质溶液电导性的影响,从理论上导出了适用于二元电解质溶液的当量电导公式:

$$\Lambda_m = \Lambda_m^\infty - (\alpha - \beta \Lambda_m^\infty)\sqrt{c}$$

式中 α、β 均为与溶剂介电常数、黏度和浓度有关的因子，α 是电泳力产生的，β 是松弛力产生的，均为 Λ_m 的降低因子。

上式即为 Debye-Hückel-Osager 的稀溶液电导的极限公式。

二、卜耶隆的离子缔合概念

稀溶液电导的极限公式对于浓度大于 $0.01\ mol \cdot dm^{-3}$ 及多价电解质的溶液却不能满意地使用，因为德拜-休克尔及翁萨格理论仅对极稀的电解质溶液有效。

1926 年，丹麦化学和物理学家卜耶隆（Niels Janniksen Bjerrun，1879—1958 年）提出了"离子缔合"的概念。由于静电吸引力的存在，在强电解质溶液中，当浓度达到一定值时，离子间可能形成各种形式的"离子对"，这种离子对与未成对离子保持动态平衡。如 $Na^+ + Cl^- \rightleftharpoons Na^+Cl^-$

其平衡常数为

$$\frac{[Na^+Cl^-]}{[Na^+][Cl^-]} = K$$

K 也称为 NaCl 的缔合常数。25℃时 NaCl 的缔合常数为 0.71，相当于在 $0.1\ mol \cdot dm^{-3}$ NaCl 溶液中有 6% 的离子形成"离子对"。溶液中不仅存在着双离子的"离子对"，而且还可以形成三离子物，如

$$Na^+ + Cl^- + Na^+ \rightleftharpoons Na^+Cl^-Na^+$$

溶液浓度越大，离子的电荷数越多，越容易形成离子对，缔合常数越大。

缔合式电解质理论还指出，在弱电解质溶液中存在着离子与分子间的平衡，有相应的平衡常数，而在盐这类强电解质溶液中，存在着"离子对"与自由离子间的平衡，有相应的缔合常数。由此看来，强弱电解质之间的界限不是绝对的，而是相对比较而言的。

卜耶隆导出的缔合常数公式与极限公式相比，能够适用较高浓度的电解质溶液。电导率的测定已经证明卜耶隆理论的定性结论一般是正确的，但有时在定量上与实验尚缺乏一致性。

1948 年鲁宾孙（Robinson）和斯托克斯（Stokes）考虑离子与水分子的相互作用——离子水化（或泛称溶剂化），认为离子水化是离子在溶液中的重要特征，直接影响着电离、电子得失等过程。它减少了溶液中自由水分子的数量，增大了

离子的体积,因而改变了电解质的活度、电导等性质。他们提出新的活度系数公式,大大扩展了可用范围,被认为是一大进步。1958年美国化学家伏尔斯(R. M. Fuoss)研究了电解质溶液的缔合现象和理论,提出了计算电解质溶液的缔合常数公式。人们相继提出的离子缔合的修正理论,不断改善了德拜-休克尔极限公式的准确度。

对于溶液的研究越深入,人们就越认识到溶液的复杂性,学者们逐步得到了这样的认识:溶液是非常复杂的体系,在溶液中存在着缔合、离解以及溶质和溶剂之间的各种形式的相互交织、互相交错,到目前为止,溶液理论虽还不完善,但随着研究的深入,物理观点和化学观点逐步趋于统一,相信人类离真理会越来越近。

第十一章 走向推理：化学理论新发展

第六节 化学反应机理的研究

研究化学反应是如何进行的，揭示化学反应的历程，研究物质的结构与其反应能之间的关系，一直是化学家们努力的方向。20世纪，化学反应机理研究的突破主要是对化学链式反应的研究、快速反应测定方法的发展、微观反应动力学研究以及用飞秒激光技术研究超快过程和过渡态。

一、谢苗诺夫和欣谢尔伍德的化学链式反应理论

链反应这个概念是德国化学家博登斯坦（Max Bodenstein，1871—1942年）在1913年为解释HCl光化合反应具有意想不到的量子效率而提出的。他认为，当光照射H_2-Cl_2体系时，Cl_2由于吸收光子$h\nu$而活化，生成一个活性中间体。而这个中间体能与H_2反应生成HCl和另一个活性中间体，后者能与Cl_2反应，再生成HCl和第一类中间体。这样重复下去，每一个光照形成的第一个活化中间体都形成一条"链"，链越长则量子效率越高。

博登斯坦的这种关于中间体的设想，能斯特（H.W.Nernst，1864—1941年）于1916年从反应机理的角度加以阐述，他认为：过程的活性中间体就是氢和氯的自由原子：

$$Cl_2 + h\nu \longrightarrow 2Cl\cdot$$
$$Cl\cdot + H_2 \longrightarrow HCl + H\cdot$$
$$H\cdot + Cl_2 \longrightarrow HCl + Cl\cdot$$

一旦发生$Cl\cdot + Cl\cdot \longrightarrow Cl_2$，则链反应终止（现在我们知道，$H\cdot + H\cdot \longrightarrow H_2$或$H\cdot + Cl\cdot \longrightarrow HCl$，也可使链反应终止）。

在1926年以前，链反应的研究处于初级阶段，并不具有普遍意义。从1927年到1928年的两年时间里，链反应的概念获得了很大的发展和推广，其间最卓越的工作是由苏联化学家谢苗诺夫学派和英国化学家欣谢尔伍德学派分别完成的。

谢苗诺夫首先用磷蒸气的氧化证明热反应也可以是链反应，他用定量方法研究了在氧的不同压力下磷的氧化反应。发现当氧的压力较小时，进入容器的氧不会使磷蒸气马上发出荧光，而只有达到一定的临界压力时才能使之发光。

超过临界压力反应迅速进行,直到磷蒸气燃烧起来。根据这一实验,他推测上述反应是按照链反应机理进行的,开始形成带有不饱和价键的自由基,然后产生一系列反应的链。由于活化粒子可能会碰到反应容器的内壁而失去活化能,致使有些链反应断裂。氧气压力较小时反应进行得很慢,可能就是由于这种原因。当氧气压力高于临界压力时,活化粒子大量形成并成倍增加,致使反应速率也出现几何级数式地增大。谢苗诺夫把这种机理叫作支链反应,他是第一个认识到链反应在化学上具有普遍意义的人。

欣谢尔伍德从对 H_2 和 PH_3 在氧中的燃烧反应的研究开始,与谢苗诺夫一样,也发现了燃烧的所谓"界限"问题。后来他还对各种因素(如器壁性质、涂物、气体组成以及温度等)对 H_2 燃烧反应界限的影响进行了细致的研究。1930 年,欣谢尔伍德等人又研究了碘蒸气使甲醛热解的过程,发现气体分子的运动速率与催化剂、温度以及压力有一定的关系,认为"内能的存在是分子受激活的重要原因"。进而提出"似单分子反应"的重要假设。接着他对烃、醚、酮等类化合物的热解作用进行了系统的研究。发现这类过程中如果加进一氧化氮和丙烯就会产生一种抑制效应,导致热解速率逐渐减缓。通过热分解类型的反应,还得出了大部分的有机化合物的热分解都是以链反应的形式进行的结论。这些发现为他后来探讨各种不同反应体系的临界爆炸范围铺平了道路。

在谢苗诺夫和欣谢尔伍德两学派的实验基础上建立起来的支链反应理论。使链反应的研究领域很快地由化学反应扩展到广阔的热化学反应范畴,在工业生产和国防施工等方面发挥了重要作用。1995 年诺贝尔化学奖表彰的化学家就是利用支链反应理论解释为什么少量的氯氟烃类能够在平流层以催化的方式耗损大量的臭氧,引起了世界各国对臭氧层的关注,促使国际上对保护臭氧层问题及时采取了一致的行动。

二、诺里什等人对快速反应的研究

二十世纪四十年代初,已经建立了一个有严格数据处理的链反应的普遍理论,但对链反应中传递物的检定和分析,却由于自由基的寿命很短而感到困难,这对于最终确定个别的链反应的机理是个很大的障碍。于是人们广泛利用各种物理学理论和手段,在实验中捕获和检测反应过程中各种不同的中间体及其能态,逐步形成了研究快速反应的方法。

1949年英国物理化学家诺里什(Norrish)和英国化学家波特(Porter)先用一强烈的闪光照射气体,产生高浓度的自由基,再用一较弱的闪光,在第一次闪光之后的极短时间内再照射气体,以摄取自由基的光谱,从而对其所参与的反应机理加以研究。采用此法他们首次在 $H_2 + Cl_2 + O_2$ 体系中发现了 $ClO·$ 自由基。闪光分解法中闪光的时间随着技术的改进而不断缩短,这就使得寿命特别短的自由基也能不断地被发现。现代闪光分解技术,使反应体系在极短的时间内($10^{-6} \sim 10^{-4}$s)吸收很高的能量($10^2 \sim 10^5$J),引起电子激发和化学反应,产生相当高浓度的激发态物质,如自由基、自由原子等,再采用核磁共振、紫外光谱等技术监测体系随时间的动态,便可以鉴定寿命极短的自由基。

随着对快反应动力学的研究,在诺里什和波特的闪光分解法的基础上不断发展起来的闪光解技术,现在已能测量反应速率常数大到 $10^5 \mathrm{s}^{-1}$ 的一级反应和大到 10^{11} dm^3·mol^{-1}·s^{-1} 的二级反应。现在已逐步发展到用超短脉冲激光器代替石英闪光管,可以检测出半衰期为 $10^{-9} \sim 10^{-2}$s 的自由基。

二十世纪五十年代初艾根及其助手发展了化学弛豫方法。该法允许测量的时间短至微秒或毫微秒。这个方法的原理是将处于平衡状态下的反应体系的某一条件(如温度、压力、电场强度等)在受到外界的扰动后偏离平衡状态,于是平衡受到破坏而迅速向新的平衡位置移动。再通过快速物理分析法追踪反应体系的变化。直到建立新的平衡状态,从而求出反应速率。扰动体系的方法很多,有温度扰动,称为温度跳跃;有压力扰动,称为压力跳跃;有稀释的扰动,称为浓度跳跃;还有声波吸收、电场脉冲等多种扰动的方法。艾根学派所建立的弛豫法,逐步发展到已经能够测定诸如水溶液中酸碱中和($H^+ + OH^- \longrightarrow H_2O$)这样快速反应的速度。在土壤化学研究中,运用压力跳跃技术,在 $70\mu s$ 内施加 9.595 MPa的压力,测定体系电导的变化,计算弛豫时间,以研究土壤矿物组分上吸附-解吸反应,可测量半衰期 10^{-5} s 的快反应动力学。

三、李远哲和赫希巴赫的交叉分子束

分子反应动态学,亦称态-态化学,从微观角度来认识化学反应的实质是反应物的原子、分子之间的"态-态反应"。也就是从微观层次出发,深入到原子、分子的结构和内部运动以及分子间相互作用和碰撞过程来研究化学反应的速率和机理。因此,要从中找出影响反应过程和速率的关键因素,就必须采用"孤立因素"的分析研究方法,即要在单次碰撞条件下排除二次碰撞的干扰,来研究单个分子间发生的化学变化,并测量反应产物的角分布、速率分布来取得反应动态学的信息,而分子束技术恰恰可以提供这种单次碰撞的条件。

1961 年,美国人赫希巴赫(D. R. Herschbach)首次发表了用交叉分子束研究反应 $CH_3I+K \longrightarrow KI+CH_3$,并取得了产物平动能及角分布的出色的研究成果。

华裔化学家李远哲发展的交叉分子束技术,是二十世纪化学反应的机理研究的另一个令人关注的成果。1965 年他随哈佛大学赫希巴赫教授做博士后研究,提出了发展"交叉分子束"的草案,1974 年,他采用可转动的四圆质谱仪作为产物分子的检测器,配有多级差分抽气的高真空装置,创造了新一代先进的交叉分子束装置。它能检测反应散射产物的可转动四级质谱,测量散射到各个角度的产物,同时还可以通过飞行时间法测量这些产物的速度分布。激光用来对原子及分子进行选态,而且通过改变激光的偏振方向,还可以选择原子或分子的取向。由于这种高灵敏度、普遍适用的检测器的诞生,使得对中性原子和分子的分子束研究能越出碱金属物种的极限,使分子束研究脱离了原来的"碱金属时代",而进入文献中所谓的"有机物时代"。1979 年,李远哲应用交叉分子束装置研究和发表了 $F+D_2 \longrightarrow DF+D$ 反应动力学的结果,精确地测定了反应角分布、能量分布与反应物能量的关系。在求得反应截面以后,通过在反应物的初态分布范围内对反应截面进行积分,从而求出总反应速率。他的实验第一次从所获得产物 FD 的角速度等强线图的分析中,直接得出了产物分子的振动能量分布,这个实验被称为"划时代的实验"。实验给出的一个典型的 $F+D_2$ 交叉分子束碰撞反应产物 DF 的散射结果,说明了一个高分辨的交叉分子束实验,不仅可以得到产物的角分布和平动能分布,而且还可以得到产物的内能态分布,也表明了过去用经典方法计算反应途径的局限性和不可靠性。

李远哲等还发现,交叉分子束装置不仅可以在单次碰撞条件下研究化学反应,而且还可以正确推断出基元化学反应的产物是什么。李远哲等应用交叉分子束技术,如此详细地研究化学反应过程,在认识化学反应的基本原理方面做出了重要突破,被称为分子反应动力学发展中的里程碑。

我国在二十世纪八十年代首次用自建的通用型交叉分子束实验装置研究了 $Cl+CH_2I_2 \longrightarrow ICl+CH_2I$ 反应,测定了产物 ICl 的空间角分布与速度分布,并利用超音速载气分子束技术探讨了反应物相对平动能对反应过程的影响,根据产物角分布的对称性,判明此反应过程经历的中间过渡态。

四、兹韦勒利用飞秒激光技术研究过渡态

由于过渡态的寿命极短,对过渡态进行观测实际是极其困难的,若要实时地了解过渡态的各种性质,至少必须有与其寿命相匹配的时间标度。飞秒、皮秒激光器的问世提供了这种可能性。

飞秒即 10^{-15} 秒(fs),要检测反应过程中某些寿命极短的中间体,特别是在电子转移或质子转移初期所形成的过渡态或中间体,并获得有关它们结构与能量状态方面的确切信息,就必须采用与其相对应的皮秒或飞秒时间分辨技术。兹韦勒(A. H. Zewail,1946—2016 年)从 20 世纪 70 年代后期就开始利用超快激光研究化学反应。在多年从事超短脉冲激光时间分辨光谱的研究工作中,做了一系列开创性的工作。1987 年兹韦勒首次利用飞秒激光泵浦探测技术,观测三原子分子 ICN 的光解离反应:ICN $\longrightarrow$ I+CN。ICN 分子首先被泵浦光激发到解离上,然后 I 和 CN 逐渐分开,直到形成产物 I 原子和 CN·自由基。兹韦勒测得这一过程历时为 205 ± 30 fs,这是人类第一次直接从实验上观测到化学反应过程。

在兹韦勒有关飞秒化学的诸多工作中,最有特色的是关于 H 原子和 CO_2 分子间的双分子反应。对于双分子反应而言,一般需经过一个分子逐渐接近并碰撞的过程,因此在实验过程中难以确定反应的起点。兹韦勒通过利用范德华分子 IH……OCO 作为研究体系,让泵浦光解离 HI 分子,形成的 H 原子再跟 CO_2 反应,这样,反应的起点便可确定。生成的 H 与 OCO 先形成过渡态 HOCO,最后得到产物 HO 和 CO,整个反应过程都可观测到。他所建立的这种方法,为解决超快反应过程(包括过渡态及中间体的生成和衰变过程)的计时问题提供了一种具有普遍意义的方法。

兹韦勒在对 NaI $\longrightarrow$ Na+I 的光解反应的研究中,采用改变控制光与泵浦光之间的延时来人为控制解离产率,实现了化学家长期以来梦寐以求的愿望:控制化学反应。

飞秒化学经过近 10 年的努力,其研究的深度与广度都有明显的变化,大大推进了人类对化学反应微观过程的认识和控制能力。目前,国际上已形成若干

研究中心，引导着飞秒化学这一学科向前发展。兹韦勒的研究兴趣，涉及从小分子到超分子，从基元反应到复杂反应等众多课题。美国加州大学圣地亚哥分校的 K. Wilson 教授致力于发展超快 X 光脉冲技术用来研究物质超快的时间演化过程。在飞秒化学的理论方面，也有人在激光控制化学反应理论、溶液理论等领域进行着意义深远的探索。

第七节　化学振荡和耗散结构理论

化学振荡是现代化学前沿课题之一。它是指在一个化学反应体系中，某几个组分或中间产物的浓度随时间、空间而发生周期性变化的现象。由于它广泛存在于化学工业、酿造工业、石油化学工业和生化反应体系中，这类反应在理论上就有重要意义。自二十世纪六十年代以来人们提出了自催化振荡、产物活化、环境温度起伏和反应序列存在反馈等理论模型试图解释，然而直到耗散结构理论的提出才全面而深入地揭示出自组织过程的本质。

一、洛特卡提出自催化振荡反应模型

化学均相体系振荡现象的描述可以追溯到二十世纪初。人们陆续发现亚磷酸酐蒸气的氧化过程和硫化磷的氧化过程以及在光作用下溴和四氯化碳作用都存在着振荡现象。也有人发现在硝酸存在下，甲酸和硫酸彼此作用会产生浓度振荡现象。1910年，洛特卡提出了有一步自催化反应的振荡反应：

$$(A) \longrightarrow A$$
$$A + X \longrightarrow 2X$$
$$X \longrightarrow P$$

此反应序列中：物质(A)以恒定速度进入反应体系而以 A 表示；A 以自催化反应的方式转变为 X；X 以一级反应的形式消失。1920年他又提出含有两步自催化反应的振荡反应序列：

$$A + X \xrightarrow{K_1} 2X$$
$$X + Y \xrightarrow{K_2} 2Y$$
$$Y + B \xrightarrow{K_3} E + B$$

此反应序列的形式说明：A 自催化地转化为 X；X 又自催化地转化为 Y，最后 Y 以一级反应的形式消失。

1921年，美国化学家布雷发表了碘催化双氧水分解的著名实验。当他观察双氧水、碘酸钾的稀溶液时，发现氧气产生的速度与 I_2 的浓度发生周期性的变化，即说明在均相体系中发生了浓度振荡。在二十世纪三十年代至五十年代间，人们在对烷烃气相氧化的研究中发现了大量的冷焰现象,其温度的起伏高达200℃。其中某些反应组分或中间产物的浓度发生周期性变化。人们认识到冷焰现象是振荡反应。随后,不少研究者发现烷烃或烷烃混合物的气相氧化有冷焰现象,并陆续发现了液相氧化中的振荡现象及乙醛在过氧化氢作用下的氧化也有振荡现象存在。

大量的实验探索,使人们逐步认识到,无论在气相还是在液相、均相还是多相体系都会存在振荡反应,后来,尽管在理论上也曾出现过其他不同的反应模型,但基本上是洛特卡的振荡反应模型的变形。洛特卡的自催化振荡反应理论统治着振荡反应理论领域近五十年。

二、伯诺索夫和扎波钦斯基的 B‑Z 反应

尽管二十世纪二十年代至六十年代初期,人们对均相反应体系的振荡反应进行了研究,但仍有人对均相体系是否有振荡反应存在持怀疑态度,他们认为均相体系有浓度振荡与热力学第二定律认为反应体系总是趋向平衡态相矛盾。

1959 年,苏联化学家伯诺索夫(B. P. Belousov)的振荡反应实验使人们的认识发生了根本性的转变。他在封闭体系中,用硫酸铈盐(Ce^{3+} 和 Ce^{4+})为催化剂,25℃时以溴酸钾氧化柠檬酸。当把反应物和生成物的浓度控制在远离平衡态时发现,溶液中四价铈离子的黄色时而出现,时而消失。振荡时间也极准确,周期为 30 s,呈现出有一定节奏的"化学钟"现象。如果能够不断加入反应物和排出生成物而保持体系远离平衡态,则"化学钟"可长期保持,否则只能维持 50 min,在达到平衡态后消失。

1964 年,苏联化学家扎波钦斯基(A. M. Zhabotinsky)在伯诺索夫的实验基础上进行了大量的开拓性工作。他用铁盐代替铈盐为催化剂,以丙二酸代替柠檬酸用溴酸钾氧化,则体系的颜色在红色和黄色间反复变化,振荡周期约为 1 min,振荡时间可达 1 h。特别是还发现了在容器中不同部位溶液浓度不均匀的空间有序结构,展现出同心圆形或旋转螺旋状的卷曲花波纹,且由里向外"喷涌",呈现出一幅幅彩色壮观的动力学画面。由于这个实验不必使用特殊仪器,只用肉眼就可以清楚地看见离子浓度周期性变化,使人们无可置疑地信服振荡反应确实存在,还使人们可以想象到这种振荡反应的各个反应步骤是高度有序的,就像钟表内的齿轮各按一定的秩序和速度运动一样。

伯诺索夫和扎波钦斯基发现的化学振荡反应被称为 B-Z 反应,此反应总的化学方程式为:$2H^+ + 2BrO_3^- + 3CH_2(COOH)_2 \xrightarrow{Ce^{3+}} 2BrCH(COOH)_2 + 3CO_2 + 4H_2O$。扎波钦斯基的改进实验证实了柠檬酸可以用如下结构的有机酸代替:

$$R-\underset{O}{\overset{O}{C}}-CH_2-\underset{}{\overset{O}{C}}-OH$$

Ce^{4+}/Ce^{3+} 可以用 Mn^{3+}/Mn^{2+} 和 $Fe(ph)_3^{3+}/Fe(ph)_3^{2+}$ 代替。

化学领域内的振荡反应不多,到现在发现的约有几十个。但在生物化学领域内,由于生命体是远离平衡态的开放体系,振荡现象更为常见。

B-Z 反应表明,不仅在非均相体系中而且在均相体系中都能产生化学振荡现象,即体系的某些组分或若干组分的浓度随时间、空间而发生周期性变化的现象。化学振荡反应所表现的宏观有序现象,实质上是微观分子运动有序本质的反应,是亿万分子从无序自发地"组织"起来协同一致动作的结果。

三、普利高津的耗散结构理论

化学振荡的发现为非平衡态热力学的建立提供了重要的实验基础,比利时布鲁塞尔学派领导人、物理化学家普利高津(P. I. Prigcogine,1917—2003 年)在此领域作出重大的贡献。

普利高津首先考察了不同系统在远离平衡态时的不可逆过程。例如:化学中的 B-Z 振荡反应、流体力学的贝纳德环流以及物理学中的激光,发现这些过程与平衡或近平衡过程具有十分不同的图象。在上述各过程中,整个体系中的所有分子都参加到有序的振荡过程,意味着它的各个部分、各个分子间都互通信息,好像亿万分子都得到了"指令"或"暗示"一般,进行着"信息交流",具有了统一的"时间感",从而能够"齐步运行",协同动作,使一些组分的浓度能够在特定时空领域内一致地增多或减少,形成宏观有序的结构,即"自组织性"。1968 年,他提出了三分子模型,通过这个模

普利高津

型来说明振荡反应理论并指出：体系必须是开放的、远离平衡和有反馈的。

1969年，普利高津在《结构、耗散和生命》一文中首次提出耗散结构理论。他指出：一个远离平衡态的开放系统，通过与外界交换物质、能量和信息，当控制参量超过某一阈值，系统可能失稳，通过涨落就可以使体系发生突变，从无序走向有序，产生化学振荡一类的自组织现象。普利高津把一切远离平衡条件下，因体系和环境间不断地进行物质和能量交换而形成和维持的有序结构称为耗散结构。

后来，由于众多科学家的努力，逐步明确了化学振荡反应产生有序结构应该具备的四个必要条件：

1. 开放体系：为了使体系获得持续的振荡，该化学反应体系必须是开放的，才可能同外界交换物质与能量形成有序结构。具体说来，这样才可能从外界向体系输入反应物等来使体系的自由能或有效能量不断增加，即有序度不断增加，同时也可能使体系向外界输出生成物等来使体系无效能不断减少，即无序度或熵量不断减少。前者是向体系输入负熵，后者是从体系输出正熵，从而使体系的总熵量增长为零或为负值，以形成或保持有序结构。输入负熵，是消耗外界有效物质与能量的过程；输出正熵，是发散体系无效物质与能量的过程。这一耗一散，也就成了产生自组织有序结构的必要条件，因此，自组织有序结构就称为"耗散结构"，显然，耗散结构在非开放体系中是不可能形成或保持的。因此，为了获得持续的恒定周期和振幅的振荡反应，环境必须以一定的速度向体系供应某些物质和能量。

2. 远离平衡态：非平衡是有序之源，振荡化学反应是一种时空有序的自组织现象，只有远离平衡态，才可能使体系具有足够的反应推动力，推进无序转化为有序。研究表明，在平衡态附近，发展过程主要表现为趋向平衡态或非平衡定态，并总是伴随着无序的增加和宏观结构的破坏。而只有在远离平衡区、非平衡定态才可能失稳，发展过程才可能产生突变并导致宏观结构的形成和宏观有序的增加。形象地看，这好比是往咖啡中加牛奶，达到平衡时的最后状态只能是一碗混沌无序的灰色混汤。但是在达到那个状态以前的非平衡态，则白牛奶在黑咖啡里排演了多少瞬息万变的旋涡花样和结构！可见，有序的生机是在远离平衡态时萌动的。

3. 非线性相互作用：所有的自组织都是由非线性导致的，远离平衡区实际上就是非平衡态的非线性区,在非线性相互作用下,各种作用关联起来,形成协同。系统才能产生整体行为,形成一种你中有我、我中有你的不可分割的关系,并使系统局部的小涨落得到放大,引起系统从稳定到不稳定再到新的稳定的跃迁或变化。这种非线性作用,在化学体系中体现了在反应链上存在着自催化或交叉催化的环节,其结果产生一种难以控制的聚变行为,即在技术控制论中所称的"正反馈"。正是由于有了正反馈,为了产生振荡反应,在整个反应序列中,至少有一步的产物对它本身或前面某些反应的生成速度产生加速或抑制的影响。因此,才能使亿万分子的微观行为像得到指令般地协同动作并在宏观上实现有序。

4. 涨落作用:在化学振荡反应中,涨落作用是指体系中温度、压力、浓度等某个变量或行为与其平均值发生偏差的作用。在非平衡过程中,体系发生涨落或起伏变化,可启动非线性的相互作用,使体系离开原来的状态,跃迁到一个新的稳定的有序态。通过涨落达到有序,这说明涨落在非平衡过程中起着积极的作用,是耗散结构产生的"助产士"。

耗散结构理论大大加深了人们对振荡反应的认识,被誉为二十世纪七十年代化学领域的一项辉煌成就,揭开了二十世纪下半叶"又一次科学革命"的帷幕,普利高津由此荣获1977年诺贝尔化学奖。现在耗散结构理论还被用来解释生命现象和社会现象。耗散结构论、协同论和突变论称为"新三论"。

第十二章　走向深化：传统学科新进展

第一节　无机化学

现代无机化学始于化学键理论的建立和新的物理方法的发现，它使无机化学的研究能够从物质的宏观性质和反应与微观结构相联系，而二茂铁的合成打破了传统无机物和有机物的界限，从而开始了无机化学的复兴。近几十年来，无机化学与有机化学、物理化学、电化学、催化化学、生物化学等学科相互渗透，大大开拓了研究领域，使它再次焕发青春，成为富有活力、令化学家感到兴奋的一个学科。上一章讲了无机化学理论的进展，本章主要介绍无机化学研究的对象。

一、元素无机化学

元素无机化学研究是无机化学最基础的工作。各个国家在元素无机化学方面的研究主要是根据本国的天然资源、经济实力、工农业生产的必需和尖端科技的要求等具体情况有所选择和侧重。

我国有资源丰富的钼、钨、硒、锌、铅、汞等元素，还有储量超过世界各国工业储量总和的稀土元素，是元素无机化学研究的重点领域，我国一代化学家为此做出了突出的贡献。

顾翼东是我国稀有元素化学的重要奠基人，在多酸化学及钨钼化学的研究领域中成绩尤为突出。二十世纪四十年代他发现我国钨矿中含有铌和钽，向政府提出在出口钨矿石时应该根据铌和钽的含量制定价格标准。他最早发表的两篇有关钨化学的论文《锰铁矿中铌、钽含量分析》与《黄钨酸——均相沉淀法》就是在这个时期内完成的。后来他的研究领域扩展到萃取化学和稀土化学。二十世纪五十年代他创造了络合均相沉淀法制备黄钨酸的方法，用他的方法生产的

第十二章 走向深化：传统学科新进展

黄钨酸，在产品性状方面与传统工业生产的有明显差别，从而开辟了制备黄钨酸的广阔道路。此后他继续深入研究钨化学的基础反应，得到了活性粉状白钨酸，这是国际上很久以来未能研制成功的化合物。他还发表了论文《金属离子的液相萃取分离法》，介绍了用于溶剂萃取的有机试剂，编写了《有机试剂在金属元素比色分析及沉淀分离中应用的发展》一书，使得溶剂萃取化学研究成果在萃取

顾翼东

化学上发挥了很大的推进作用。八十年代，顾翼东又创造性地以"倒滴加法"在常温及低酸度下制得活性粉状白钨酸；"内在还原法"生产蓝色氧化钨，得到均匀、单一、粒度可控的产品，可用作高质量硬质合金及超细钨丝的材料；湿法生产偏钨酸铵，从仲钨酸铵 APT 转为偏钨酸铵 AMT 的新工艺，所得产品质量优于世界同类产品。

徐光宪（右二）

徐光宪因在稀土分离理论及其应用、稀土理论和配位化学、核燃料化学等方面做出的重要贡献获 2008 年国家最高科学技术奖。稀土元素是包括原子序数从 57 到 71 的 15 个镧系元素，加上周期表中同属Ⅲ副族的钪和钇，共有 17 个元素，在很多功能材料中具有无可替代的增强作用。如大多数稀土元素呈现顺磁性。钆在 0℃ 时比铁具更强的铁磁性，铽、镝、钬、铒等在低温下也呈现铁磁性，镧、铈的低熔点和钐、铕、镱的高蒸气压表现出稀土金属的物理性质有极大差异。钐、铕、钇的热中子吸收截面比广泛用于核反应堆控制材料的镉、硼还大。稀土金属具有可塑性，以钐和镱为最好。除镱外，钇组稀土较铈组稀土具有更高的硬度。但由于稀土元素分布分散，决定它们的化学性质的外层电子结构又基本相同，要分离出纯的单一稀土化合物比较困难，又由于它们的化学性质活泼，不易还原为金属，所以比其他常

见元素发现得晚。从1794年芬兰化学家加多林(Gadolin)从硅铍钇矿中分离出"钇土"的混合稀土氧化物,到1947年美国科学家使用离子交换解决了纯的单一稀土的分离问题,才使稀土化学的研究工作真正开展起来。

中国稀土资源丰富,但在很长的一段时间里,生产工艺和技术都十分落后,世界上一些国家也把稀土生产技术作为高度机密对中国实行封锁。中国只能守着巨大的资源,向外国出口稀土矿然后再进口稀土制品。徐光宪从改进稀土萃取分离工艺入手,通过选择萃取剂和络合剂,配成季铵盐——DTPA推拉体系,使镨钕分离系数打破当时的世界纪录。以后他又分析了在串级萃取过程中络合平衡移动的情况,发现阿尔德斯串级萃取理论在稀土推拉体系串级萃取过程中是不成立的。于是,他重新设计了一套化学操作流程,并导出与此相应的一套串级萃取理论公式,并在此基础上设计出了一种新的回流串级萃取工艺,从而在国际上首次实现了用推拉体系高效率萃取分离稀土的工业生产。在这些工作的基础上,他陆续提出了可广泛应用于稀土串级萃取分离流程优化工艺的设计原则和方法、极值公式、分馏萃取三出口工艺的设计原则和方法,建立了串级萃取动态过程的数学模型与计算程序、回流启动模式等,并在上海跃龙化工厂实际生产中获得成功。

目前,稀土元素已广泛应用于电子、石油化工、冶金、机械、能源、轻工、环境保护、农业等领域。应用稀土可生产荧光材料、稀土金属氢化物电池材料、电光源材料、永磁材料、储氢材料、催化材料、精密陶瓷材料、激光材料、超导材料、磁致伸缩材料、磁致冷材料、磁光存储材料、光导纤维材料等。

二、生物无机化学

人们通常把国际期刊Journal of Inorganic Biochemistry的创立(1971年)作为生物无机化学开始的标志。这是一门在无机化学和生物学相互交叉、渗透中发展起来的边缘学科。生物必需的金属元素有十余种,在人体中虽为量甚微,但在生命过程中却起着核心的作用。生物无机化学的基本任务是从现象学上以及从分子、原子水平上研究金属与生物配体之间的相互作用,了解结构与功能的关系,进而进行人工合成,并加以应用。而这一切有赖于无机化学和生物学两门学科水平的高度发展。

血液中含有铁,在很多生理反应中涉及铜和锌,金属作为生命必要元素的发现被称为是生物无机化学的初期阶段。二十世纪五十年代末期到 60 年代早期，著名的化学家 Kendrew 和 Perutz 分别解答了肌红蛋白和血红蛋白的 X 射线结构的问题，并通过血红蛋白活性中心的模拟试验，解释了血红蛋白把氧从肺部运送到组织，再把二氧化碳从组织运送到肺部的机理，解决了一个在生物界争论 40 年的问题。

在二十世纪七十年代，很多无机化学家加入生物无机化学领域，大量的相关出版物发行。1970 年在美国举行国际生物无机化学学术讨论会，会议主要议题为"生物无机化学和模型研究方法"。这次会议的 19 篇报告由 R.F.Gould 汇编成《Bioinorganic Chemistry》，这是第一部系统介绍生物无机化学的论著。此后，生物无机化学稳步发展起来。在 1983 年召开了第一届国际生物无机化学会议，此后每隔两年举行一次。

生物无机化学的发展主要由以下 3 方面所推动：①蛋白质和其他生物分子高分辨结构的迅速测定。生物氧化还原反应过程一直是生物无机化学研究的主题中心，几乎过半数的论文都在各个层次上涉及生物的氧化还原反应，目前最引人注目的是广泛使用有效的方法检测蛋白质工程化合物的结构。②用于结构及动力学测定的高效光谱仪器的应用。人们不仅知道许多呼吸酶的结构，还知道很多关于它们的反应机理，这些都归功于研究反应动力学的方法的发展，包括光引发和检测技术都使我们能够直接观测到反应的最初阶段。③生物工程在创造新的生物相关结构中的广泛应用，如基因定点突变技术等。如今，很多的分子能够被随意地操作，其结果是特定的蛋白质和核酸已经变成说明生物功能的基本模型。

无机生物化学学科特有的研究方法可归纳为三个方面：①直接研究生物体物质；②通过模型体系来研究生物体物质。③人工合成生物分子。

直接研究生物体物质是生物化学的任务，同时也是无机生物化学的任务。但有意思的是对两个领域的工作者来说，着眼点是不同的。例如对金属酶的研究，生物化学通常着重研究蛋白质部分，因为从量上来看，与整个酶分子相比，金属离子的含量几近于可忽略的程度。但是微量的金属离子往往在酶的主要功能中起着重要的作用，无机生物化学家们则重视酶中以金属离子为中心的活性部位结构及其与功能关系的研究，并由此阐明金属离子的作用机制，同时他们以蛋白链为多齿配体位的金属配合物，巧妙地引用研究配合物的多种手段,例如紫外可见光谱、红外光谱、拉曼光谱,顺磁共振、核磁共振,圆二色等等,高效率地提供金属酶结构的信息,从而能更充分地阐明该金属酶结构与功能的关系。

模拟法是无机生物化学学科研究中特有的方法。首先是按照所设想的活性部位及其外围结构特点,设计并合成一系列具有特定性质的简单化合物,进而以此为模型体系研究结构与功能的关系。例如研究血红蛋白的结构与功能关系时,先推测它的载氧活性是与辅基血红素中的 Fe^{2+} 能与氧分子配位结合但又不被氧化有关。之所以只氧合而不氧化,一方面与血红素周围的球蛋白提供的疏水环境有关,另一方面是存在一种结构因素,阻碍两个血红素紧密靠近发生二聚化作用,从而避免了通过形成中间体 $Fe^{3+}—O—Fe^{3+}$ 而丧失可逆载氧能力。那这样的推测正确吗? J. H. Wang 于 1970 年合成的一个体系,把 Fe^{2+} 血红素分子嵌入含有 1-(2-苯乙基)咪唑的聚苯乙烯骨架内,在该体系中,1-(2-苯乙基)咪唑相当于血红蛋白中与血红素辅基连结的近侧组氨酸残基的功能,而聚苯乙烯骨架相当于创造疏水环境的球蛋白。该体系在室温下具有可逆载氧功能。这样的成果不仅有助于天然氧载体氧合作用机理的研究,也为人造血液的制造创造了条件。

维生素 B_{12} 的结构测定和人工合成在生物化学的发展史上具有重要意义。维生素 B_{12} 又称钴胺素,是一种水溶性维生素,作为一种结构独特的天然产物,对维持人体基本机能特别是对于脑、肾上腺和神经以及 DNA 的合成和造血功能发挥着重要的作用。植物和动物都不能自身合成维生素 B_{12},但是一些细菌和古细菌可以完成其生物合成。

维生素 B_{12} 的发现和研究经历是:十九世纪五十年代,英国医生描述了一种致死性恶性贫血,这种疾病与患者的胃黏膜受损以及胃酸过少或无胃酸有关。1926 年美国科学家发现恶性贫血病患者可通过食用肝脏来治愈的例子。但究竟是动物肝脏中的哪种物质发挥了治疗作用? 1929 年,美国科学家提出"内因子"和"外因子"理论解释恶性贫血的发病机制,推断在动物肝脏中含有能治疗恶性贫血的外因子,吸收肝脏活性成分时需要一种胃黏膜上的"内因子",而恶性贫血患者则缺乏这种内因子。研究证明恶性贫血症的"内因子"是胃壁细胞分泌的一种糖蛋白,是人体吸收利用维生素 B_{12} 的关键物质。不过人们到 1948 年才分离得到维生素 B_{12} 纯品。1956 年,英国著名结构化学家霍奇金(Hodgkin)在继完成青霉素的晶体结构测定后,利用 X 射线衍射法测定了 $5'$-脱氧腺苷钴胺素的晶体结构,即完成了维生素 B_{12} 晶体结构的确定,这为实现维生素 B_{12} 的人工合成奠定了基础。1959 年,瑞典 Eschenmoser 研究小组首先开始尝试维生素 B_{12} 的全合成。1960 年,德国科学家从钴啉胺酸合成了维生素 B_{12}。二十世纪六十年代中期,美国著名有机化学家伍德沃德组织全球 14 个国家的 110 多位化学家进行维生素 B_{12} 的化学全合成研究工作。由于这是个极其复杂的天然产物大分子,他们采用了会聚合成策略,即先合成维生素 B_{12} 分子的若干片段,然后再将这些片段"拼接"到一起,从而最终完成全合成。近 11 年的艰苦工作,他们分别完成了 1 100 余个独立的化学反应,1972 年,他们宣告完成核心结构咕啉核即钴啉胺酸的全合成。1976 年,宣布完成维生素 B_{12} 的人工全合成。除了成功完成维生素 B_{12} 全合成外,伍德沃德还与其学生霍夫曼发现在[4+2]环合反应中光或热条件下可以引发不同的立体化学反应、得到不同的立体构型产物,通过对这些反应规律的更深入研究和总结,最终诞生了有机化学理论中非常著名和重要的"轨道对称守恒定律"。

R = 5'-deoxyadenosyl, CH₃, OH, CN

图 12-1 维生素 B_{12}

维生素 B_{12} 的应用、结构鉴定、全合成以及因此建立的轨道对称守恒定律,无论在人类发展史上还是在科学研究史上,都是一笔无法抹去的辉煌记录。仅仅

与维生素 B_{12} 紧密相关的研究工作者就获得过 4 次诺贝尔奖,这很可能是与单个天然产物相关获奖次数最多的一个天然物质。

二、无机固体材料

无机固体材料是近年来发展起来的一个新兴前沿领域,有很大的应用背景与价值。

（一）富勒烯的发现和 C_{60} 的合成

1. 富勒烯的发现

人们熟知碳有两种同素异形体——石墨和金刚石。直到 20 世纪 80 年代中期,发现了富勒烯(Fullerene)碳原子簇,尤其是近年来,对富勒烯的结构、性质深入广泛地研究,确认碳元素还存在着第三种晶体形态。

碳原子簇的研究始于天体物理学家对宇宙尘埃形成的兴趣,为了模拟星际空间及恒星附近碳原子簇的形成过程,1984 年罗尔芬(Rohlfing)等用质谱仪研究在超声氦气流中以激光蒸发石墨所得产物时,发现碳可以形成 $n<200$ 的 C_n 原子簇。当 $n>40$ 时,簇中碳原子数仅为偶数,并且还发现 C_{60} 的质谱峰明显高于其他原子簇的峰,表明 C_{60} 具有更高的稳定性,但对 C_{60} 的结构未作说明。

1985 年英国化学家克罗托(Kroto)等用同样仪器,严格控制实验条件,从而获得以 C_{60} 为主的质谱图。由于受建筑学家富勒(Fuller)用五边形和六边形构成球形薄壳建筑结构的启发,克罗托等人提出 C_{60} 是由 60 个碳原子构成球形 32 面体,即由 12 个五边形和 20 个六边形组成,相当于截顶 20 面体。其中五边形彼此不相连接,只与六边形相邻。每个碳原子以 sp^2 杂化轨道和相邻三个碳原子相连,剩余的 p 轨道在 C_{60} 分子的外围和内腔形成 π 键。并预言此分子具有芳香性。由于 C_{60} 分子结构酷似足球,故又称为 Footballene,即足球烯。

除了 C_{60} 外,具有封闭笼状结构的还可能有:C_{28}、C_{32}、C_{50}、C_{76}、C_{84}、C_{90}、C_{94}……C_{240}、C_{540} 等等,它们形成封闭笼状结构系列,如图 12-2 所示,统称为 Fullerenes,中译名为富勒烯。

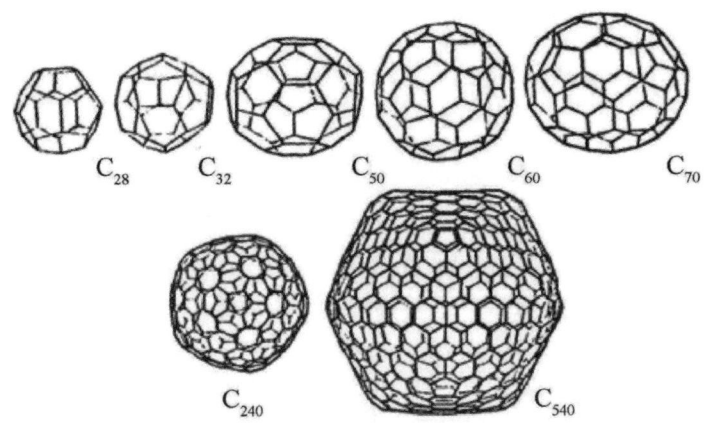

图 12 - 2　富勒烯的笼状结构系列

2. C_{60} 的合成

激光蒸发石墨的方法只能获得极微量的 C_{60}。1990 年科学家用电阻加热石墨棒或用电弧法使石墨蒸发,成功地合成了数量可观的 C_{60} 和 C_{70} 的混合物,为研究 C_{60} 分子结构和物理化学性质奠定了基础。

3. C_{60} 及其衍生物功能材料的性能

C_{60} 及其衍生物在催化、超导、磁性、发光等诸多方面表现出一些独特的性能和潜在的应用前景。目前合成出越来越多的 C_{60} 衍生物,为 C_{60} 功能材料研究提供了基础。

(1) 催化性能

除了 C_{60} 富勒烯本身由于电子亲和力较高,能够催化氧化硫化氢成单质硫外,许多富勒烯的金属衍生物也表现出独特的催化性能:科学家发现 $C_{60}Pd_n$、$C_{60}Pt_n$ 对烯烃和炔烃氢化的催化活性;奥斯巴迪斯顿(Osbaidiston)等合成的 $[Rh(PPh_2)_2(CO)(\eta^2-C_{60})H]$ 对乙烯、丙烯的羰基化具有很高催化活性;此外,$C_{60}Pt(PPh_2)_2$、$C_{60}Pd(PPh_2)_2$、C_{60} 的手性膦配合物、$Nd_nC_{60}Al_mCl_s$、$Ru_2-C_{60}-Cs^+/SiO_2$、$C_{60}M_6(M=Cs,K,Na)$ 等也具有独特的催化性能。催化性质研究已成为富勒烯科学发展的一个重要方向,具有潜在的工业应用前景。

(2) 超导性能

C_{60} 分子本身是不导电的绝缘体,但当 C_{60} 分子与碱金属键合或碱金属嵌入 C_{60} 分子之间的空隙后,由于碱金属与 C_{60} 的相互作用,会使碱金属的最外层电子形成一个导电带,从而使其具有导电性能。

碱金属的富勒烯盐的超导性能研究是早期富勒烯研究的热门方向之一,因其超导临界温度T_c在液氮温度下,离实际应用还有相当距离。

(3) 光学特性

由于C_{60}及其衍生物分子中存在三维的高度非定域π电子共轭结构,因而具有优良的光学及非线性光学性能,有望在光转换器、信号转换和数据存储等光电子领域获得应用。科学家已从四方面开展了研究:从反饱和吸收的角度,研究其光限幅性能;从三阶非线性系数角度,研究超快非线性光学特性;从稳态和瞬态角度,研究光电效应;制备LB膜(单层、多层),研究其光谱特性。

塔特(Tutt)等最早研究了C_{60}的光限幅性质,发现C_{60}在532nm波长处具有良好的光限幅性能,开展了实用光限幅器件的研究,如将C_{60}分散于有机高分子制成膜以及通过溶胶-凝胶(sol-gel)方法将C_{60}嵌埋于玻璃介质中等。科学家在合成的一系列C_{60}的Diels-Alder加成物中,发现其中的[60]富勒烯1,1'-联茚加合物在THF中溶解度较大、热稳定性好,其光限幅性能也稍优于C_{60}本身。可以认为,通过化学修饰,改善C_{60}的溶解性和提高它的光限幅性质是可行的。

(4) 功能高分子材料

C_{60}作为一种特殊的功能基团可以引入高分子的主链,侧链又可以与高分子材料共混。如多羟基C_{60}衍生物可作为具有三维空间伸长的聚合材料的中间体,把不同聚合物与C_{60}上的羟基相结合,可制成具有不同物理化学性质的叶脉状高分子材料。科学家们通过富勒醇与脲烷聚醚反应合成一种可溶性的棕红色胶状固体,经GPC表征,每个C_{60}分子上平均键合6条支链,多分散系数为1.45;将其进一步改性可得到高度交联的高分子衍生物,它的抗张强度、伸缩性、热稳定性及机械稳定性等都获得很大改进。巴伯(Barbour)等将C_{60}与p-碘化杯-4-芳苄基醚共结晶,得到一种C_{60}分子很好地有序排列的层状结构体。研究者曾将金属有机试剂与高分子材料作用,用高分子负碳离子与C_{60}反应合成了不同键型(链状、星状、枝状)的高分子材料。

(5) 生物活性

C_{60}及其衍生物的生物活性也是当前富勒烯研究的一个热点。Friedman等从理论上和实验事实都证明了某些水溶性C_{60}衍生物对人体免疫缺损病毒蛋白酶HIVP(Human immunodeficiency virus)有抑制作用。他们认为C_{60}分子本身先与HIVP的活性部分相结合,而C_{60}衍生物的亲水性基团则在表面与水形成溶剂层,从而阻断了 HIVP 的活性部位,抑制 HIVP 生长,这是因为 HIVP 的活性部分是一类似开放式圆柱体,其朝外部分几乎仅仅由疏水性氨基酸组成,而 C_{60} 分子直径与此圆柱体相近,C_{60} 分子基本上又是疏水性的,故 C_{60} 分子可与 HIVP 的活性部分相结合。他们也发现 C_{60} 对 2 个具有催化作用的丁氨二酸(ASP25,ASP125)有促进水分子切断肽链的作用。由于水溶性的 C_{60} 氨基酸具有生物活性,促进了这类衍生物的合成工作。1997 年《Science》报道了含 6 对水溶性羧酸的 C_{60} 衍生物具有活化饥饿细胞的作用,并可使患 Lou Gehig 疾病的老鼠寿命延长 10 天,比迄今为止的其他药物的效果都好,引起广大神经医学研究者的兴趣。Tokuyama 等发现某些水溶性 C_{60} 羧酸及其盐衍生物在光照下有抑制毒性细胞生长的作用,为 C_{60} 衍生物的光动力药物提供了重要信息。Chiang 等发现富勒醇的水溶液可降低血液中自由基浓度而抑制细胞畸变,还发现富勒醇能清除由黄嘌呤和黄质氧化酶产生的超氧阴离子自由基。DaRos 等发现所合成的 C_{60} 衍生物能杀死不同的真菌和细菌。

科学家还发现 C_{60} 化学修饰的水溶性高分子化合物(聚乙烯吡咯烷酮)对革兰氏阳性菌和革兰氏阴性菌有抑制作用;低浓度下对肝癌细胞生长有抑制作用,但在较高浓度下出现逆反效应。

(二) 固体导电材料

1. 半导体材料

以单质为代表的第一代半导体材料的发展起始于 20 世纪 50 年代,目前硅仍然是电子信息产业最主要的半导体器件材料。20 世纪 90 年代以来,随着移动无线通信的飞速发展和以光纤通信为基础的信息高速公路和互联网的兴起,出现了以砷化镓(GaAs)和磷化铟(InP)等以第Ⅲ主族-第Ⅴ主族化合物为代表的第二代半导体材料。GaAs 的电子迁移率是 Si 的 6 倍多,是目前最主要的高速和超高速半导体器件。InP 作为光纤通信的关键光电部件也经历了同 GaAs 类似的快速发展。第三代半导体材料的兴起,起源于 GaN 材料 p 型掺杂的突破,以高亮蓝光发光二极管(LED)和蓝光激光器的研制成功为标志。GaN 材料的研究与应用是目前全球半导体研究的前沿和热点,它具有更宽的禁带,以及在高频和高温条件下可以发射波长比红光更短的蓝光的独特性质。

2001 年,美国太平洋西北国家实验室研究出一种新型磁性半导体材料,具有优异的室温磁学性能,该材料的研究成功是量子计算技术领域的重大突破。2002年,帕克(Y.D.Park)等报道的磁性半导体,不仅可以运载电子信息,而且能负载磁性信息,还可以和第Ⅳ主族元素(如Si、Ge)材料相容,得到的掺杂后的锗铁磁半导体在较低的电压下能产生磁序,意味着它可能应用于低电压的电路中。同年,李(S.W.Lee)和同事们用遗传工程开发出了新型的病毒半导体,它与硫化锌量子点结合,形成高度有序的三维纳米结构。2003年,美国劳伦斯-伯克利国家实验室的科学家发现一种由Zn、Mn、Te三种元素构成的半导体合金材料。通过掺杂氧,导致此半导体材料具有三种带隙,能够同时吸收三种不同波长的太阳光线,有可能用作大幅度提高光伏电池效率的材料,这种新合金用于太阳能电池的理论效率将有可能达到56%。

2. 超导材料

1911年,荷兰科学家海克·卡默林·昂内斯用液氦冷却水银,当温度下降到-269℃时,发现水银的电阻完全消失,这种现象被称为超导现象。在"高温"超导材料发现以前,所研究的超导材料都是"低温"超导材料,主要是多种金属合金,如铌锆合金[Nb-Zr]、铌钛合金[Nb-Ti]、铌锡合金[Nb_3Sn]、钒镓合金[V_3Ga]、铌锗合金[Nb_3Ge]等。"低温"超导材料主要应用于强磁体,如核磁共振、磁悬浮列车等。

1986年,德国物理学家贝德诺尔兹(J.G.Bednorz)和瑞士物理学家穆勒(K.A.Muller)发现了一种氧化物$La_{(2-x)}Ba_xCuO_4$,具有35K的超导性,打破了"氧化物陶瓷是绝缘体"的传统观念,他们也因此获1987年诺贝尔物理学奖。1991年,美国贝尔实验室的科学家发现了混合了钾的富勒烯K_3C_{60}的超导特性。

超导材料基础研究在2001年又获得了若干里程碑式的重要成果。日本青山学院大学的科学家发现一种新的超导体二硼化镁,是当时发现的临界温度最高(39K)、性质稳定的一种金属化合物。日本住友电气工业公司开发出可通大电流的实用性较强的高温超导电线材料,在电阻为零的状态下,这种材料所能通过的电流密度为铜线的350倍。2002年,美国科学家第一次在基于钚的材料中发现了超导电性。2003年,日本物质结构研究所发现钴氧化物是一种新的超导材料,在5K时,在钴氧化物层间注入水分子,磁化率和电阻便会急剧下降,使之成为超导体。

中国在高温超导材料的研究和应用方面一直处于世界先进水平。2008年3

月,中国科学技术大学陈仙辉研究组和中国科学院物理所王楠林研究组同时在铁基中观测到了43K和41K的超导转变温度,突破了麦克米兰极限,证明了铁基超导体是高温超导体。紧接着,中国科学家团队不仅率先使转变温度突破了50K,并发现了一系列50K以上的超导体,也创造了55K的铁基超导体转变温度纪录,被国际物理学界公认为第二个高温超导家族。

(三) 无机光学材料

1. 无机发光材料

20世纪90年代,人们成功研制出了以稀土离子为激活剂、碱土铝酸盐为基质的高效长余辉稀土发光材料。铝酸盐发光材料在可见光区具有较高的量子效率,一些灯用发光材料的量子效率达到了90%以上。

无机荧光材料的代表为稀土离子发光及稀土荧光材料,其优点是吸收能力强,转换率高,稀土配合物中心离子的窄带发射有利于全色显示,且物理化学性质稳定。由于稀土离子具有丰富的能级和4f电子跃迁特性,使稀土元素成为发光材料宝库,为高科技领域特别是信息通信领域提供了性能优越的发光材料。至21世纪初,常见的无机荧光材料以碱土金属的硫化物(如 ZnS、CaS)、铝酸盐($SrAl_2O_4$、$CaAl_2O_4$、$BaAl_2O_4$)等作为发光基质,以稀土镧系元素[铕(Eu)、钐(Sm)、铒(Er)、钕(Nd)等]作为激活剂和助激活剂。

2. 无机非线性光学材料

常用的非线性光学晶体有偏硼酸钡、铌酸钡钠、碘酸锂、三硼酸锂等,有非线性光学系数大、激光损伤阈值高的突出优点,是优秀的激光频率转换材料。其中偏硼酸钡和三硼酸锂晶体是我国于20世纪80年代首先研制成功的。磷酸钛氧钾晶体可以把1.064 μm的红外激光转换成0.53 μm的绿色激光,由于绿光不仅能够用于医疗、激光测距,还能够进行水下摄影和水中通信等,因此磷酸钛氧钾晶体得到了广泛的应用。此外,尿素和磷酸二氢钾也是常用的非线性光学晶体材料。

(四) 光电功能配合物

配合物光化学主要研究内容包括电子激发态配合物的结构、活性、物理性质及其与功能间的关系。这方面的工作始于20世纪50年代后期,随着配体场理论和吸收光谱技术的发展,各种分析技术开始应用于配合物光化学的研究。20

世纪60年代中期,量子化学、分离技术及光源的巨大进步为光化学研究提供了坚实的理论基础和可靠的实验手段,从而奠定了配位光化学发展的基础。这期间研究最多的是过渡金属单核配合物的配体光取代反应、光氧化还原反应、光重排反应及其动力学等光化学过程。20世纪70年代初,激光闪光光解技术、瞬态光谱和时间分辨光谱得到普遍的应用和完善,使得测定快速反应速率常数和证实光致电子转移过程瞬间产物成为可能,光化学过程机制研究不断深入。在此期间,配合物光化学方面的大量研究集中于配合物冷光和激发态的双分子电子传递和能量传递过程的研究。电子转移理论和猝灭理论不断完善并被应用于太阳能的转换和贮存及配合物光敏分解水的反应。20世纪80年代,配合物光化学研究逐步从分子间和分子内光化学转移到多核配合物和超分子的光化学领域。具有控制电子转移和能量传递过程特性的配合物的光化学、光物理过程逐渐成为配位光化学研究的重点。近年来,随着分子器件概念在科学技术等各领域的频繁出现,围绕具有器件功能的多核配合物及超分子体系的研究已在很多实验室进行。

第二节 有机化学

有机化学是研究有机化合物的来源、制备、结构、性能、应用以及有关理论和方法学的科学。至 2015 年,美国化学文摘中收录的化合物超 1 亿种,其中绝大多数是有机化合物。有机化学的发展促进了石油化学、基本有机合成、塑料、纤维、橡胶、油漆、染料、医药、农药、化肥、合成洗涤剂和感光材料等工业的发展,同时也促进了生物学的发展。

现代有机化学不但在深度上得到了长足的发展——主要表现为有机理论更加精确和定量化,有机现象从本质上得到了解释,有机提纯、分离、分析和合成等实验技术有了重大进展,而且在广度上更加宽广和分化,各种新的领域被引入,新的分支学科也在不断地萌发,呈现出百花齐放、欣欣向荣的繁荣景象。

一、结构有机化学

1890 年,萨赫斯提出了无张力环概念,其实这就已包含了构象的思想。1918 年才由德国化学家莫尔(Ernst Mohr)重新提出了非平面的无张力环学说,并给出了清晰的图形表示。从此构象的思想开始在有机化学中扎根。根据构象思想,人们从实验中分离出了稳定的构象异构体,如 1925 年休克尔分离出了十氢化萘($C_{10}H_{18}$)的顺反两种构象异构体。但当时"构象"概念还未提出。直到 1936 年人们开始认识到即使在最简单的化合物如乙烷中,单键的旋转也不是完全自由的,才产生了"构象"概念。

1946 年,挪威化学家哈塞尔(Odd Hassel)用 X 射线衍射法研究了十氢化萘的两种构象异构体,从实验上证明了无张力环学说的正确性,并进一步提出了平伏键、直立键等概念,解释了构象异构体的稳定性,发展了构象理论,并因此获得 1969 年诺贝尔化学奖。

1950 年,英国化学家巴顿(D. R. Barton)提出了构象分析,即根据有机化合物的构象来分析它的物理性质和化学性质。构象分析在现代有机化学中占据着十分重要的位置。过去许多难以解释的现象,如化学反应取向和化学反应机理等,都可以从构象分析中找到答案。有了构象分析之后,具有复杂结构的手性有机分子的合成才成为可能,科学家在研究细胞的组成分子时发现,对自然界生命体有效的物质是对映体中的某一种,作为生命活动重要基础的生物大分子和许多作用于受体的活性物质均具有手性特征。巴顿也因此荣获 1969 年诺贝尔化学奖。

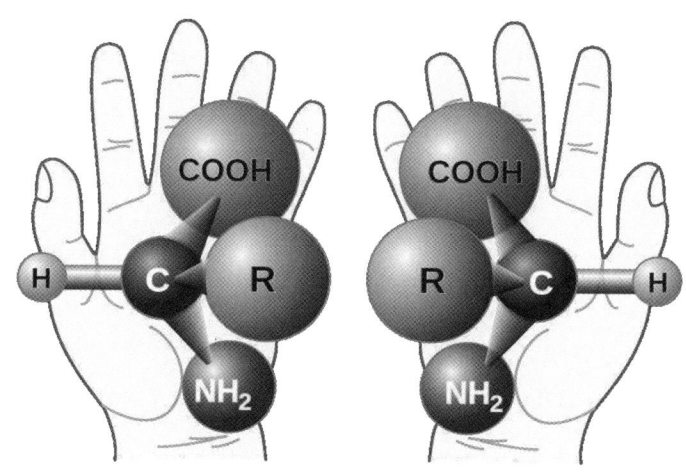

图 12-3　一对手性对映体

结构有机化学的一个重要方面是有机化合物的结构测定。得益于现代分析技术手段的进步,复杂有机化合物,包括蛋白质、维生素、DNA 的结构都可以通过测试确定。结构测定已成为现代有机化学中富有生命活力的一部分。统计表明,二十世纪共颁发了 91 次诺贝尔化学奖,其中 22 次与有机物结构测定有关。

二、物理有机化学

物理有机化学是用物理化学的方法研究有机化合物的结构和性质关系及有机化学反应原理的学科,是有机化学的理论基础,是有机化学新概念、新思想的重要源泉。它和有机合成化学一起构成有机化学的两大支柱。

物理有机化学的出现几乎与物理化学同步,物理化学的奠基人之一范霍夫同时也是著名的有机化学研究者。从二十世纪二十年代,物理有机化学的基本理论开始建立。1923 年路易斯提出了价键理论,二十年代中期劳莱(Lowry)、英格德(C. K. Ingold)和罗宾逊(Robinson)提出了取代反应的机理和电子理论,同时量子力学的发展也很快在有机化学中得到应用,休克尔提出了他的分子轨道理论。这些工作奠定了现代物理有机化学的基础。1940 年汉美特(L. P.

Hammett)的《物理有机化学》一书的出版标志着物理有机化学的成熟和作为一门分支学科的建立。

二十世纪四十年代至七十年代是物理有机化学发展的黄金时期,由于新的物理方法,如闪光光解、基体分离技术(matrix isolation)、ESR的建立及量子化学的发展,使对反应中间体和反应机理的研究更加深入。物理有机化学的研究涉及结构-活性定量关系、有机反应中间体、反应动力学、反应机理、理论有机化学、有机光化学、金属有机化学、生物化学等广泛的领域。

二十世纪八十年代以来,物理有机化学研究的对象从简单的有机分子和均相溶液中的有机化学反应扩展到包括分子聚集体、生物大分子、材料大分子的结构/性质研究及反应机理研究,扩展到分子间弱相互作用的研究。物理有机化学已经渗透到几乎所有与有机化学相关的领域。布莱斯洛(R. Breslow)曾说:"物理有机化学是化学中涉及最广的分支学科。它不仅有它自己的研究方法,也利用全部物理化学的研究方法来进行研究工作。它利用全部有机合成化学的方法设计和合成新的分子并研究其性质。它既考虑生物化学中的问题,也考虑与材料科学和电子学有关的固体的性质。它运用多种分析化学方法进行研究工作,也为分析化学设计新的方法和技术。它越来越多地利用计算机,采用量子化学和分子力学方法解释和预言实验结果。物理有机化学最主要的产品是理论、思想和对化学现象的阐明。这些理论和思想也可能导致新方法和实际应用,但新思想和新概念是其核心。"

当前物理有机化学发展的前沿领域有以下6个方面的问题。

① 生命过程中的化学问题。1990年在以色列召开的第10届IUPAC物理有机化学会议上,英国剑桥大学的Fersht教授在大会报告中就提出了"物理有机分子生物学(physical organic molecular biology)"的概念。Fersht将核磁共振和动力学方法用于蛋白质工程研究,确定了突变体蛋白酶折叠结构中的中间体,将折叠结构的改变与动力学参数的变化用类似于Bron stead方程的简单方程相关联。1999年诺贝尔化学奖获得者兹韦勒(Zewail)教授和美国西北大学的刘易斯(Lewis)教授等用飞秒级快速激光和人工合成DNA直接测定了电子在DNA中转移的速率及其与DNA结构的关系。这些都是应用物理有机化学的理论和方法研究生物大分子结构和性质的典型例子。

② 分子聚集体化学中的结构/活性关系和反应规律。可以说,物理有机化

学在二十世纪的发展已经基本解决了在溶液中有机化学反应的基本规律问题，但是分子聚集体中的反应规律还远远没有被认识清楚。例如，经过 Keith Ingold 等对自由基反应动力学的深入研究，已经可以相当精确地预言任何自由基-分子反应在任何均相溶液中的反应速率。但是即使对最简单的分子聚集体-胶束中的反应速率测定，不同实验室常常给出不同的结果，其反应规律还远远没有被认识清楚。要阐明在各种分子聚集体及超分子体系中的反应规律，还需要做大量的工作。

③ 新分子和新材料的分子设计、合成和构效关系。八硝基立方烷的成功合成是物理有机化学和有机合成化学相结合的范例。美国芝加哥大学 P. Eaton 教授与 Thomas W. Cole 在 1964 年合成出立方烷，经分子设计和理论计算预言八硝基立方烷应具有极大的张力、极高的密度和极强的爆炸力，但合成难度很大且很危险。但是 Eaton 等人不放弃，经过 36 年的不懈努力，终于合成了八硝基立方烷。

④ 计算化学和理论有机化学。随着计算机技术的飞速发展和新的计算方法（如密度泛涵）的产生，目前已经可以对相当复杂的生物分子进行量子化学从头计算及对纳米级的分子聚集体进行分子模拟。分子模拟已经在药物分子设计中发挥了重要的作用。量子化学、分子力学、Monte-Carlo 方法、结构/性质定量关系（QSPR）、结构/活性定量关系（QSAR）等方法在药物化学、化学生物学、分子聚集体化学、材料化学研究中都将得到更进一步的应用。

⑤ 自由基化学。有机自由基化学是有机化学中发展较晚，却不断闪现出耀眼光芒的研究领域，因此被称为有机化学中的"灰姑娘"。分子聚集体中的自由基反应、生物体系中的自由基反应、自由基反应在有机合成中的应用、电子转移反应和自由基离子的反应、光诱导电子转移等都是尚未被完全认识，因此有机会取得创新性研究成果的领域。

⑥ 有机光化学。有机光化学也是有机化学中发展很快的领域。超快速激光技术的发展为研究激发态分子的光物理和光化学过程提供了有力的工具。有机光电转换材料、光记录材料、非线性光学材料等高科技产品的市场需求是有机光化学快速发展的推动力。分子聚集体（胶束、囊泡、分子筛等）中的光化学反应比均相溶液中的反应有更高的效率和选择性，也是值得深入探索的领域。

三、有机合成化学

（一）现代有机合成发展

最早的有机合成可以追溯到1811年戴维用光气（$COCl_2$）和氨气合成尿素。醋酸的合成者柯尔柏曾预言："用最简单的物质和人工的方法可获取植物界的各个部分。"

现代有机合成发展的特点是：

原料来源多样化。乙炔化学继续得到发展，但有机合成原料主要来源从煤转移到了石油及天然气，石化产品成为有机合成的首要原料。

有机合成范围在不断扩大。不断合成出新的、更复杂的有机化合物。1907年，德国科学家费歇尔经过五年研究发现蛋白质由氨基酸组成，并首次制取了由18种氨基酸组成的多肽。1965年，中国科学家首次合成牛胰岛素。1989年HIV蛋白酶结构的发现，使得化学家成功地合成系列蛋白酶抑制剂，它作为治疗艾滋病的药物，可以阻断人体免疫功能缺陷病毒（HIV）的复制。

有机物合成的方法、途径和技术有了较大的发展，这也是最基本的一个方面。虽然一个合成工作是受多种因素控制的，不可能制定出一个公式化的途径，但人们却从千百次的经验中总结出许多方法和规则，反映了合成方法的技巧。到19世纪末，化学家们就已得到一些经典的合成方法，如武尔茨反应、康尼查罗反应、库切洛夫反应等。20世纪以来人们又总结出一些方法，如格林尼亚-扎伊采夫反应、普林斯反应、伍德沃德反应、调聚反应、威蒂格碳–碳键反应等。如今，化学家们已使用了数以千计的合成方法，有力地推动了有机化学的发展。

催化剂的广泛使用也是现代合成有机化学的一个特征。现代有机化学常见的催化剂类型包括有机小分子亲核催化剂、手性酮催化剂、烯胺催化剂、亚胺正离子催化、布朗斯特酸-路易斯碱双功能催化剂以及酶催化剂。

（二）有机合成未来发展的方向

有机合成新反应、新方法的研究一直是合成化学中最为活跃的研究领域，也是相关学科持续发展的基础。在二十一世纪，由于生命科学和材料科学迅速发展，以及人们对人类赖以生存的资源、环境、能源等可持续发展问题的日益关注，有机合成化学面临崭新的发展机遇。这种来自交叉学科和社会需求所形成的巨大推动力也是对有机合成提出的巨大挑战,要求有机合成能"多、快、好、省"地进行:"多"即多样性导向有机合成;"快"即要求有机合成高效快捷;"好"即合成过程和产品的环境友好和通过反应控制达到高选择性(特别是不对称合成);"省"即合成过程的材料(试剂、原子)资源、能源、时间、人力节省及废弃物的减少等可持续发展要求。因此,"多、快、好、省"四个字可大体概括近期有机合成的主要发展动向。

1. 多样性导向的有机合成

相对于基于逆合成分析的"目标导向合成"(TOS)、"多样性导向合成"(DOS)概念由哈佛大学 Schreiber 教授于 2000 年提出,它以一种"高通量"的方式产生"类天然产物"的化合物。从单一的起始原料出发,以简便易行的方法合成结构多样、构造复杂的化合物集合体,再对它们进行生物学筛选,是一种正向合成分析法。在合成过程中尽量引入多样化的官能团,构建不同的分子骨架,并希望最终建立的小分子化合物库涵盖尽可能多的化学多样性(包括密集的手性官能团、丰富的立体化学及多样性的化合物骨架)。

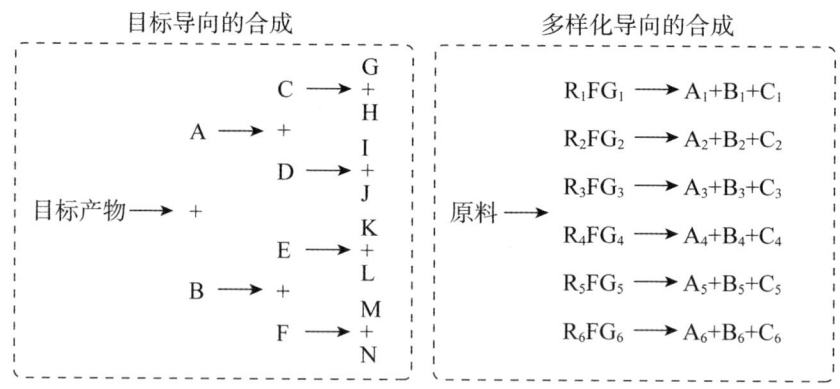

图 12-4　目标导向合成与多样化导向合成

2. 提高有机合成的化学效率

1983 年,美国斯坦福大学特罗斯特(Trost)教授以"选择性:合成效率的关键"为题,阐述了选择性合成在有机合成中的重要性。随后,他又于 1991 年提出有机反应的原子经济性概念。经过二十年多的努力,已发展了许多高选择性反应,包括立体选择性、化学选择性和区域选择性反应,许多催化反应的对映选择性已达到 99% 以上。1992 年荷兰有机化学家 Sheldon 提出用 E-因子来描述有机合成的环境、生态和经济因素。2003 年,德国化学家 Beller 提出了有机合成的化学效率概念,认为有机合成的效率应既包含选择性(包括化学选择性、区域选择性和立体选择性)和原子经济性(包括原子利用度、副产物)等化学反应的内在效率,还应考虑经济(包括劳力、时间、能源、设备等)和环境因素(包括废弃物、安全性、自然资源)等外在效率。

生理活性化合物、天然产物和药物分子通常结构比较复杂,复杂分子的合成需要多步骤反应与操作。在一瓶内完成原来需要分两步或多步进行的合成,即"一瓶反应"(one-pot reaction),可以减少后处理和分离、纯化步骤,是提高合成效率的一种有效途径。

3. 充分利用反应原料

资源问题是有机合成工作者必须关注的一个问题,自然界中稳定的碳(CO_2、CO)资源和氮资源(N_2)的利用很有意义。直接利用 CO_2、CO 和 N_2 于有机合成已有报道,相信在未来会成为一个研究热点。

在生命体系,形形色色复杂的生物大、小分子的合成实际上也是通过对少数分子砌块,如 20 种氨基酸、乙酸、单糖、碱基、磷酸等广义合成子的组装的高效率完成。而且无论从目标导向合成的角度或多样性导向合成的角度,合成砌块都是重要的原料。英国《自然》(Nature)杂志在 2000 年的一篇文章中以"化学中静悄悄的革命可激发公众和业界对化学的关注"为题着重介绍了美国麻省理工学院化学系主任李巴德(S. J. Lippard)对全美化学同行就未来化学可孕育新发现的领域进行民意测验的结果。李巴德根据收回的答卷归纳了一份基础化学 22 个新前沿的清单。在这 22 个基础化学新前沿中,"探索把丰产天然产物转化为化学上有用的小分子砌块的方法"、"创造无需使用危险物质和不产生危险物质,使用可再生资源产生的化学品及化学过程"以及"控制一个分子与另一个分子反应的方位"被列为三个基础化学新前沿。因此,发展新型多功能合成子(或分子构件),尤其是手性合成子,无疑是提高合成效率的一种途径,是有机合成方法学研究的一个重要方面。

二十一世纪,有机合成化学面临着新的机遇与挑战,生命科学、材料科学和环境科学的发展对有机合成化学家提出了新的、更高的要求,即发展"理想的"合成方法:强调实用、环境友好、资源可持续利用,能够从简单的原料出发,在温和条件下,经过简单的步骤,快速、高选择性地转化为目标分子。这就要求有机合成化学家适应新的要求,主动参与其他学科的研究,从而开辟合成化学的新天地。由于现行的有机合成方法极少能够达到"理想的"境地,要想达到这样的"绿色合成"的目标,化学家们需要从理念、原理、方法诸方面进行变革与创新。

四、天然有机化学

(一) 天然有机化学的研究现状

天然有机化合物伴随着人类的诞生和发展,其研究历史远早于科学意义上的化学研究。然而,人类对天然有机物的专门研究,却是近代才有的事情。19世纪下半叶,化学家开始对糖类进行系统的研究。二十世纪六十年代,才开始形成天然有机化学的学科。

在各个不同的时代,天然产物合成化学的使命和任务,以及科学家们对于热点问题的追寻都有丰富而实际的内容。二十世纪四十年代到六十年代,由于当时高分辨核磁共振和X射线晶体衍射分析还没有出现,因此天然产物合成的中心任务之一就是进行结构的确认,而且对于分子中存在的立体化学的精确性要求很低,通常以对平面结构的合成为主要目标;之后由于众多现代分析仪器的出现、普及和发展,合成的艺术性和效率、目标分子的重要性、立体控制效果等成为评价合成路线优劣的重要指标。二十世纪六十年代后期由科里(E. J. Corey)教授提出的逆向合成分析,引领了其后的天然产物合成界,成为推动本领域发展的最重要理论,并于 1990 年获诺贝尔化学奖。与此同时,化学家伍德沃德(Woodward)和哥伦比亚大学的化学家斯托克(Gilbert Stork)等对天然产物的立体控制合成问题的杰出贡献,在那个年代极大地推动了天然产物合成化学界对于精确合成的重新理解。

尽管不同的时代,天然产物合成化学有着不同的内容,但天然产物合成化学始终是整个有机化学各种科学发展的平台。根据统计数字表明,天然产物衍生和发展的药物在各种类型药物的来源中依旧处于最为主要和关键的地位。因此,天然产物合成化学在今后很长的时间里仍将保持发展和得到重视,并在有机化学中处于关键的地位。

(二) 选择天然有机化学的目标分子

研究目标的重要性和价值取向一直是天然产物合成化学中具体研究课

题必须考虑的一个重要指标。对于新奇、复杂结构或某些结构组成单元带来的合成挑战性是这一领域持续发展的动力,也是化学家本能的兴趣所在,由此产生的合成方法学的问题和合成策略问题直接影响整个合成计划的优劣。从某种意义上说,所有天然有机化合物研究工作在最初都是白纸一张,可以充分体现化学家的智慧和创造力。因此,很多工作在完成之后都产生了极大的影响,如哈佛大学 Kishi 教授领导的研究小组合成了海葵毒素,1994 年,美国的侯尔顿(Holton)和尼克劳(Nicolaou)两个小组分别独立完成了紫杉醇的全合成。

图 12 - 5　海葵毒素

此外,对于目标分子的功能追求在近年越来越强化,某些目标分子尽管并不一定具备非常复杂的结构,但是却有独特的生物学性质,也成为很多合成化学家竞相追逐的目标。一般来说,同时具备化学和生物性质的目标分子会更多地被合成工作者所青睐。前述分子中基本都是具备化学和生物学的双重特性的,如紫杉醇具有抗癌活性等。

近年来,在天然产物全合成领域还有一种趋势值得关注,那就是将多年前没有得到解决或解决得不是很好的合成目标进行再次合成。这些工作都采用了非常现代的立体控制(或对映选择性)合成新方法,或对于目标的合成分析有了崭新的认识。例如奎宁(Quinine)的合成,最早可以追溯到 1944 年伍德沃德(Woodward)的工作,而 2001 年美国哥伦比亚大学斯托克(Stork)教授的团队完成了奎宁的全新合成。

(三) 天然产物化学的发展趋势

1. 生物活性为导向的天然产物化学研究

从生物体中寻找具有药用价值的强活性天然产物一直是化学家感兴趣的领域。具有强生物活性天然产物的分离纯化、结构鉴定、结构修饰改造和构效关系研究等,促进了天然产物活性机理和分子生物学的研究;同时活性化合物作用机制的阐明为新型活性天然产物的研究起着导向作用。目前,以检测生物代谢产物对生物功能大分子、生物组织、细胞和微生物的作用为导向的天然产物化学研究,已成为从广泛的生物资源中寻找具有各种治疗作用和生物学意义的新型先导化合物的主要途径。如对传统用于毒蛇咬伤的植物中化学成分的研究,不但发现了许多结构不同的活性化合物,而且对尚未完全阐明的蛇毒分子机理研究有推动作用。

2. 天然产物的分离和结构测定

迄今为止,化学家已从生物资源中鉴定了约 15 万种化合物。但随着天然产物化学的发展,分离的重点已从新型化合物的发现转向具有生物活性的天然产物的分离。据不完全统计,在近年报道的新天然产物中 40% 左右的化合物伴随有生物活性测试结果。

天然产物的药用价值一直是天然产物分离和结构鉴定的主要动力。近年来,在活性化合物分离和结构鉴定的基础上,已有大量天然产物及其衍生物进入临床应用或研究阶段,已成为或有望成为治疗各种疑难疾病的有效药物,如:青蒿素及其衍生物蒿甲醚作为抗疟疾药物已用于临床,其中蒿甲醚被列为世界卫生组织的必需药品;紫杉醇及其衍生物、喜树碱衍生物、鬼臼毒素衍生物作为抗癌药物,目前有数十个天然产物及其衍生物作为抗癌药物进入不同期临床实验。还有麦角碱衍生物卡麦角林(Cabergoline)和特麦角脲(Terguride)作为治疗帕金森病和精神分裂症的药物,分别在一些欧美国家和日本进入临床。

3. 化学生态学

化学生态学是研究生物体中化学物质的学科,对生态平衡、农作物病虫害和人类疾病防治等具有重要意义。研究内容主要包括动物-动物、动物-植物、微生物-微生物、动物-微生物、植物-微生物等生物之间相互作用的化学物质基础、作用机理和规律。

在动物-动物相互作用的研究中,近年来主要集中在性信息素方面。从昆虫到大型动物,分泌物和排泄物中的挥发性化学物质被认为是动物之间进行信息交流的重要传递物质。在大量昆虫和其他生物中,发现了与性吸引相关的各种新结构化合物和已知结构化合物的性化学信号功能,如环氧不饱和脂肪烃、特殊脂肪酸酯、倍半萜、生物碱、氨基酸和神经酰胺等类化合物。同时,动物化学防御物质和具有警示、聚集等作用的化学信息物质研究也得到较快的发展。

植物-动物相互作用方面,植物的动物拒食现象得到普遍关注,从不同植物中得到对昆虫、家畜、鱼类等动物具有不同拒食活性的倍半萜类、二萜类、生物碱类、醌类、酚类和苷类等成分。并且发现大多数生物碱具有昆虫拒食活性,同时还发现生物碱类成分对植物的昆虫拒食保护作用受共存的鞣质类酚性成分的影响。植物中的甾体皂苷也具有拒食功能,有关昆虫侵食植物诱导植物化学防御体系的研究也引起了科学家的重视。

4. 生物合成与生物转化

生物合成是在天然产物化学研究的基础上发展起来的一门边缘学科,研究内容包含代谢产物前体、中间体和终产物在生物体中的形成过程、机制和规律以及与代谢产物生物合成相关的生物大分子(酶和基因等)的结构、功能和作用,并利用生物方法进行有机化合物合成和转化等。天然产物生物合成研究不但对从分子水平上认识生命过程中代谢产物的形成和作用具有重要意义,而且对天然产物的人工调控、定向合成、人类疾病和生物病虫害防治以及利用生物代谢合成机理进行有机化合物的仿生合成等方面具有重要的实际应用价值。

生物转化是利用生物体或生物组织培养体系完成常规化学方法难以实现的化学反应,进行有机化合物结构的衍生化合成的研究。在以往的研究中,生物体系的选择上,主要以微生物(消化道细菌和真菌)为主;底物研究方面,以甾体、萜类和其他天然产物为主,如紫杉醇的细菌和真菌转化。通过植物组织培养进行的天然产物生物转化研究也取得了一定进展,如烟草组织培养对蒂巴因的转化,毛花洋地黄组织培养对甲基洋地黄毒苷的转化等。

5. 天然产物全合成

天然产物全合成不但是天然有机化学的重要研究内容之一,而且是推动有机合成化学发展的主要动力,复杂天然产物的全合成在一定程度上代表着有机合成化学的发展水平。因此,天然产物全合成是天然产物化学与有机合成化学的交叉研究领域,对天然产物的结构确定和资源缺乏的活性天然产物的人工大量制造具有重要意义。天然产物化学研究源于对天然药物活性成分的认识,在早期,天然产物全合成的目的主要是为了结构确证,从分子水平上认识活性物质的本质。随着分离和结构鉴定技术的进步,强活性微量天然产物不断被发现,为了保护生物资源、保持生态平衡、解决具有潜在应用价值的活性天然产物的来源已成为其全合成研究的主要目的和动力。在该领域,美国化学家科里(E. J. Corey)和尼古劳(K. C. Nicolaou)小组的工作尤其突出,完成了许多复杂活性天然产物的立体选择性全合成,如喜树碱、肾上腺素、白三烯、红树海蛸素、saframycin A、eunice none A、紫杉醇、红潮毒素 B 等,并修正了许多物质结构。

五、金属有机化学

金属原子与碳原子直接相连成键而形成的有机化合物称为有机金属化合物。金属有机化学是从有机化学和配位化学发展起来的,目前已汇成一股洪流,成为近代有机化学前沿领域之一。1899 年,法国化学家格林纳(V. Grignard)在他的老师巴比尔(P. Barbier)的引导下,在前人研究的基础上发现了镁有机化合物 RMgX 并将它用于有机合成。这是本阶段金属有机化学发展的最重要的一项。他所发现的新试剂开创的新的有机合成方法如今仍被广泛应用。由于他的卓越贡献,1912 年他获得了诺贝尔化学奖,成为第一个获得诺贝尔奖的金属有机化学家。

1922 年美国的米基里(T. Midgley)发现了四乙基铅及其优良的汽油抗震性。1923 年四乙基铅便在工业上来做汽油抗震剂,这是第一个工业化生产的金属有机化合物。

1951 年金属有机出现了一个质的飞跃。一个偶然的机会,杜肯大学的泡森(P. L. Pauson)和基里(T. J. Kealy)发现了二茂铁。经过 Wilkinson、Woodward 以及 Fischer 等人的工作,二茂铁的结构被确认为三明治夹心结构。这个具有美妙而富有创意构型的分子不但推动了金属有机化学的发展,同时也给分子轨道理论的发言提供了平台。不仅如此,二茂铁还在催化剂、抗震剂、抗癌药物、碳纳米管制备等方面有着广泛的应用。

二茂铁的发现掀起了一股金属有机化合物的研究热潮。不久之后,在工业实验室开发了金属有机化合物的应用。例如甲基环戊二烯三羰基锰作为汽油的抗震剂,二茂铁作为燃速催化剂。

烯烃在水溶液中,在氯化铜及氯化钯的催化作用下,用空气(氧气)直接氧化,生成醛或酮的反应称为 Wacker 氧化反应。Wacker 流程的工业化代表了均相催化剂的发展。过去可溶性催化剂曾应用于乙炔和 HX 分子(X=Cl、CN 或 OH)的加成,以形成乙烯型单体或乙醛,这些产品

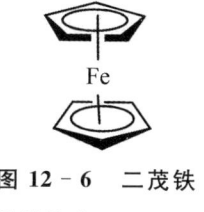

图 12-6 二茂铁的结构式

曾在 1922 年至 1955 年间化学工业中起过重要作用。Wacker 流程使价廉的乙烯得以取代价格昂贵的乙炔,并消除了汞催化剂的公害。Ziegler-Natta 催化剂由三乙基铝与四氯化钛组成,是一种优良的定向聚合催化剂,常用于使烯烃聚合,在插入烯烃反应中有重要应用。Ziegler-Natta 催化剂的发现,不仅为乙烯、丙烯和其他烯烃的聚合提供了新的流程,且提供了新的产品,如线型聚乙烯等。这些产品在美国 1980 年的产值达 87 亿美元。除了过渡金属以外,主族元素的金属有机化学也有重要的发展。最重要的莫过于 Brown 的硼氢化反应和 Wittig 的烯基化反应的发现。前者又引起其他金属氢化物对碳—碳双键和碳—氧双键的加成反应,后者虽不算是金属有机试剂,但它的发现开拓了其他金属有机化合物进行 Wittig 型反应的研究。

近年来,金属有机化合物在催化氧化、碳氢键的活化与官能化促进有机合成方面取得了长足的发展。特别是在稀土金属有机化学方面,发展速度更是日新月异。我国在这方面的研究很多处于国际领先水平。

第三节 分析化学

分析化学是人们获得物质组成和结构信息的科学。二十世纪以来,分析化学蓬勃发展,经历了三次巨大的变革。第一次在二十世纪初,物理化学的发展为分析方法提供了理论基础,使分析化学从一门技术变成一门科学。第二次在二次世界大战后,这时仪器分析方法大发展,物理学和电子学的发展促进了分析化学的发展。从二十世纪七十年代末到现在,分析化学处在第三次大发展时期,这一时期的特征是:随着纳米材料、膜材料、有机功能材料、离子液体,以及光电技术、计算机科学的发展,分析化学在色谱、质谱、光谱、电分析等各分支领域都取得了重要进展。而分析化学的发展也有力地推动了生命科学、材料科学、医学、生态与环境化学、矿产、食品安全等许多领域和学科的发展和进步。

一、光谱分析

光谱分析一直是分析化学中最富活力的领域。二十世纪六十年代,等离子体、傅里叶变换、激光技术的引入,出现了等离子体-原子发射光谱(ICP-AES)、傅里叶红外光谱(FT-IR)、激光光谱等一系列新方法。七十年代,检测单个原子的激光共振电离光谱的出现,使光谱分析的灵敏度达到了极限。八十年代,等离子体-质谱法(ICP-MS)成为更接近"理想的多元素分析方法",40多种元素检出限达到 $10\sim60$ pg/mL。X-射线荧光光谱有进一步的发展,二十世纪七八十年代应用全反射技术,检出灵敏度提高了约1 000倍,检出限达到 ppb(10^{-9})级。使用粒子(质子)加速器及同步加速器,粒子束可以聚焦在 $1\ \mu m$ 直径,可作 ppm(10^{-6})级多元素微区分布分析,如一根头发横截面上锌和硒的微区分布分析。

激光拉曼光谱与 FT-IR 相配合已成为分子结构研究的主要手段。利用表面增强拉曼效应使激光拉曼光谱的灵敏度提高 $10^5\sim10^7$ 倍。共振拉曼光谱灵敏度高,特别适用于微量生物大分子检测,可以直接获得人体体液的拉曼光谱图。激光诱导荧光光谱的灵敏度已达到单分子检测水平,在生物医学中已用于癌症的早期诊断,用作高效液相色谱检测器,检出限为 10^{-15} g。

光谱检测从传统的光电倍增管,过渡到光二极管阵列检测器,又迅速出现了新一代的电荷耦合阵列检测器(CCD)。CCD 具有量子效率高、暗电流小、噪声低、灵敏度高等优良性能,在高效液相色谱荧光法检测中,检出限达到 10^{-15} g,并可获得多个化合物的三维荧光光谱图。

激光在分析化学中的应用,已成为活跃的前沿领域。激光的高强度、单色性、定向性等优越性能,使痕量分析的灵敏度达到了极限值,实现了检测单个原子和单个分子的水平。

光导纤维化学传感器又称光极(optrode),由激光器、光导纤维、探头(含固定化试剂相)及半导体探测器组成。光导纤维化学传感器是分析化学在二十世纪八十年代中一项重大发展。目前已有80多种传感器探头设计用于临床分析、环境监测、生物分析及生命科学等领域。如 pH、CO_2、O_2、碱金属、非碱金属、代谢产物和酶、免疫等传感器。新的血气分析仪装配有 pH、CO_2 及 O_2 三个传感器,进行活体分析,已成功地用于心肺外科手术的临床连续监测。

二、电化学分析

电分析化学的历史悠久,作为一类分析方法在十八世纪即开始得到发展,其中电解法和库仑分析法最早被提出。在十九世纪,电导分析、电位分析、高频滴定等方法得到发展。1922 年极谱法的问世使电分析化学的发展进入一个崭新的阶段,其测定范围也由常量扩展到痕量。在随后的四十年中,各种电分析方法的提出使其测定灵敏度和准确度得到进一步的提高。出现于二十世纪六十年代的离子选择性电极、固定化酶电极和氧电极,七十年代至八十年代的电化学生物传感器、微伏安电极和化学修饰电极以及近十多年来的各种技术和新材料,特别是生命科学、信息科学与电化学方法的交叉与联用,大大扩展了电分析化学研究的测试范围,使电分析化学迅速发展成为一类快速、灵敏、简便的分析方法。电分析化学具有测量精度高、自动化程度好、应用范围广的特点,可在分子和原子水平探讨电化学界面的组成和结构,实现实时、现场、活体甚至单分子监测。

电化学传感器　二十世纪六七十年代发展起来的离子选择性电极已进入稳定发展时期,在环境、医药、在线分析等方面获得广泛应用。二十世纪八十年代由于生物分析及生命科学的发展,生物传感器应运而生。近几年,生物传感器发展成为电分析化学中活跃的研究领域,仿生生物传感器和化学修饰微电极制作生物传感器已经成为热门课题。

化学修饰电极　化学修饰电极是通过物理或化学方法,在电极表面接上一层化学基团形成某种微结构,得到人们预定的新功能电极。化学修饰电极能有选择地进行人们所期望的反应,在分子水平上实现了电极新功能体系的设计,步入人们向往已久的分子设计及分子工程学研究阶段,成为电化学及电分析化学中最活跃的前沿领域之一。金属卟啉类、酞菁类、聚合物、主-客体络合物、无机物化学修饰电极在电催化、光电催化、电化学传感器、选择性富集分离等方面的广阔应用,显示了它在当代前沿领域研究及应用中光辉的前景。

  光谱电化学 光谱电化学是电化学及电分析化学研究中一项新的突破。将光谱(包括波谱)和电化学研究方法相结合,同时测试电化学反应过程的变化,形成了现场光谱电化学(in situ pectro electrochemistry)。这项研究已发展到利用现场紫外、可见和红外光谱;拉曼光谱和表面增强拉曼光谱;电子自旋共振波谱;电子能谱等光谱及波谱技术,研究电极过程动力学、电极表面、界面(液—固、液—液)电化学。光谱电化学将电化学及电分析化学的研究从宏观深入到微观,进入分子水平的新时代。

  微电极伏安技术(简称微电极技术) 微电极伏安技术是二十世纪八十年代发展起来的一种新的电化学测试技术。微电极直径一般为几微米,最小达 $0.3\,\mu m$,随着电极的缩小,物质在电极表面的扩散由于边缘效应而成球形,使传质过程极大地增加。微电极的优异性能表现在电极响应速度快、扫描速度高、极化电流小,已应用于生物分析及生命科学。如在活体分析中,微电极用作电化学微探针能用于检测动物脑神经传递物质的扩散过程。在电化学免疫分析中,取 10^{-9} L(纳升)量的样品,可以测定 $10^{-19} \sim 10^{-20}$ mol/L 免疫球蛋白 G。在流动注射和高效液相色谱流动体系,以及低极性、高阻抗的有机溶剂中,微电极可以构成性能优良的电化学检测器。微电极响应速度快的独特性能在光谱电化学的测量上已经显示出光辉的应用前景。

三、色谱分析

  色谱分析是分析化学中发展最快、应用最广的领域之一。现代色谱分析将分离和连续测定结合,也可以浓缩、分离、测定联用。对复杂体系中组分、价态、状态、化学性质相近的元素或化合物的分析,色谱是一种重要的分析技术。色谱在制备分离及提纯方面也是一种有力的手段。二十世纪五十年代兴起的气相色谱,六十年代发展的色质(GC-MS)联用技术,七十年代崛起的高效液相色谱,八十年代初出现的超临界流体色谱,八十年代末迅速发展的毛细管区带电泳,使色谱分析一直充满活力,迅速发展。

色谱分析的研究及应用十分活跃,色谱论文量在世界知名的美国杂志《分析化学》中,从二十世纪六十年代到现在保持论文比例在24~30%。

高效液相色谱　高效液相色谱是二十世纪七十年代发展起来的色谱技术。在已知化合物中70%以上为不挥发性化合物,可以采用液相色谱分离。在生命科学中多肽、蛋白质及核酸等生物大分子的分离分析以及制备提纯方面,高效液相色谱已成为最活跃的研究领域。在色谱柱及固定相研究方面,高效微型柱、毛细管柱、各种手性固定相、分离蛋白质专用柱相继出现。科学家和工程师们一直在研究各类检测器:光学多道图像检测器将会得到更多的研究及应用;光二极管阵列检测器已经装配到商品仪器;电荷耦合阵列检测器(CCD),由于其优异性能即将装配到商品仪器上,应用激光技术的光谱检测器正在研究发展中。

金属配合物高效液相色谱及离子色谱用于痕量分析是近年来相当活跃的研究领域。柱前及柱后衍生技术、高灵敏度衍生试剂、联用技术大大提高了分析灵敏度及适用性,如最近出现的 IC-ICP/AES 联用商品仪器,用于海水分析,1 min 内可测定 61 种元素,检出限为 1~100 ng/mL。

超临界流体色谱　超临界流体色谱是二十世纪八十年代出现的技术。它能在较低温度下分离热稳定性差、挥发性差的大分子,柱效比高效液相色谱高几倍,并可采用灵敏的离子化检测器,弥补了气相色谱和高效液相色谱某些不足之处,多用于生物医学及高分子化合物。近几年出现超临界流体萃取,统称为超临界流体分离。

气相色谱　气相色谱在二十世纪八十年代已进入成熟期,填充柱已被柱效更高的毛细管柱所取代。气相色谱与其他仪器联用(如 GC-SM 及 GC-NMR 等)已成为分离、鉴定、剖析复杂挥发性有机物最有效的手段之一。

毛细管区带电泳　毛细管区带电泳(简称毛细管电泳)是近几年迅猛发展起来的一种新的分离技术。它兼有高压电泳的高速、高分辨率及高效液相色谱的高效率优点。采用毛细管柱(直径 25~50 μm),内充流动电解质溶液,两端加高压[$(2\sim3)\times10^4$ V],试样从柱的一端引入,利用压力梯度及分子迁移力的差别,各组分在管内流体中电泳分离,已分离组分在毛细管的另一端检测。毛细管电泳具有试样体积小(1~10 nL),分离效率高(柱效达 100 万理论塔板数,比高效液相色谱约高一个数量级)、分离速度快(10～20 min)、灵敏度高(检出限 10^{-15}～10^{-20} mol/L)的特点。适用于离子型生物大分子如氨基酸、肽、蛋白质及核酸等快速分析。

四、质谱及核磁共振

二十世纪七十年代末到八十年代初发展起来的串联质谱(MS/MS、LC/MS)及软电离技术,使质谱应用扩大到生物大分子,成为这方面研究的前沿。LC/MS/MS 串联质谱采用大气压电离源,质量范围扩大到分子量为 10 万的生物大分子,灵敏度达到 10^{-12}～10^{-15} mol/L,应用于生物医学、药物、生物工程领域。

核磁共振(nuclear magnetic resonance,NMR)是电磁波(无线电波)与原子核自旋相互作用的一种基本物理现象。在所有的已发现的共振现象中,NMR 波谱学具有最高的频率分辨率。NMR 波谱学研究的对象是原子核自旋,核自旋系统可以用射频场进行随心所欲的操纵。核自旋实际上已成为科学家探讨物质世界的"探针",这些"探针"探测极端定域,能够详尽地显示它们自己以及近邻核的状态变化。核自旋的共振频率、弛豫速度、偶极-偶极和标量耦合相互作用能够分别提供与分子中原子核所处位置的化学环境、运动状态和分子间的相互作用等密切相关的结构和动力学信息。NMR 已经发展成为研究液态分子的极为重要的手段,如,它是目前研究溶液中蛋白质和 DNA 构象的唯一方法。自 NMR 现象发现六十多年来,已经有五次诺贝尔奖授予 NMR 领域的重要贡献者:1944 年诺贝尔物理学奖授予发展了斯特恩的分子束方法,并用之于磁共振的美国科学家拉比(Rabi);1952 年诺贝尔物理学奖授予发现宏观物质 NMR 现象的两位美国科学家珀塞尔(Purcell)和布洛赫(Bloch);1991 年诺贝尔化学奖单独授予瑞士科学家恩斯特(Ernst),表彰他对 NMR 波谱学实现和发展傅里叶变换、多维技术的贡献;2002 年诺贝尔化学奖的一半授予瑞士科学家维特里希,表彰他用多维 NMR 波谱学在测定溶液中蛋白质结构的三维构象方面的开创性贡献;2003 年诺贝尔生理学或医学奖授予美国科学家保罗·劳特伯(Paul C. Lauterbur)和英国科学家彼得·曼斯菲尔德(Peter Mansfield),表彰他们在磁共振成像(magnetic resonance imaging,MRI)技术领域的突破性成就。后三次诺贝尔奖标志着 NMR 的研究领域已从早期的物理学进入到化学和生命科学的广阔天地。

五、生命分析化学

近年来，随着纳米科技的迅速发展，功能纳米材料作为分子识别元件，因其优异的物理、化学和电催化等性能，为灵敏生物传感器的发展带来了勃勃生机，使传感器的性能提高到一个新的水平。与传统的生物传感器相比，基于功能纳米材料的生物传感器呈现出体积更小、检测速度更快、灵敏度更高和可靠性更好等优异性能。在临床诊断、食品和药物分析、环境监测以及生物技术、生物芯片等诸多领域有着广阔的应用前景，成为当今分析化学学科最为活跃的前沿领域。例如，以多壁碳纳米管（MWNT）和石墨烯为典型的碳纳米材料，通过多种方法修饰在电极表面，制备出形式多样的高灵敏、稳定的新型生物传感器。

蛋白质组学是研究有机体蛋白质组成及其变化规律的科学。人类蛋白质组计划的实施是生命科学进入后基因组时代的一个重要的里程碑。科学家可以通过对生物体的组织、细胞或体液中成千上万种蛋白质/多肽的色谱预分离，降低样本的复杂性，富集目标蛋白质/多肽，提高蛋白质的鉴定率，还可以通过亲和色谱对翻译后修饰的蛋白质/多肽进行特异性分离，去除非修饰的蛋白质/多肽，实现修饰蛋白的成功鉴定，可以通过色谱-质谱联用技术，获取蛋白质/多肽的相关信息，实现蛋白质的规模化鉴定和定量分析。"人类肝脏蛋白质组计划"是中国科学家首次领导执行的重大国际科技协作计划。我国数十个科研单位的分析化学家经过多年努力，建立了规范化的中国人肝脏组织标本库和国际第一个系统化人类健康肝脏蛋白质组数据库，并进行了系统而深入的生物学分析，获得了大量具有重要生理和病理意义的功能蛋白质，开发和改进了一系列蛋白质组学的新技术、新方法。

荧光蛋白在某种定义下可以说是革新了生物学研究——运用荧光蛋白可以观测到细胞的活动，可以标记表达蛋白，进行深入的蛋白质组学实验等。特别是在癌症研究的过程中，由于荧光蛋白的出现使得科学家们能够观测到肿瘤细胞的具体活动，比如肿瘤细胞的成长、入侵、转移和新生。最早出现的绿色荧光蛋白是由日本化学家、海洋生物学家下村修等人在1962年在一种学名为维多利亚多管水母（Aequorea victoria）的水母中发现，之后又在海洋珊瑚虫中分离得到了第二种荧光蛋白。从那时开始,荧光蛋白就成为当代生物科学最重要的工具之一。马丁·查尔菲(Martin Chalfie)证明了荧光蛋白作为多种生物学现象的发光遗传标记的价值。在最初的一项实验中,他用荧光蛋白使秀丽隐杆线虫的6个单独细胞有了颜色。华裔化学家钱永健让人们理解了荧光蛋白发出荧光的机制。同时,他拓展出绿色之外的可用于标记的其他颜色,从而使科学家能够对各种蛋白和细胞施以不同的色彩。这一切,令在同一时间跟踪多个不同的生物学过程成为现实。他们三个人共同获得了2008年诺贝尔化学奖。如今,在荧光蛋白的帮助下,研究人员已经发展出多种方法来观察先前不可见的过程,比如大脑神经细胞的发育和癌细胞如何进行扩散。跟踪研究多种不同细胞的命运,比如阿尔茨海默病中神经细胞的损伤,或者一个正在发育的胚胎的胰腺,如何创造出产胰岛素的β细胞。

六、化学计量学

以计算机应用为主要标志的信息时代的来临,给科学技术的发展带来巨大的冲击,分析化学也不例外。各种现代分析仪器技术的发展,改变了分析化学的面貌,过去获取精确的原始分析数据是分析工作中最困难的一步,现代分析仪器具有在相对短的时间内提供大量原始分析数据的能力,甚至连续提供具有很高的时间、空间分辨率的多维分析数据。如何以最优方式从中提取解决实际生产科研课题所需要的有用信息,就成为矛盾的主要方面。化学计量学就是在这一背景下诞生与发展的。分析工作中传统的实际设计、采样、校正等方法,已不能适应新形势下的要求。化学计量学应用统计学、数学与计算机科学为工具,发展了新的分析采样理论、校正理论及其他各种理论与方法。化学模式识别与专家系统能协助分析工作者将原始分析数据转化为有用的信息与知识,为进行判别、决策及解决实际生产科研课题提供依据。

分析化学的作用由单纯提供原始数据上升到直接参与实际问题的解决,分析化学已发展成为名副其实的信息科学。

分析仪器的发展也跨上了计算机化这一新的台阶,极大提高了分析仪器提供信息的功能,使分析仪器进入过去传统分析技术无法涉足的许多领域。例如用航天器运载分析仪器探测火星上有无标志生命的化学物质存在,不需运送分析试样,而是直接将分析信息送回地球等。

七、分析化学的未来

分析化学的飞跃发展,使分析化学经典的定义、基础、原理、方法、技术及仪器等方面都发生了根本的变化。经典分析化学与之密切相关的是定性分析系统、重量法、容量法、溶液反应、四大平衡等;基本原理主要是化学热力学及少量化学动力学。而现代分析化学与之密切相关的是化学计量学、过程控制、传感器、自动化分析、机器人、专家系统、界面、固定化、胶束介质、生物技术及生物过程,以及分析化学微型化带来的微电子学、集微光学和微工程学等等。现代分析化学已经远远超出化学的概念,突破了纯化学的领域。它将把化学与数学、物理学、计算机科学、生物学紧密地结合起来,发展成为一门多学科性的综合性科学。

正如化学计量学的先驱、美国著名分析化学家 B. R. Kowalski 所说:"分析化学已由单纯的提供数据,上升到从分析数据中获取有用的信息和知识,成为生产和科研中实际问题的解决者",他认为"化学计量学将使分析化学从实验室发展成为一个科学领域"。

1980 年 9 月英国曼彻斯特大学理工学院(UMIST)新建立了一个引人注目的系——仪器装置与分析科学系,教学内容涉及仪器装置、生物工程、控制工程等领域。这标志着分析化学已进入了一个新的时代——分析科学的时代。

第四节　物理化学

如果说十九世纪是物理化学的初创时期,那么二十世纪就是物理化学的发展时期,这个时期物理现象和化学现象之间有了更具体、更广泛、更深入的联系。二十世纪初叶,化学热力学的理论基础已经奠定。热力学第一定律和热力学第二定律被广泛应用于各种化学体系,热力学第三定律也已经提出,后续的发展主要是普利高津耗散结构理论的完善。化学动力学、电化学等物理化学传统分支继续发展,还形成了许多新的交叉学科,如光化学、胶体与界面化学、理论与计算化学、生物物理化学。本节主要介绍现代化学动力学和电化学方面的进展。

一、化学动力学的发展

化学动力学是物理化学发展的四大支柱之一。百余年来化学动力学历经了三大发展阶段:宏观反应动力学阶段、元反应动力学阶段和微观反应动力学阶段。这三大阶段也体现了化学动力学研究领域和研究方法及技术手段的变化发展历程。

（一）宏观反应动力学阶段

宏观反应动力学阶段是研究发展的初始阶段,大体上是从十九世纪后半叶到二十世纪初,主要特点是改变宏观条件,如温度、压力、浓度等来研究宏观条件对总反应速率的影响。这一阶段的主要标志是范霍夫的《化学反应动力学研究》出版和阿伦尼乌斯公式的提出。

十九世纪八十年代,范霍夫和阿伦尼乌斯在对质量作用定律的研究中,进一步提出了有效碰撞、活化分子及活化能的概念。1884年,范霍夫将他在化学反应速率上的研究整理成《化学反应动力学研究》出版。该书的基本内容有四个方面,一是提出反应速率和化学平衡的适用原理;二是改变以往的化学反应分类法,提出了单分子反应、双分子反应等概念;三是提出了活化能的概念;四是总结了温度对化学平衡的影响。

1889年,阿伦尼乌斯提出化学反应速率的 Arrhenius 公式,即著名的化学反应速率指数定律: $k = Ae^{-E_a/RT}$。这个公式所揭示的物理意义使化学动力学理论迈过了一道具有决定意义的门槛。

（二）元反应动力学阶段

元反应动力学阶段始于20世纪初至20世纪50年代前后，这是宏观反应动力学向微观反应动力学过渡的重要阶段。其主要贡献是反应速率理论的提出、链反应的发现、快速化学反应的研究、同位素示踪法在化学动力学研究上的广泛应用以及新研究方法和新实验技术的形成，由此促使化学动力学的发展趋于成熟。

1. 双分子反应速率理论的探讨

质量作用定律的建立和化学反应速率指数定律的提出以及大量化学反应速率测定数据的积累，为人们从理论上阐明化学反应动力学规律和预示化学反应速率奠定了重要的基础。元反应速率的理论主要有碰撞理论与过渡态理论，这两类反应速率理论是相辅相成、交错发展的。

最早的元反应速率理论是二十世纪初以气体分子运动论为基础的双分子反应碰撞理论。十九世纪末，戈德斯密首先用气体分子运动论对阿伦尼乌斯提出的活化分子概念进行了探讨。1909年，特劳茨提出了活化分子百分数 $a = e^{-q/RT}$ 公式，从而使活化分子有了明确的定义。1918年，路易斯提出了双分子反应碰撞理论，对Arrheniu公式中指前因子的本质作了更深入的探讨。上述化学家的重要贡献是把化学反应动力学理论从十九世纪的宏观研究深入到元反应层次，这为二十世纪三十年代化学反应的过渡态理论和此后化学反应动态学的提出提供了理论基础。

二十世纪三十年代，艾林（Eyring）和波兰尼（Polany）在简单碰撞理论的基础上，借助量子力学方法提出了过渡态理论，为元反应机理的微观描述奠定了基础，推动了化学反应过程瞬态物种的物理化学研究，也为现代化学动力学的发展提供重要的思想观念和理论方法。时至今日，过渡态理论仍是化学动力学研究的重要理论之一，并随着统计力学和量子力学的发展而日臻完善。

2. 链式反应的研究

链式反应的发现是化学动力学发展的又一里程碑。自由基链式反应理论标志着化学动力学研究进入一个新的发展阶段，即由对化学反应的总反应动力学的研究深入到构成总反应的基元反应的动力学研究。有关链式反应的研究不仅成为当时化学动力学研究中最为活跃的领域,也使链式反应成为化学动力学的中心内容之一。

虽然对链式反应的认识是由自由基化学反应的研究开始的,但目前的发展已超出了原有的范围,伸展到核反应与生物化学等领域中去,而且链载体也不一定是自由基。正是由于自由基的发现和链式反应理论的逐步成熟,高分子科学从二十世纪四十年代下半期开始才得以蓬勃地发展起来。

有关链式反应动力学研究的普遍开展,给化学动力学带来两个重要的发展趋向:对元反应动力学的广泛研究以及建立检测活性中间体的实验研究新方法。此后,电子学、激光技术、现代真空技术、低温技术以及光电子检测和控制技术的发展更促进了快速反应动力学的发展。

3. 快速化学反应动力学

快速化学反应研究的关键在于检测手段的先进性。二十世纪五十年代初,德国化学家艾根(Eigen)创建了化学弛豫方法,该方法极大地提高了测量化学反应时间的分辨率,可以对反应时间仅为 10^{-8} s 的快速反应进行研究,成为液相快速反应动力学研究的有效方法。英国化学家诺里什(Norrish)和波特(Porter)则发展了闪光光解法,使寿命短至 μs 量级的激发态中间产物也能被发现。二十世纪六十年代,激光技术的出现使闪光光解法测定的瞬态分子的时间分辨率从 10^{-6} s 提高到 $10^{-11} \sim 10^{-12}$ s。现在弛豫法和闪光光解法已成为测定快速反应的有效手段,为反应机理的研究提供了有效的研究方法。大量化学反应中的动态历程得以直接观测,从而开辟了快速化学反应动力学的新天地。艾根、诺里什和波特因此被授予 1967 年诺贝尔化学奖。

4. 放射性元素的应用——同位素示踪法

在这一阶段里,还必须提到化学动力学研究方法的创新,这就是放射性元素,即同位素示踪法的应用。瑞典化学家赫维西(Hevesy)师从卢瑟福,在完成卢瑟福交给他的研究工作的过程中,他发现利用铅中混有的放射性镭 D(^{210}Pb)的放射性特点可以用来显示原子的运动,这就是同位素示踪法。如今,这种方法已被广泛应用于化学反应过程的研究,研究者通过在化合物中引入放射性示踪原子,可以测出化合物中原子是怎样一步一步重新排列组合形成新的分子的,以达到跟踪反应历程的目的。同位素示踪法实现了人们探究物质内在变化路径的梦想,带来了化学动力学研究手段的巨大革新。赫维西因利用同位素作示踪物研究化学反应过程荣获1943年诺贝尔化学奖及1959年和平利用原子能奖。

（三）微观反应动力学阶段

微观反应动力学阶段是二十世纪五十年代以后化学动力学发展的又一新阶段。这一阶段最重要的特点是研究方法和技术手段的创新，特别是随着分子束技术和激光技术在研究中的应用而开创了分子反应动力学研究新领域，带来了众多的新成果。

1. 分子反应动力学

二十世纪中期，随着激光技术、分子束技术、微弱信号检测技术和计算机技术的突破，特别是激光技术的应用，极大地推动了分子反应动力学的发展。为分子反应动力学的研究发展做出巨大贡献的不仅有交叉分子束方法，也有碰撞脉冲锁模（CPM）飞秒激光技术。

在二十世纪六十年代，哈佛大学的赫希巴赫、加州大学的李远哲等人实现了在单次碰撞下研究单个分子间发生的反应机理的设想，他们将激光、光电子能谱与分子束结合，使化学家有可能在电子、原子、分子和量子层次上研究化学反应所出现的各种动态，以探究化学反应和化学相互作用的微观机理和作用机制，揭示化学反应的基本规律，这就是分子反应动力学的核心所在。因此，分子反应动力学的研究和发展在很大程度上取决于研究者所掌握的实验技术的精密性，以及在微观水平上能够运用这些技术对化学反应过程进行多大程度的调控和测量。分子束技术开创了化学动力学研究手段革新的新篇章，为控制化学反应的方向与过程提供了重要的手段。

加拿大化学家波拉尼（J. G. Polanyi）则开创了红外化学发光的研究。运用这一技术所得到的数据与分子束技术得到的数据可互为补充，对分子反应动力学的发展做出了巨大的贡献。1986年，赫希巴赫、李远哲和波拉尼因在反应分子动力学上的贡献而分享了诺贝尔化学奖。

2. 飞秒化学

二十世纪七十年代，基于快速激光脉冲的飞秒光谱技术发展十分迅速，时间标度达到了飞秒数量级。随之发展起来的飞秒化学有着极其重要的理论意义和研究价值。用飞秒激光技术来研究超快过程和过渡态可以说是二十世纪化学动力学发展的又一重大突破。兹韦勒（Ahmed H. Zewail）从20世纪80年代开始，利用超短激光创立了飞秒化学,从而使人们对过渡态的研究有了可靠的手段。兹韦勒也因此获得了1999年诺贝尔化学奖。

飞秒化学所采用的超快激光光谱技术为化学家提供了直接观测反应中间体及过渡态的"超快照相机"。正如诺贝尔化学奖公报中所指出的那样:兹韦勒教授在飞秒化学领域所做出的贡献使我们可以断言,化学家研究反应历程的努力已接近终点,任何化学反应的速率都不可能比飞秒量级更快。飞秒激光技术的发展使我们看到了一系列新技术,如光谱分辨技术、空间分辨技术、分子运动控制与质谱技术、光电检测技术等在分子反应动力学研究上的应用。

3. 关于化学反应中的电子转移的研究

在化学研究中,除了研究化合物分子结构和反应特征的关系之外,还必须研究反应机理的问题。在无机化合物的反应过程中,往往牵涉到电子的转移。化学家陶布(Henry Taube)首先在这项研究中做出了突出的贡献。他提出了外界和内界电子转移的机理,对理解金属配位化合物在催化反应中的作用很有帮助。他还用放射性示踪原子法揭示了电子转移的过程,对配位化学的发展做出了巨大的贡献。陶布因关于电子转移反应机理,特别是金属复合物中的电子转移反应机理的研究获得1983年诺贝尔化学奖。

美国化学家马库斯(Rudolph A. Marcus)在化学体系电子转移反应理论研究方面做出了新的贡献并将其普遍化。他于1956年提出了电子转移反应理论,即Marcus理论。Marcus理论应用于无机化学和有机化学领域,可处理众多的电子转移体系,并正确地预测了许多电子转移的反应机理。他也因化学系统中电子转移反应理论方面的贡献而独享了1992年诺贝尔化学奖。Marcus理论是在1956年提出的,但到1992年才获得诺贝尔化学奖,历经30多年。这主要是因为在这30年间,人们对化学反应中电子转移的过程的普遍性和重要性的认识处在不断深化的过程之中,这也使人们更加认识到Marcus理论的重要性及其适用意义。

4. 分子轨道理论

研究化学反应的微观过程及结构变化机理也是化学动力学的重要领域。福井谦一以及霍夫曼和伍德沃德在把分子轨道理论直接应用于化学反应研究方面做出了突出的贡献。福井谦一提出了前线轨道理论,霍夫曼和伍德沃德则提出了分子轨道对称守恒原理。这两个理论都抓住了分子结构和反应之间的关系这一本质问题,对于认识化学反应中原子或分子间的化学键是如何形成、断裂、变化以及化学反应怎样从反应物→中间物→过渡态→产物进行变化给出了理论与方法认识的模型。

二、电化学的发展

(一) 电池

人类很早就对自然界的电现象感兴趣,早在约公元前600年,古希腊哲学家泰勒斯(Thales)记录了被摩擦后的琥珀能产生静电。1650年前后,德国物理学家奥托·冯·格里克建造了第一个静电发生器。1746年,荷兰科学家彼得·范·穆申布罗克发明了第一个电容器的装置"莱顿瓶"。1749年,本杰明·富兰克林首次使用"电池"一词来描述电力实验中一组连接起来的电容器。1752年,富兰克林进行了著名的"风筝实验",成功地收集到云层摩擦产生的电。

但电化学现象的发现纯属偶然。1791年意大利生物学家伽伐尼在做青蛙解剖实验,他的助手用外科手术刀的刀尖触及青蛙的腿内侧神经时,发现青蛙四肢的肌肉发生剧烈地收缩,陷入僵硬性的痉挛中。当时得出的结论是生物学与电化学之间有一种"深奥的联系"。1799年,意大利物理学家伏打(Volta)把一块锌板和一块银板浸在盐水里,发现连接两块金属的导线中有电流通过。于是,他就把许多锌片与银片之间垫上浸透盐水的绒布或纸片,平叠起来。1800年伏特用这种方法成功制成了世界上第一个电池"伏打电堆"。这个"伏打电堆"实际上就是串联的电池组。1836年,英国的物理学家丹尼尔(Daniell)对"伏打电堆"进行了改良,使之可以重复充电,发明了蓄电池。1890年,美国发明家、物理学家爱迪生(Thomas Alva Edison)发明可充电的铁镍电池并实现了工业化生产。

上述电池都采用液体电解质,携带和使用不大方便。1860年,法国的雷克兰士(George Leclanche)发明了碳锌电池,这种电池更容易制造,且最初潮湿的电解液逐渐用糊状淀粉取代,于是"干"性的电池出现了。1886年,德国科学家加斯纳(Gissner)将氯化铵和石灰混合成糊状并加入少量的氯化锌以延长保质期,再将二氧化锰阴极插入该糊状物中,并将两者都密封在锌壳(充当阳极)中,制成了干电池。加斯纳电池更加便携耐用,在1896年实现了工业化生产,并直接导致了手电筒的发明。

液体电池可以反复充电,重复使用,干电池轻便耐用,所以当时人们一直试图发明可充电的"干性"电池。终于,1941 年,法国科学家安德烈(Herri Andre)研发出银锌电池。1957 年,世界上第一颗人造卫星发射,由银锌电池供电。此后,科学家还研发出银氢、镍氢电池和锂电池。

现在,得益于电池技术的发展,电脑和手机已经逐渐普及,移动办公也正在成为现实,电动汽车也很常见了。

燃料电池最早可追溯到 1839 年英国物理学家威廉·格罗夫(William Grove)发明的氢氧燃料电池,他把封有铂电极的玻璃管浸在稀硫酸中,先由电解产生氢和氧,然后连接外部负载,这样氢和氧就发生电池反应,产生电流。1932 年,美国科学家弗朗西斯·托马斯·培根(Francis Thomas Bacon)发明了 5kW 固定式燃料电池,也叫培根燃料电池,该电池以碳为电极,从氢和氧反应中获取能量,并使用氢氧化钠为电解质,转换效率可达到 70%。1955 年,通用电气的化学家托马斯·格劳布(W. Thomas Grubb),使用磺化聚苯乙烯离子交换膜为电解质进一步改进了原始燃料电池的设计。三年后,另一位通用电气化学家伦纳德·尼德拉赫(Leonard Niedrach)设计了一种在膜上沉积铂的方法,该膜可以作为催化剂。在此基础上,通用电气和其他单位合作研发了航天用氢氧燃料电池。此后,陆续氢氧燃料电池的使用逐渐扩散到军事、交通等其他行业。1991 年,美国科学家罗杰·比林斯(Roger Billings)开发了第一台氢燃料电池汽车,这标志着汽车制造业跨入了一个新的纪元。

除了燃料电池以外,太阳能电池的发展也令人瞩目。随着半导体工艺的进步,1954 年,美国贝尔实验室的研究人员将硼扩散到硅中,制得了可以捕获太阳光能量的材料,创造了让太阳能转化为电能的第一种实用方法。到二十世纪六十年代,太阳能电池已经开始为发射的人造卫星提供能量。七十年代随着"能源危机"的到来,世界各国开始关注能源开发,太阳能电池开始进入民用行业。1997 年 4 月,汽车工业界爆出重大新闻:德国奔驰公司决定投资两亿加元与加拿大的巴拉德动力系统公司合资,成立氢燃料电池发动机公司。1998 年 9 月,欧盟宣布,其资助的利用燃料电池技术的 Fever 样车已经可以续行 500 公里,最高时速达 120 公里/小时。

(二) 电镀

电镀是应用电解的原理来对物体表层进行装饰、防护以获得某些特殊性能的过程。电镀最早是由意大利人布拉格纳塔利(Luigi V. Brugnatelli)提出的。1840年,英国批准了氰化镀银的第一个专利,此后,镀铜、镀镍、镀锌、镀铬工艺相继出现。

电镀过程中往往要使用到一些有毒溶剂,如氰化物,会对环境造成很大的污染。1989年联合国环境规划署提出了"清洁生产"的概念。电镀作为重污染行业,急需改变落后工艺,采用符合"清洁生产"的新工艺。近年来,世界各国陆续开发新的低毒、无毒电镀工艺,节约了水资源,同时减少了电镀生产过程中酸、碱、重金属废水和各种废气的排放。

(三) 电催化

电催化是电化学与催化化学的边缘领域,是在20世纪50年代末燃料电池技术研究的刺激和要求下发展起来的,但当代电催化的研究范围已远远超出燃料电池中的催化反应,具有催化活性的电极表面可以引入一个新的化学合成领域。已有的百余种电合成产品中,相当多一部分涉及电催化反应。

已进行的电催化研究,初步揭示了电催化剂活性和选择性的决定因素,提出了一些带普遍性的规律。电催化和常规催化有许多相似性,两者间的关联在许多场合是合理的,然而电催化剂既能传输电子,又能对反应底物起活化作用或促进电子的传递反应速度;电极电位可以方便地改变电化学反应的方向、速度和选择性,因此应当研究电催化反应的特殊规律。

(四) 生物电化学

生物电化学是在分子水平上研究生物体系荷电粒子(还可能包括非荷电粒子)运动过程所产生的电化学现象的科学。它是由电生物学、生物物理学、生物化学及电化学等多门学科交叉形成的一门独立的科学。

正在开展的生物电化学研究包括生物体系和生物界面的电位、生物分子电化学、生物电催化、光合作用、活组织电化学、电化学生物传感器、癌症电化学疗法等。生物现象的许多过程都伴随着电子传递反应,应用电化学方法研究生物体系的电子传递及相关过程,是显示生命本质的较好途径,电化学将在生命科学研究中发挥更大作用。

第十三章　走向交叉:化学发展新领域

二十一世纪后,人们逐渐认识到,化学学科越来越多地呈现交叉发展趋势,不仅与经济发展、社会文明的关系密切,也是生命科学、环境科学、能源科学、材料科学和信息科学等现代科学技术的重要基础。化学在促进人类文明可持续发展中发挥着日益重要的作用,是揭示元素到生命奥秘的核心力量。化学是这些交叉学科的中心科学。

第一节　生物化学

生物化学是应用化学的理论和方法来研究生命发展变化现象的本质的一门学科。这门学科最早产生于十九世纪初。当时,植物碱已被发现,还有人测定了脂肪的成分并发现了高级脂肪酸。二十世纪初,化学家和生物学家一起阐明所有动植物细胞中都含有蛋白质、糖类、脂肪和核酸四大类有机化合物,而且知道这些物质的分子很大,为了彻底地认识它们的结构,化学家们先后运用各种方法,并且采用现代实验设备及技术,使这些生物分子的结构之谜逐渐得到破解,从而在人类研究和认识极为复杂的生物机体的结构和功能的发展史上写下了光辉的篇章。

一、蛋白质

蛋白质英文为 Protein,来自希腊文的 Proteins。蛋白质是生物体中重要的结构和功能分子,自然界中大约有 150 万种以上的生物,约有 $10^{10} \sim 10^{12}$ 种不同的蛋白质。天然蛋白质由 20 种 L-氨基酸构成。它们通过一个氨基酸的 α-COOH 与另一个氨基酸的 α-NH_2 缩去一分子水形成肽键,并通过肽键将氨基酸连接起来构成多肽。

第十三章 走向交叉:化学发展新领域

由于蛋白质是动物体中含量较高的一种物质,十九世纪初科学家们就开始对其进行系统的研究。他们最早采用在酸性或碱性溶液中加热水解蛋白质的研究方法,这样蛋白质就变成各种多肽和氨基酸。到十九世纪末,科学家已经得到了 14 种氨基酸。1899 年,德国化学家费歇尔开始研究蛋白质的合成,第一次合成了二肽、三肽、四肽……十八肽。这样就证实了不久前科学家关于蛋白质中的氨基酸是以肽键结合在一起的猜想。费歇尔对生命化学研究的贡献主要为三个方面:碳水化合物、肽和酶,他获得了 1902 年诺贝尔化学奖。

当氨基酸组成及它们的排列顺序不同时就形成不同的蛋白质。因此"一级结构决定高级结构"。当遗传发生变化时,一般情况下一个氨基酸即被另一个氨基酸所取代。所以,蛋白质的一级结构又决定着生物体中的 DNA 序列。

正是由于蛋白质化学结构的重要性,从费歇尔之后人们就开始寻找测定蛋白质中氨基酸的排列顺序的有效方法。20 世纪 40 年代,英国生物化学家马丁(Archer Martin)发明了纸上层析法来分析蛋白质。他将蛋白质水解成氨基酸的混合液,取一滴放在滤纸上,再将它浸入有机溶液如乙醇中,由于滤纸的毛细管作用,溶剂带着各种氨基酸"赛跑",由于氨基酸的分子量大小不一,这样就使氨基酸得到了分离。

1945 年,英国年轻的生物化学家桑格(Frederick Sanger)着手研究最小的一个蛋白质分子——胰岛素的化学结构的奥秘。他和同事小心地将牛胰岛素水解,再用电泳法进行分离,并用 2,4-二硝基氟苯测定端基的氨基酸,经过十年的不懈努力,终于测定出牛胰岛素的化学结构,于 1958 年获诺贝尔化学奖。

到二十世纪五十年代,随着实验技术的发展,对键长、键角数据精确到 0.03Å 和 4Å。在此基础上,科学家开始蛋白质主链构象模型的研究工作。英国的学者首先对羊毛等角蛋白的 X 射线衍射图作出了特定的模型,试图来解释衍射点,但是所有这些模型都跳不出整数的概念,即螺旋每上升一圈所包含的残基数是整数。用这种模型产生的衍射点都与角蛋白的衍射图有一定差距。此时,美国化学家鲍林(L. Pauling)在对蛋白质的键长和键角进行了精确的 X 光衍射法测定之后,于 1950 年提出了蛋白质 α-螺旋体模型。该模型冲破了整数的概念,做成了每 3.6 个残基上升一圈的螺旋模型,准确地解释了衍射点。按照鲍林的模型,每个残基沿轴向上升 1.5Å 就应该有相应的衍射点,而这一衍射点正是以前没有被人注意的,找到该衍射点将是对鲍林假设的有力支持。英国的几位学者对此费了一番工夫,终于在另一种角蛋白中找到了这一衍射点。

α-螺旋体是蛋白质二级结构的一种重要形式。稳定蛋白质二级结构的作用力是氢键,它是由多肽链内或多肽链间的羰基和亚氨基之间结合形成的。蛋白质的三级结构是指多肽链借助各种弱键盘绕成紧密的球状结构的构象。四级结构是寡聚蛋白质中各亚基之间在空间上的相互关系或结合方式。

图 13-1　牛胰岛素的人工合成

对于合成蛋白质,中国科学家做出了自己独特的贡献。1958 年 12 月 8 日至 12 日,中国科学院生物化学研究所邀请北京大学等单位举行了胰岛素文献报告会,详细分析了人工合成胰岛素的重要性、现实性,并探讨了研究方案。1959 年,中科院生化所成功拆合了天然胰岛素,并确定了全合成胰岛素的研究策略:分别有机合成 A 肽链和 B 肽链,再进行组合折叠,最后鉴定生物学活性和各种理化性质。人工合成胰岛素项目被列入 1959 年国家科研计划,国家机密研究计划代号为"601",意为 60 年代第一大任务,党和国家领导人亲自关心过问。1961 年,国务院原副总理聂荣臻到生化所视察时表示:"你们做,再大的责任我们承担,人工合成胰岛素 100 年也要搞下去。"1962 年,生化所组织近 20 人的精干专业队伍,继续胰岛素的 B 肽链合成和提高胰岛素拆合水平。同时,有机化学家、中科院有机化学研究所汪猷和北京大学邢其毅等带领专业队伍,也在坚持胰岛素的肽链合成工作。经过 6 年的攻关,1965 年 9 月 17 日,科学家终于观察到人工全合成牛胰岛素的结晶,世界上第一次人工全合成了与天然胰岛素分子相同化学结构并具有完整生物活性的蛋白质。

在多种蛋白质中,由于氨基酸的组成、排列顺序和立体结构的不同,显示出各种不同的功能。

二、酶

酶是活细胞所产生的具有催化能力的一类特殊蛋白质。体内各种物质代谢的化学变化几乎都是由酶催化的,如营养物质的消化、吸收,机体组成成分的合成和分解以及能量的释放和利用等。酶是生物体内普遍存在的生物催化剂,与其他催化剂不同,酶在生物体内十分温和的条件下高效率地起催化作用,使生物体内的各种物质处于不断地新陈代谢之中。所以说,酶在生物体的生命活动中占有极其重要的地位。

1684年,比利时科学家海尔蒙特(Vanelment)发现,在酿酒过程中有其他物质产生,他把发酵过程中引起物质发生变化的因素称为酵素。后来发现动物和植物组织有分解过氧化氢的能力,进而发现了过氧化氢酶。1814年俄国科学家肯而考夫(K. Ckirchoff)发现了淀粉酶。1834年德国科学家施旺(Schwann)从动物的胃液中提取并发现了胃蛋白酶、胰蛋白酶,证明它们也都是蛋白质。1878年德国生理学家库恩(Kuhne)将这类从有机体分泌出来的具有催化作用的物质称为酶(enzyme),希腊语是"在酵母中"的意思。

根据酶的组成成分可将其分为简单蛋白质和结合蛋白质两类。简单酶其活性仅仅决定于它的蛋白质结构,这类酶也属于简单蛋白质。结合蛋白质需要加入非蛋白组分(辅助因子 cofactors)后才表现出酶的活性,其中不能表现活性的蛋白质部分为酶蛋白,酶蛋白与辅助因子结合后形成的复合物称"全酶"。

全酶＝酶蛋白＋辅助因子

在催化反应中酶蛋白与辅助因子所起的作用中,不同的酶反应的专一性及效率取决于酶蛋白本身,而辅助因子则直接对电子转移、原子或某些化学基团起传递作用。

关于酶是引起有机物发酵的理论是由德国化学家毕希纳(Eduard Buchner)首先提出的。1896年毕希纳发现在酒的缓慢发酵构成中并不存在酵母细胞,接着他做了一个重要的实验,他用乙醇和丙酮处理浓葡萄糖液(酵母压榨液)中的酵母细胞,在把酵母细胞杀死之后,发现处理后的酵母液却仍能保持发酵的功能。实验说明,引起杀死酵母菌后的酵母液发酵的物质是酶。1907年毕希纳因无细胞发酵研究对微生物等做出的巨大贡献而获得诺贝尔化学奖。

1926年,美国生物化学家萨姆纳(James B. Sumner)提纯了尿素酶,并证明具有蛋白质的特性,接着美国化学家诺斯罗普(J. H. Northrop)提纯了一系列酶。他们二人共同获得了1946年诺贝尔化学奖。此后科学家们陆续提纯了几百种酶,人们发现任何一种酶都是蛋白质:折叠成有三维形状的氨基酸链。

酶与底物的"锁与钥匙"关系学说:

早期,费歇尔曾用"模板"或"锁与钥匙"学说来解释酶的作用的专一性,认为底物分子或底物分子的一部分像钥匙那样，专一地楔入到酶的活性中心部位，也就是说底物分子与酶分子上有催化效能的必须基团在空间上必须紧密地相互契合，以形成一种过渡的暂时结合。

用这个学说，再结合所谓"酶与底物的三点附着学说"就可以较好地解释酶的立体异构专一性。"三点附着学说"指出：立体对映的一对底物虽然基团相同，但空间排列不同，这就可能出现中心基团与酶分子活性中心的较好基团能否互补匹配的问题，只有三点都互补匹配时，酶才作用于这个底物。如果因排列不同则不能三点匹配，酶便不能作用于它。这可能是酶只对 L 型（或 D 型）底物作用的立体构型专一性的机理。

二十世纪七十年代，英国化学家康福恩（J. W. Cornforth）揭示了酶的催化反应过程是以严格的立体化学方式进行的。若把酶催化的物质称为底物，那么酶和底物的关系就像钥匙和锁的关系一样配合，因此，酶和底物具有高度的立体选择性和专一性。这样灵敏的特异性是氨基酸链折叠后取得的：氨基酸链的折叠赋予蛋白质以适宜的参与特定的化学相互作用的形状。1975 年康福恩成为诺贝尔化学奖获得者之一。

1981 年起，美国生物化学家切赫（Thomas R. Cech）全力投入到 RNA（核糖核酸）分子催化功能的研究中。切赫用取自原生动物四膜虫的一种 tRNA 进行了有关基因的表达，也可以称是基因的拼接实验条件的科学研究。他们惊人地发现这种 RNA 能够催化切开和拼接，进而超前自身的一部分。而 RNA 却不是一种什么蛋白质，即不是一种酶。但是这种特殊的 RNA 起着与酶一样的作用，于是他们就为这种物质起了一个新的名称——核酸性酶。RNA 新功能的最早发现说明生物的催化剂除蛋白质外，还会存在其他形形色色的物质。这一发现的重要意义首先是人们不再把蛋白质看成是细胞内一切催化活动的主导力量。把一个 RNA 修剪定型的几道工序在一定程度上是有 RNA 催化完成的；此外，也给生命的起源和演变的研究提供了一个重要的线索，它启示我们：在生命起源时，RNA 也许已经在没有 DNA 或蛋白质的情况下就发挥其功能了。人们想象在大气的原始海洋中当形成核酸后，它就可能催化自身变化。切赫的发现为生命起源的研究开辟了一条新航道。美国生物化学家阿尔特曼（Sidney Altman）也独立地发现了 RNA 的生物催化作用。因而他们二人共同获得了 1989 年诺贝尔化学奖。

我国继 1965 年在世界上首次人工合成结晶牛胰岛素后,1968 年又启动了人工合成核酸工作。1978 年初,我国科学家开始进行酵母丙氨酸转移核糖核酸人工合成研究,历经无数次试验,利用化学和酶促相结合的方法,于 1981 年 11 月在世界上首次人工合成了 76 个核苷酸的整分子酵母丙氨酸 tRNA。在世界上首次成功地人工合成化学结构与天然分子完全相同,并具有生物活性的核酸大分子——tRNA,这标志着中国在该领域进入了世界先进行列。酵母丙氨酸转移核糖核酸(tRNA)具有完全的生物活性,既能接受丙氨酸,又能将所携带的丙氨酸参入到蛋白质的合成体系中,因此在蛋白质生物合成中有着重要作用。用合成方法改变 tRNA 的结构以观察对其功能的影响,是研究 tRNA 结构与功能的最直接手段,在科学上特别是在生命起源研究上具有重大意义。

三、维生素

维生素是一类低分子的有机化合物,体内含量很少,且各种维生素的性能隐蔽,科学家对维生素的发现经历了较艰难的历程。1911 年波兰生物化学家丰克(Casimir Funk)经过努力用酸性白土从米糠中提取到一种物质(维生素 B_1),由于它是生命中不可缺少的物质,而从化学结构上看又是胺类化合物,于是起名为"生命胺",拉丁语的"生命"是"Vita"于是便称这类物质为"Vitamine"。随着科学的发展,化学提纯和分析技术日趋完善,科学家发现这些物质并不都是胺类化合物,于是德国科学家德莱蒙特就把 Vitamine 做了修改,他巧妙地把最后一个字母"e"去掉,成为"维他命",现在它又被意译成维生素。它们既不是构成组织的原料,也不是供给能量的物质,但却是维持机体生命活动所必需的营养素。英国科学家霍普金斯(F. G. Hopkins)经过一番研究后认为,动物生命的维持,除必须供应的三大物质之外,还必须摄入少量的"食物辅助因子"。霍普金斯被认为是维生素研究的奠基人,1929 年获得诺贝尔生理学或医学奖。

维生素的种类很多,理化性质也不一样。机体合成维生素量少,不能满足需要,所以必须经常由食物来供给。营养上比较容易缺乏、特别要注意的有维生素 A、维生素 D、维生素 B_1、维生素 B_2、维生素 PP、维生素 B_6 和维生素 C 等。每一种维生素的发现和研究都具有重要意义,下面我们列举几种。

维生素 B_1 别名硫胺素,1896 年荷兰生理学家艾克曼(Christian Eijkman)在印度尼西亚发现吃精白米的鸡和人都会得一种奇怪的脚气病。一次偶然的机会,他用米糠浸出的水治愈了脚气病。由于发现了维生素 B_1,1929 年艾克曼获得了诺贝尔生理学或医学奖。硫胺素为一含嘧啶和噻唑的化学物。硫胺素参与细胞中碳水化合物的中间代谢,缺乏时影响机体整个代谢过程,还可影响氨基酸代谢,人类长期大量食用碾磨过分的精白米、面,容易造成硫胺素缺乏而患脚气病(与一般讲的"脚气"完全不同),其特征为多发性神经类、肌肉萎缩及水肿,最后可能心脏衰竭甚至死亡。含硫胺素丰富的食物有粮谷、豆类、酵母、干果、硬果、动物心脏、肝、肾、脑、瘦肉及蛋类。人体丙酮酸的代谢需要有硫胺素焦磷酸来作辅酶,如果缺乏维生素 B_1,丙酮酸就会过剩。

维生素 B_2 又称核黄素。1924 年英国科学家波莱耶和卡尔曼发现在一切细胞核中都含有一种神秘的物质,因此命名为核黄素。1933 年美国化学家哥尔倍格、格列柯和维纳花费了三年左右的时间从牛奶中提取到了维生素 B_2。瑞士化学家卡勒(Pau Karrer)和德国化学家库恩(Richard Kuhn)分别因对类胡萝卜素、维生素 A、维生素 B_2、维生素 B_6 等的研究成果获得诺贝尔化学奖。但直到第二次世界大战结束,库恩才前往斯德哥尔摩领回了奖章和证书。核黄素是许多重要辅酶的组成成分,如果机体核黄素不足,则会导致物质代谢紊乱,表现出多种多样的缺乏病,常见的有口角炎、唇炎、舌炎、阴囊皮炎、脂溢性皮炎、角膜血管增生等。

维生素 C 又称抗坏血酸。据史料记载从 15 世纪至 19 世纪,在航海过程中经常出现大批海员死于坏血病的现象。1740 年,在一艘葡萄牙的商船上,50 多个海员不幸均由于缺乏维生素 C 而被坏血病夺去了生命。1747 年一位名叫林德(James Lind)的英国医生首次利用橘子和柠檬成功地治愈坏血病。1907 年挪威的两名科学家不但通过动物实验发现了柠檬与坏血病之间的相互关系,而且在这之后又采用化学方法对其中含有的抗坏血病的维生素进行了分析。1924 年英国科学家齐佛首先从柠檬汁中得到其晶体,并根据维生素的发现次序将其命名为维生素 C。1933 年英国化学家哈沃斯(Norman Haworth)证明了维生素 C 的结构并人工合成了这种物质,1937 年哈沃斯和维生素 A 的结构测定者卡勒一起获得诺贝尔化学奖。

维生素 E 又称生育酚。可阻止人体细胞内不饱和脂肪酸的氧化,从而保持细胞结构的完整和稳定,对抗衰老及预防动脉硬化等有显著作用。维生素 E 的抗氧化特性还能保持体内胡萝卜、维生素 A 免受氧化,从而保持上皮细胞的正常。维生素 E 广泛分布于动植物食品中,尤其是各种植物油中。1919 年美国的生物专家发现动物的生育能力与喂养的食物有关。有些动物已经失去生育能力,怎样才能使失去的生育能力得以恢复呢?旧金山大学的教授伊万斯用了大约 7 年的时间找到了灵药——麦芽油中的一种维生素。实验证明,其他发芽的植物种子也有效。于是,伊万斯宣布了他的这些研究成果,在植物的胚芽中含有一种新的维生素,并给予了维生素 E 的名称。伊万斯又和他的助手一起花费了长达十年的时间分离出了维生素 E。1936 年德国化学家卡勒完成了维生素 E 的合成。

1934 年丹麦生物化学家达姆(Carl P. H. Dam)发现了第一种脂溶性维生素——维生素 K。"K"是凝血一词的首字母。随后,美国化学家多伊西(Edward A. Doisv)采用吸附的方法提纯并研究了维生素 K 的化学结构,1943 年达姆和多伊西获得了诺贝尔生理学或医学奖。维生素 K 是一类 2 甲基-1,4-萘醌的衍生物。维生素 K 最主要的生理功能是促进肝脏生成凝血酶原,从而具有促进凝血作用。维生素 K 广泛分布于谷类食物中,最好来源是绿叶蔬菜。人体肠道微生物也能合成。

第二节　环境化学

1972年斯德哥尔摩会议后，环境科学应运而生。由于环境科学研究的对象是"人类-环境"系统，打破了社会科学与自然科学的界限，将各门相对独立的学科有机地结合在一起，因而具有很强的综合性。作为环境科学的一个组成部分，环境化学也确立了自己的研究领域与发展方向。1972年，R.A.Horne在他所著的《环境化学》一书中把它定义为："环境化学是研究岩石圈、水圈、生物圈、大气圈的化学组成和其中发生的过程的学科。"而现在比较一致的观点是：环境化学是研究化学物质在环境中的存在、行为和污染效应及其控制的化学原理和方法的科学。

二十世纪五十年代以来，由于工业的发展，大量的化学物质以废气、废水、废渣等形式进入环境并产生危害。震惊世界的诸多公害事件，如伦敦烟雾、日本水俣病、痛痛病、米糠油事件等等，就是由于化学物质的污染造成的。

表13-1　重大环境污染事件

事件	时间、地点	主要原因、危害
泰晤士河污染	19世纪50年代，英国	工业废水、生活废水，造成四次霍乱、死亡1.4万人
马斯河谷烟雾事件	1930年，比利时	SO_2污染，一周内有60多人丧生
神奈川废电池污染事件	1939年，日本	废干电池污染井水，受害者精神错乱、死亡
莱茵河污染事件	1986年，英国	农药罐爆炸，1 000多种污染物质流入该河，生态被严重破坏
多诺拉烟雾事件	1948年，美国	燃煤、冶炼产生SO_2，全镇43%人生病，17人死亡
伦敦烟雾事件	1952年，英国	燃煤排放的粉尘和SO_2硫酸雾、烟尘，5天内死亡4 000多人
水俣病事件	1956年，日本	含汞工业废水污染，1万多人患水俣病，多人痉挛甚至死亡
富山污染事件	1955—1972年，日本	金属镉污染，骨痛病

(续表)

事件	时间、地点	主要原因、危害
四日市污染事件	1961年,日本	石化工业废气污染,受害者严重哮喘
米糠油污染事件	1968年,日本九州	多氯联苯污染,13 000余人受害、16人死亡
落叶剂污染事件	1970—1992年,越南	二噁英等污染,森林枯萎、高致癌性、儿童先天畸形
阿拉斯加湾原油污染	1989年,美国	3万余吨原油泄漏,数十万只海鸟死亡,海洋生态大范围受影响
四氯二苯并二噁英污染事件	1976年,意大利	工厂三氯苯酚逸出并分解生成二噁英,厂周围8.5公顷内居民被迫搬迁
博帕尔农药污染事件	1984年,印度	农药厂氰化物泄漏,直接致死2.5万人,间接致死55万人,20多万人伤残
切尔诺贝利核电站爆炸	1986年,苏联	核电站爆炸,核泄露造成欧洲部分地区核污染,截至1993年初,8 000多人死于核放射有关疾病
海湾战争带来的污染	1991年,波斯湾	940多口油井被毁,石油泄漏严重污染产油地区,生态破坏严重

1962年,最早的一本环境科学科普读物出版,这是美国科普作家蕾切尔·卡逊创作的《寂静的春天》,它描绘了当时美国的农村由于使用农药、除草剂和杀菌剂,给周围环境及人类带来了严重的影响,提醒人们化学物质进入环境会产生严重危害。美国前副总统阿尔·戈尔曾评论《寂静的春天》的影响:"如果没有这本书,环境运动也许会被延误很长时间,或者现在还没有开始。"

蕾切尔·卡逊

一、大气环境的研究历史

二十世纪七十年代,研究人员对大气进行了系统的监测,得到了大量的研究数据,孕育了大气环境化学学科的产生。海克伦(J. Heicklen)所著的《大气化学》,对大气中污染物的化学反应机制、频率、生态影响和控制方法有机地结合起来,做了简明论述。书中分别对大气的结构、大气污染物、碳氢化合物的氧化作用、光化学烟雾、二氧化硫化学、气溶胶化学、污染的控制方法等做了阐述。

大气是指包裹在地球表面,厚度约 $1\,200\sim1\,400$ km 的混合气体。当组成大气的气体对人类健康造成危害或使人感到不愉快时即产生了大气污染。从已有的资料看,大部分的大气污染主要是由人为因素造成的,其中比较严重的有温室效应、臭氧空洞、酸雨等。

1. 臭氧层空洞的研究

早在 1930 年,英国物理学家普曼(Sideny Chapman)首先提出大气中臭氧层的理论学说,指出在地球上空约 $15\sim50$ km 的地方存在着一个"臭氧层"。

在距地面 25 km 的高空的平流层中有一浓度 $10\sim100$ ppm、厚度约为 20 km 的臭氧层。臭氧能够吸收对人体健康、对植物和动物有害的紫外辐射,因此被称作地球生命的"保护伞"。

臭氧的生成反应为:O_2 + 紫外线(波长 <242 nm)$\longrightarrow$ O + O

$$O + O_2 \longrightarrow O_3$$

臭氧的分解反应为:O_3 + 紫外线(波长 $242\sim290$ nm)$\longrightarrow$ O + O_2

$$O + O_3 \longrightarrow 2O_2$$

但是,后来的测量结果与普曼的理论有明显的偏差,观测值明显低于理论计算值。臭氧层的概念提出之后经过了许多年,比利时的科学家马塞尔·尼克莱特(Marcel Nicolet)阐明了这一偏差的原因。他认为由于 OH 和 HO_2 的存在致使臭氧分解。

HO_x 的循环:$OH + O_3 \longrightarrow HO_2 + O_2$

$$HO_2 + O \longrightarrow OH + O_2$$

荷兰大气化学家的克鲁增(P. Crutzen)发现氮的氧化物 NO 和 NO_2 可起催化作用,造成 O_3 损耗。

NO_x 的循环:$NO + O_3 \longrightarrow NO_2 + O_2$

$$NO_2 + O \longrightarrow NO + O_2$$

大气层中臭氧的生成和消失速率原本是均等的,但是化学合成的氟利昂之类物质成为臭氧层破坏的罪魁祸首。

例如:

$$CCl_3F(氟利昂-11) \xrightarrow{紫外线} Cl + CCl_2F$$
$$Cl + O_3 \longrightarrow ClO + O_2$$
$$ClO + O \longrightarrow Cl + O_2$$

氯原子引发的是一系列连锁反应,据初步推测,每一个氯原子会使约 1 万个臭氧分子发生分解。

1974 年美国大气化学家罗兰德(F. Sherwood Rowland)提出了"臭氧衰竭假说"。假说的主要论点是:对流层中的氟利昂几乎不分解,而是直接进入大气层。当它受到短波紫外线的照射时即分解产生氯自由基,进而连锁地破坏臭氧层的臭氧。紫外线是太阳辐射的重要组成成分。根据紫外线的作用可以将其分为 C 紫外线(UV-C 220~290 nm)、B 紫外(UV-B 290~315 nm)和 A 紫外线(UV-A 320~400 nm)。其中 UV-B 是可以被生物体吸收,帮助维生素 D 合成的有益物质。而 UV-C 却对地球上的生命具有严重的威胁。臭氧能够吸收 UV-C,臭氧层被破坏后,UV-C 不能被正常吸收,地表有害紫外线增加的同时,会带来一系列的环境问题。

若将大气中所有的臭氧压缩至大气表面的大气压力,则臭氧层只有 3 mm 厚。虽然臭氧的存在量很小,但是它对地球上的生命起着至关重要的作用。二十世纪五十年代世界气象组织与国际气象和大气科学学会臭氧委员会的 60 多个成员国合作,在全球建立了 100 多个观测站,对臭氧层进行观测。到二十世纪七十年代,科学家发现同温层中的臭氧呈明显的减少趋势。

1984 年,英国科学家法曼(Josepn Farman)及其同事首次发现南极上空出现臭氧洞。1985 年,美国的风云-7 号气象卫星测到了这个臭氧空洞,面积与美国大陆相差不多;1987 年德国科学家发现北极上空也出现了臭氧空洞,面积是南极空洞的三分之一。南极上空臭氧消耗速度比根据 CFC 的排放效应计算的结果大得多。克鲁增及其同事们认为:臭氧消耗是在平流层

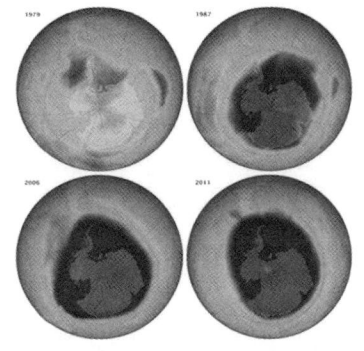

图 13-2 臭氧空洞

云雾粒子表面上进行的化学反应,云雾粒子的存在极大地加剧了臭氧分解的化学反应。研究表明南极的臭氧消耗和南极的持续低温有关,因低温导致水和硝

酸冷凝形成"极化平流层云"。

中国科学家也发现每年6至10月青藏高原上空会出现一个臭氧极低的浓度中心,被称为是地球上所发现的第三个臭氧空洞,经过数年的连续观测进一步得到了证实。臭氧层被大量损耗后,吸收紫外线辐射的能力大为减弱,导致到达地球表面的紫外线明显增加,给人类健康和生态环境带来多方面的危害。由于臭氧层耗损对人类生存、地球上的生态系统将产生直接破坏,因此科学家呼吁国际社会尽快采取行动。国际社会在联合国环境规划署的组织下进行了有关保护臭氧层的国际公约谈判。1985年通过并签署了《保护臭氧层维也纳公约》。1987年通过了《关于消耗臭氧层物质的蒙特利尔议定书》,确定了主要消耗臭氧层物质的淘汰时间表。

2. 酸雨的研究

英国科学家史密斯(Smith)是世界上第一个发现酸雨存在和研究酸雨的科学家。1852年,史密斯化验分析了英国工业城市曼彻斯特附近的雨水成分,发现雨水中含有硫酸、酸性硫酸盐、硫酸铵、碳酸铵等成分,他认为这是由于大气严重污染造成的。之后,他对酸雨进行了20年的研究和调查,于1872年编著并出版了《空气和降雨:化学气候学的开端》一书,并首先使用了"酸雨"这一术语。

到了二十世纪六十年代,瑞典土壤学家奥第(Svante Oden)在对湖泊和大气化学进行广泛研究的基础上指出,酸雨已成为欧洲的一种大范围现象,而且酸度在不断增加。其中受影响最严重的是斯堪的纳维亚地区,在那里酸雨被认为是最大的环境问题。1972年瑞典政府向联合国人类会议提交了《跨国界的大气污染:大气和降水中的硫对环境的影响》的报告,由此酸雨现象在欧洲引起了公众广泛的关注。

1982年6月的国际环境会议,第一次统一将pH小于5.6的降水(包括雨、雪、霜、雾、雹、霰等)正式定为酸雨。不过,"酸雨"是新闻媒体更常用的术语,学术界往往用的是"酸沉降",它不仅包括酸性湿沉降,还包括酸性干沉降。湿沉降通常指pH低于5.6的降水,包括雨、雪、雾、冰雹等各种降水形式,最常见的就是酸性雨水。干沉降是指在不下雨的日子,大气中的酸性物质在气流的作用下直接迁移到地面的过程。

酸雨的主要前体物为SO_2和NO_x,其中SO_2对全球酸沉降的贡献率为60%~70%,已有的研究表明,两者在大气中经过均相氧化和多相氧化转变为

H_2SO_4 和 HNO_3，均相氧化也称光化学氧化，是指 SO_2、NO_x 气体被热形成的氧化剂或光化学产生的自由基（如 $HO·$、$HO_2·$）所氧化，而多相氧化是指吸附在液态气溶胶中的 SO_2、NO_x 被溶液中的金属离子（如 Fe^{3+}、Mn^{2+}）所催化氧化，在液相中 SO_2 和 NO_x 能由强氧化剂如 H_2O_2 和 O_2 等氧化，同时在有水汽存在的情况下，两者能被大气中的颗粒物吸附，特别是被煤烟中的细小碳粒所吸附，从而发生界面氧化。

酸雨常被称为是"空中杀手"，它对环境的主要危害有：使水域和土壤酸化，损害农作物和林木生长，损害渔业生产（pH 小于 4.8 导致鱼类死亡）；腐蚀建筑物、工厂设备和文化古迹，也危害人类健康。目前酸雨的来源和形成机理是环境酸化控制对策研究中的一个核心问题，特别是大气污染物的远距离输送已使酸沉降跨越国境，引起全球性的关注。应用大范围扩散模型和轨迹模型的计算表明，欧洲大部分酸性沉降是由欧洲本身的人为排放源引起的，并且欧洲还向本底大气中输送了大量的硫。科学家应用大气扩散模型对二氧化硫和硫酸盐的排放、迁移和沉降分析后指出，大气污染物在欧洲的远距离输送主要来自大型工业污染区的排放源，大量的含硫物质在沉降前能够迁移几千公里。

控制酸雨污染最根本的途径是控制 SO_2 和 NO_x 的排放。通常 SO_2 和 NO_x 的排放控制可在燃料燃烧前、燃烧中和燃烧后进行。燃烧前的控制是指燃烧前对燃料进行清洗或使用低硫燃料，在工业化国家应用较广泛的技术包括：使用低硫燃料、煤的清洁技术（包括物理和化学清洁）及煤的气化。燃烧过程控制是指对燃烧设施进行改造或加入添加剂与目标污染物发生反应，采用的主要技术有：流化床燃烧，美国环境保护署开发的多阶段燃烧炉的石灰石注入技术。燃烧后的处理则是最普遍采用的污染控制方法，目前主要是指对废气进行处理，如废气脱硫、湿法净化，以减少燃料燃烧后的 SO_2 和 NO_x 的排放。20 世纪 70 年代初期发展起来的烟道气电子束辐照处理是一种具有应用前景的新技术，其去除 SO_2 的总有效率通常超过 95%，去除 NO_x 的效率达到 80%～85%。而脉冲电晕等离子法也有良好应用前景，但该法起步晚，还不成熟，尚有许多问题需进一步研究，主要是能源问题，即如何提高能量利用率、降低能耗问题。

3. 温室效应的研究历史

对流层中的一些微量气体，如 CO_2、N_2O、CH_4、CFC，就像玻璃一样，对太阳的短波辐射具有高度的透过性而对地面反射出的长波辐射具有高度的吸收性能,因此这些气体浓度的增加会引起地球表面或大气层下沿温度的升高,这种现象称为温室效应,这些气体被称为温室气体。关于大气中 CO_2 含量变化的准确资料是从 1958 年起取得的。这一年美国斯克里普海洋研究所的 C. D. Keeling 在夏威夷岛上的洛阿火山上建立了一个 CO_2 的连续观测站。观测结果表明,过去的几十年里 CO_2 浓度增加很快,从 1958 年的 315 ppm 增加到 1998 年的 362 ppm,40 年间 CO_2 浓度共增加了约 14%。在 CO_2、N_2O、CH_4、CFC 中,CO_2 对温室效应的贡献最大,约 60%。

最近几年,甲烷浓度也开始增加,速度是 1%~2%/年。CFC 在 20 世纪 80 年代的递增速度大约是 6%/年。对流层中 N_2O 浓度也在增加,原因是化肥的施用和化石燃料的使用。

科学试验表明,CO_2 和其他温室气体的浓度增加 2 倍时,全球的平均气温可能会增加 1.5~4.5℃。温室效应的主要危害是气候变暖,会使极地或高山上的冰川融化,导致海平面上升,为此 20 世纪 80 年代中期之后,国际组织开始为控制温室效应进行各种活动。1985 年 10 月在奥地利的菲拉赫召开了关于温室效应的国际会议。1988 年世界气象组织和联合国环境规划署专门委员会设立了政府间气候专门委员会。在多次召开的世界能源会议上,号召世界各国在 2000 年前把向大气排放的 CO_2 量减少 20%。同时,各国都在进行 CO_2 的固定化研究,以期将 CO_2 转化成有用的原料。1997 年 12 月《联合国气候变化框架公约议定书》在日本的京都正式通过,后被称为《京都议定书》。《京都议定书》规定,2012 年前,主要工业发达国家温室气体排放量要在 1990 年的基础上平均减少 5.2%。具体说来,各发达国家从 2008 年到 2012 年必须完成的削减目标是:与 1990 年相比,欧盟削减 8%、美国削减 7%、日本削减 6%、加拿大削减 6%、东欧各国削减 5%~8%。新西兰、俄罗斯和乌克兰可将排放量稳定在 1990 年水平上。议定书同时允许爱尔兰、澳大利亚和挪威的排放量比 1990 年分别增加 10%、8%、1%。

2009 年 12 月 7 日哥本哈根气候变化峰会自开幕以来,就被冠以"有史以来最重要的会议""改变地球命运的会议"等各种重量级头衔。会议试图建立一个温室气体排放的全球框架,也让很多人对人类当前的生产和生活方式开始了深刻的反思。纵然世界各国仍就减排问题进行着艰苦的角力,但低碳这个概念几乎得到了广泛认同。低碳生活,已成为人类急需建立的生活方式。

2015年的《巴黎协定》开启2020年后全球气候治理新阶段,最大限度地凝聚了各方共识,向着《联合国气候变化框架公约》所设定的"将大气中温室气体的浓度稳定在防止气候系统受到危险的人为干扰的水平上"的最终目标迈进了一大步。在长期目标上,各方承诺将全球平均气温增幅控制在低于2℃的水平,并向1.5℃温控目标努力,以降低气候变化风险。《巴黎协定》将全球气候治理的理念进一步确定为低碳绿色发展。

在巴黎气候谈判的进程中,中国提出应对气候变化要坚持人类命运共同体和生态文明的理念,坚持共同但有区别的责任原则,坚持气候正义,维护发展中国家基本权益,日益受到各缔约方的欢迎和重视。在谈判的关键议题上,中方促成发达国家与发展中国家之间的立场相向而行,达成妥协和谅解。同时,中国在国内积极推进节能减排,已成为世界节能和利用新能源、可再生能源第一大国,其减排决心和力度受到国际社会的普遍好评。

二、水环境化学

水环境化学主要的研究对象是人类生活及生产活动向水环境排出的各种污染物在水体中的形态迁移及转化。防治水污染在环境化学中一直占据着重要地位,也取得了较大的成果。水污染是指当污染物进入河流、湖泊、海洋或地下水等后,使水体的理化性质或生物群落发生变化,从而降低了水体的使用价值的现象。从污染物的成分划分,水污染主要包括:重金属污染、水体富营养化、有毒有机物污染等。

1. 重金属污染

重金属污染中以汞的毒性最大,因为汞对含硫化合物具有很强的配位能力,当汞进入生物体后,就会破坏酶和其他蛋白质的功能,由此引起各种严重后果。1953年,在日本水俣市出现了一些奇怪的患者,他们四肢麻痹,哆嗦乏力,视野变窄,听力下降,说话困难,最后全身痉挛直到死亡。开始人们以为是一种传染病,周围的人都与患者断绝来往,后来患有这种怪病的人越来越多,连当地的猫和海鸟也出现了同样的症状,这引起了熊本大学专家的注意。1956年熊本大学专家通过大量调查研究确认,这种病是由于位于水俣市的日本氮肥工业公司排放的含汞废水污染了水俣湾,使海鱼体内含有高浓度的甲基汞,人或其他动物吃了这些鱼导致了这场悲剧。

2. 富营养化

富营养化,是水生态环境恶化的一种表现,也是水污染的一种类型。它是指水体中的氮、磷营养元素的富集,导致某些水生生物如藻类大量繁殖,使水质恶化的过程。水体富营养化如果发生在湖面上,称为水华或湖靛,如发生在海湾或河口区域则称作赤潮。

1919年卢曼(Nauman)将富营养的概念引入到湖泊的研究领域。为了查明水体富营养化的原因,研究人员进行了很多假设,在这一过程中他们逐渐认识到:一个确定的湖泊水体,阳光、温度、降水和地质构造等都是相对稳定的,湖水富营养化的最直接表现的藻类变化很可能与外界输入的某些营养物质有关。19世纪中叶,德国农学家Liebig曾提出了一个"最小值定律"。即:植物生长取决于它所需要的养料中数量最少的那一种。这一定律同样适用于藻类。斯托姆曾对藻类的化学成分进行过分析,根据分析结果他提出了藻类的经验分子式:$C_{106}H_{263}O_{110}N_{16}P$。按照最小值定律,藻类在水中的量取决于水环境中磷的供应量。加拿大的湖泊高级研究员瓦伦泰因(J. Vallentyne)博士研究了湖泊中水生植物的平均化学组成后发现,磷和氮是限制水生植物生长的最主要因素。研究表明,水体富营养化与水中氮磷的含量密切相关。这一观点得到了加拿大湖泊实验结果的有力证实。

表13-2 水体富营养化与氮磷含量的关系(托马斯)(mg/m^3)

营养化程度	贫营养	贫—中	中	中—富	富营养化
总磷(TP)	<5	5~10	10~30	30~100	>100
无机氮	<200	200~400	300~650	500~1 500	>1 500

水中总磷含量超过$20\ mg/m^3$、无机氮含量超过$300\ mg/m^3$,就认为水体处于富营养化状态。富营养化状态时,藻类种类减少,水面藻类增殖,大面积覆盖水面,大量的可分解的有机物沉降,最终在水体中腐烂分解,消耗水中的溶解氧。由于溶解氧的迅速下降和生存空间的减小,使鱼类等水生生物难以生存。

需要特别说明的是,富营养化绝大多数都是由人为因素造成的。但这并非是不可逆过程,只要控制人类活动所产生的物质的排放、采取有效的措施对已输入水体的营养物质进行治理,经过一定时间,水体可以逆转恢复到原来的状态。

三、白色污染

塑料是一类功能齐全、用途广泛、产销量很大的高分子化合物。1995年我国塑料原料产量为519万吨,进口近600万吨。国内塑料消费是1 100万吨,比1992年将近翻了一番,其中薄膜为240.6万吨(含农膜约93万吨)。随着塑料在工农业及日常生活中的普遍应用,废弃塑料也与日俱增,也因此造成严重的环境问题。如废弃的农用塑料薄膜在土壤存在的时间可长达100年而不分解,这样对农作物生长及农业生产造成了严重危害。1990年4月5日《人民日报》发表了题为"白色灾害"的报道,提出了残留地膜的环境问题,引起了农业、塑料加工等有关部门的注意。随后,社会各界对塑料包装袋以及发泡聚苯乙烯餐盒所带来的环境问题开始关注,"白色污染"一词也逐渐成为废旧塑料污染环境的代名词而家喻户晓。为了防止"白色污染",我国一些地区已开始在垃圾袋、商品包装袋、化肥袋、食品袋、卫生用品包装袋等5种包装袋中使用可降解塑料。可降解塑料是指在一定使用期内,具有与普通塑料同样的使用功效,而在完成它的使用功能后,丢弃野外,其化学结构可发生重大变化,且能较快自动降解而与自然环境同化的一种塑料。可降解塑料主要分为两大类,一类是通过土壤中微生物的作用使高分子链断裂而分解的塑料,这种降解为生物降解;另一类是通过阳光的作用使高分子链断裂而分解的塑料,这种降解为光降解。《国家环境保护"九五"计划和2010年远景目标》中要求到2010年,可降解地膜的使用率达到30%,使农田污染得到控制。目前在许多国家已开始普遍使用这种塑料,以实现一场由"白色污染"到"绿色包装"的革命。

四、农药的污染

二十世纪三十年代后期以及害虫化学迅速发展,加之对农产品的需求越来越高,因而促进了农药的研究和大量使用。DDT是第一个大量使用的有机杀虫剂。它的学名为2-对氯苯基-3氯乙烷。DDT在二战期间用于防治疟疾、伤寒、鼠疫等媒介昆虫,在挽救人类生命方面起过重大的作用。发现DDT的杀虫性能的瑞士化学家米勒获得了1948年诺贝尔生理学或医学奖。随着DDT的长期应用,许多昆虫对它产生了抗药性,由于DDT的某些性质如耐低蒸气压、对光的稳定性和高脂肪溶解性等使得长期应用DDT与其代谢物DDE,通过积累、迁移、转化,对大气、河流、海洋和土壤等环境造成污染。美国在 1970 年开始明令禁止使用 DDT。

六六六的学名为六氯环己烷,是多种异构体的混合物。英国化学家林丹于 1912 年发现了它的三种异构体,其含有 99% 丙体的产品被命名为林丹。这种丙体的杀虫效果于 1942 年被认识,它比 DDT 的应用范围广,杀虫效果也好,价格低。二十世纪六十年代时,发现六六六是一种高残留农药,在生物体产生生物富集,后来有些国家用林丹来代替六六六,七十年代开始许多国家限用或禁用。

有机磷农药起源于德国在二战中对于战争毒气的研究,德国的 Schader 长期从事磷酸酯类化合物的研究,他发现动物对其中的一些化合物有强烈的神经反应。他发现了对硫磷,后来人们制备出了一系列低毒、高效的有机磷杀虫剂,如马拉硫磷等。有机磷的品种很多,应用范围也很广,敌百虫、敌敌畏、乐果、对硫磷等都曾风靡一时,但是许多有机磷有臭味,对人畜毒性很大,易引起中毒事故。目前上述这些有机磷农药也都被禁止生产和销售。

1975 年国际粮农组织和世界卫生组织在有关会议上正式界定了农药残留的概念。化学农药因为高残留对生物和人类会导致严重的毒害。1986 年美国在 23 个州发现地下水的农药污染,最高浓度达 700 μg/kg。农药在生物中的富集因农药的种类而异,一种农药在自然界可能的富集性可采用人工模拟生态系统,以鱼为生物体,测定鱼能够吸收农药的量,得到生物富集系数。它是农药在生物体和水中浓度的比值。

$$生物富集系数 = \frac{生物体中的农药浓度}{水中农药浓度}$$

化学农药数量繁多,毒性也较大,对人类的健康构成潜在威胁,从二十世纪七十年代开始,多国对潜在危险大的污染物进行监测,1974—1985 年间日本环境厅公布了 600 种优先污染物,其中检出率高的有毒污染物为 189 种。1990 年我国提出的水中 68 种优先控制污染物的名单中含 8 种农药,它们分别是六六六、DDT、敌敌畏、乐果、对硫磷、甲基对硫磷、除草醚、敌百虫。

五、绿色化学的兴起

当今世界生产和使用着约 10 万种化学品,化学废弃物也由于种类众多和数量巨大而被视为十大环境污染之一。为了从技术上、经济上避免化学给人类带来的负作用，1990年美国国会通过了《污染预防法案》。法案的最后一项就是杜绝污染源。

1995年总统克林顿宣布开展"绿色化学挑战计划"。所谓绿色化学就是研究没有或有尽可能小的环境负作用的、在技术上和经济上可行的化学品和化学过程。

一般一个化学过程由4个基本要素组成的：目标分子或最终产品、原材料或起始物、转换试剂、反应条件。绿色化学的研究也可以分成这四个方面，目的是提高合成工艺中的"原子利用率"。"原子利用率"的定义为：

$$原子利用率 = \frac{期望产品的摩尔质量}{化学方程式中按计量所得物质的摩尔质量} \times 100\%$$

提高原子利用率意味着减少生产工艺过程中废物的排放量，意味着减少有害化学品对环境的污染。

医药、农药一直在追求所使用的化合物是安全、高效的。现在绿色化学把这一理念介绍推广到所有的化工产品商业上。绿色化学更安全的概念不仅是对人类健康的影响，还包括对生态环境、动物、周围的影响。绿色化学不仅重视新化合物的设计，同时，要求对现有很多种类化工产品重新评估、重新设计。用对人类的健康和环境危害小的物质为起始物，设计和实现某一化学过程，是绿色化学的又一重要的内容。

第三节　能源化学

　　早在十八世纪六十年代,始于英国的产业革命所带动的工业大发展,促使能源结构发生第一次大转变,供能主要材料由木柴转向煤炭。煤炭占能源消费结构中的百分比由十九世纪七十年代的24%逐渐上升到二十世纪初的60%,到1920年煤炭占世界能源结构的87%,现代社会就是在以煤炭为主要能源的基础上建立起来的。

　　煤炭作为能源具有一定的优势,但煤炭作为能源也有不足的一面:(1)发热量低,仅为石油发热量的一半。(2)煤炭作为一种固体燃料,不能直接用作飞机、汽车、拖拉机等交通工具的燃料。(3)煤炭在燃烧的过程中,会向大气中排放大量的 SO_2、CO_2 等有害气体,污染环境,侵害人体健康。由于以上不足,再加上后来大油田的发现,使得世界能源结构又由煤炭迅速向石油、天然气倾斜,从而迎来了流体能源时代。

　　随着石油资源的发现、开采及利用,其诸多特点愈来愈明显:(1)石油的单位热值高于煤炭,且灰分少。(2)石油可以用管道运输,比固体煤的运输方便得多。(3)石油燃烧时所产生的污染程度低于煤炭。另外,由于内燃机车、汽车、飞机、海轮等现代交通工具的发明与推广使用,石油产品作为其燃料,需求量的迅速增加是势不可挡的。同时,石油和天然气在能源构成中的比重也由1920年的11%上升到1959年的50%,而煤炭则由87%下跌到48%。至此,石油迅速取代了煤炭居于能源构成的主导地位。

　　二十世纪八十年代,能源结构的第三次大转变开始,由石油、天然气能源消费主体转向持久性可再生的新能源,目前正处于跨越这第三台阶的过渡期。

一、化石能源新发展

　　十九世纪中叶人类才开始认识石油。这是因为1859年美国陆军上校德雷克 E.L.Drake 在宾夕法尼亚州打出了第一口石油井。之后石油产业在欧洲一些国家逐渐兴起,当时主要是对石油进行初步加工以获得照明用油的石油分馏产物。对石油真正进行化学加工和大规模生产则是在十九世纪末机动车的发明、制造之后。机动车的发明带动了石油燃料生产技术的不断革新和发展,世界石油的产量相应直线上升。

目前常规的三种化石能源：煤、石油和天然气，每一种都对应着一系列重要的化工产业链，包括由煤直接或间接制备的油、烯烃、二甲醚、甲烷、乙二醇，从低质原油生产出清洁、高效、安全的燃料和化学品，以及通过甲烷制备甲醇或汽油等。由于这几种常规能源都属于不可再生的化石资源，为了更大程度地对其加以利用，人们正在努力寻找更为高效合理的化工过程，以期最大程度利用这些化石资源。其中的一个核心技术就是新型高效催化剂的开发。近几十年来材料制备技术的逐步精细化、复杂化，特别是对纳米材料、多孔材料以及集合多种功能的复合材料的广泛研究，一批新型高效催化剂应运而生。例如现在已能应用成熟的合成技术制备小于 5 nm 的高度单分散纳米金属颗粒 Pt、Pd、Ag、Au 等，很好地控制氧化物半导体材料如 TiO_2、ZnO、MgO、CuO 等的形貌、尺寸、结构，并能实现多种组分的有序组装，如均匀负载、掺杂、包埋等。这些新型催化剂使化石能源转化成化学品所经历的加氢、脱氢、烷基化、选择性氧化等重要过程的转化率、选择性大大提高，有效提升了化石能源的利用率。

从长远看，页岩气、页岩油、天然气水合物（可燃冰）等非常规的石化能源潜力很大，一旦技术取得突破，有可能形成对常规油气的"第二次革命"。近十几年，北美地区非常规油气勘探开发取得重大突破，致密油、油砂油等非常规石油快速发展，推动北美石油产量增长 31.0%，成为全球石油产量的主要增长点，页岩气、致密气等非常规天然气迅猛发展，推动美国天然气产量增长 38.4%，并带动全球掀起非常规油气发展热潮。

可燃冰即天然气水合物（$CH_4 \cdot nH_2O$），是天然气与水在高压低温条件下形成的类冰状结晶物质。1934 年，美国人哈默·施密特（Hammer Schmidt）在被堵塞的输气管道中发现了可以燃烧的"冰块"，这是人类首次发现"甲烷气水合物"。可燃冰常见于深海沉积物或陆上永久冻土中，由于分布浅、分布广泛、总量巨大、能量密度高，有望成为未来主要替代能源而受到世界各国政府和科学界的密切关注。

中国从 1999 年开始启动天然气水合物资源调查，发现主要分布在南海海域、东海海域、青藏高原冻土带以及东北冻土带，《中国矿产资源报告（2018）》初步预测，中国海域天然气水合物资源量约 800 亿吨油当量，且开采的技术总体达到国际先进水平。2017 年 1 月，吉林大学科研团队经十余年技术攻关，研发出陆域天然气水合物冷钻热采关键技术；7月,中国海域天然气水合物首次试采圆满成功,取得了持续产气时间最长、产气总量最大、气流稳定、环境安全等多项重大突破性成果,创造了产气时长和总量的世界纪录。2020年2月,第二轮试采点火成功,持续至3月18日完成预定目标任务。本轮试采1个月,产气总量86.14万立方米、日均产气量2.87万立方米,是第一轮60天产气总量的2.8倍。试采攻克了深海浅软地层水平井钻采核心关键技术,实现产气规模大幅提升,为生产性试采、商业开采奠定了坚实的技术基础。目前我国也成为全球首个采用水平井钻采技术试采海域天然气水合物的国家。

二、生物质能

生物质能仅次于三大化石能源,位列第四,存量丰富且可再生,具备很大的发展前景。全球每年经光合作用产生的生物质约1700亿吨,其能量相当于全球能量年消耗总量的10倍,而作为能源的利用量还不到总量的1%,开发潜力巨大。目前来自生物质的能量约占全球消耗能量的14%。其中发达国家每年3%左右的能源来自生物质能,发展中国家生物质利用约占这些国家能源消耗的35%。按照一些国际能源组织测算,随着化石能源的枯竭和价格的增长,全球总能耗将越来越多地来自生物质能源。

生物质是指由光合作用产生的各种有机体。生物质能就是以生物质为载体的、蕴藏在生物质中的能量,即绿色植物通过叶绿素将太阳能转化为化学能而贮存在生物质内部的能量形式。生物质能的利用主要有直接燃烧、热化学转换和生物化学转换等3种途径。

直接燃烧:十九世纪后半期以前,人类利用能源的主要方式就是生物质能的直接燃烧。即使到今天,生物质的直接燃烧仍是生物质能利用的重要方式。改造热效率仅为10%左右的传统烧柴灶,推广效率可达20%～30%的节柴灶技术,被我国列为农村新能源建设的重点任务之一。而城市的垃圾焚烧发电,不仅解决了城市垃圾问题,也是生物质能利用的重要方法之一。截至2018年,我国已投产垃圾发电项目达到401个,并网装机容量为916.4万千瓦。随着垃圾分类的普及,垃圾发电量逐年增加。

生物质的热化学转换是指在一定的温度和条件下,使生物质汽化、炭化、热解和催化液化,以生产气态燃料、液态燃料和化学物质的技术。如二十世纪八十年代末,欧美国家投入大量的人力、财力、物力开发利用生物柴油。生物柴油指将动植物油与甲醇等短链醇进行酯化、酯交换后在精制后得到的脂肪酸甲酯,其碳链由 C_{12}~C_{18} 组成,与石化柴油的碳链为 C_{14}~C_{16} 组成相近,生物柴油与石化柴油的碳链基本一致,使其可替代石化柴油。我国在 1981 年已有用菜籽油、棉籽油等植物油生产生物柴油的试验研究。2001 年,海南正和生物能源有限公司建成年产近 1 万吨级的生物柴油试验厂,油品经石油化工科学研究院、中国环境科学研究院测试,主要指标达到美国生物柴油标准,它成为我国生物柴油产业化的标志。2006 年,第一套生物酶法新工艺生产生物柴油的工业化装置在湖南益阳海纳百川生物工程有限公司正式投产,以废弃油脂为原料,使用清华大学研发的脂肪酶转化可再生油脂合成生物柴油的新工艺,这是我国生物柴油生产新工艺的又一进步。

生物质的生物化学转换包括生物质—沼气转换和生物质—乙醇转换等。沼气转化是生物质农作物秸秆、粪便、有机废水等在厌氧环境中,通过微生物发酵产生一种以甲烷为主要成分的可燃性混合气体即沼气。我国的沼气建设始于 20 世纪五六十年代,是世界上沼气利用开展得最好的国家,在厌氧发酵、工程建设等方面居于国际领先水平。乙醇转换是利用糖质、淀粉和纤维素等原料经发酵制成乙醇。2001 年,为了解决大量"陈化粮"处理问题,我国正式启动生物燃料乙醇试点,既解决了"陈化粮"问题,又得到清洁低碳、安全高效的现代能源乙醇。但经历 5 年快速发展后,"与人争粮"现象又成为主要瓶颈,从 2006 年起,我国暂停了粮食为基础原料的燃料乙醇发展,并陆续在广西、内蒙古、山东、河南等地建成多个非粮燃料乙醇示范项目或产业化装置。以特定的木薯等淀粉类作物替代粮食作物生产生物能源具有良好的发展前景,但受到原材料数量和产地的影响。而以纤维素为原料制备乙醇虽是诱人的,但目前无论从技术的成熟度、经济效益,还是产品销售等方面,都还存在着一定困难。

三、核能核电

1945 年 7 月 6 日,在美国新墨西哥州阿拉默多尔军事基地的上空,一团巨大的蘑菇云冉冉升起。它向全世界宣布第一颗原子弹爆炸成功。在科学家们把原子弹带到人间的同时,他们也给人类提供了一种新的能源——核能。

1. 核裂变与巨大的核能

1919 年卢瑟福(E. Rutherford,1908 年诺贝尔化学奖获得者)在卡文迪许实验室用α粒子轰击氮原子时,发现稳定的氮原子核在α粒子的轰击下得到了氧原子,同时还生成了质子。自从这一事件后,核科学技术取得了突飞猛进的发展。首先是1932年,英国物理学家查德威克(S. J. Chardwich)用α粒子轰击铍产生了中子,从而为物理学家找到了一把打开原子核大门的钥匙。由于中子不带电,不会受到原子核电磁场的干扰,因此很容易击中并打开带电的原子核。

1934年,意大利物理学家费米(E. Fermi)用中子轰击当时元素周期表中原子序数最大的92号元素铀-235($_{92}^{235}U$),得到了三种放射性的超铀元素即93号、94号、95号元素。1938年,德国化学家哈恩(O. Hahn)、斯特拉斯曼(F. Ssrassmann)与奥地利女物理学家迈特纳(L. Meitner)合作研究超铀元素。哈恩和他的助手用中子轰击铀原子核后,发现得到的不是超铀元素,而是得到两个大小相仿的较小的核,并把这种现象定名为"裂变";释放出的能量称为"裂变能"。这就是最早的原子核裂变反应。

实验证明核裂变释放出的能量是无比巨大的。而核裂变过程巨大能量又源于何处呢?其实早在1905年科学家爱因斯坦(A. Einstein)的相对论就证明:物质质量和能量可以相互转换,且给出了以下著名的质能关系式:

$$E=mc^2$$

在铀核裂变时,由于总质量有所减少,出现"质量亏损",亏损的质量必将以能量的形式释放出来,这就是裂变过程中能量的来源。据计算,一次铀裂变能够放出近200MeV(百万电子伏特)的能量,虽然这是微不足道的,但如果1 cm³的铀-235全部发生裂变,则可把5 000吨的水加热至沸腾。

在哈恩发现核裂变的同年,法国科学家约里奥·居里(F. Joliot-Cuire)夫妇通过实验发现,一个中子引起一个铀核裂变的同时释放出2~3个中子,这些新产生的中子又可以引发新的铀核裂变,即3变9、9变27、27变81……从而形成自持的链式裂变反应,能量就可以源源不断地释放出。链式裂变反应速度甚快,一块铀在百万甚至千万分之一秒内就"燃烧"完毕。一个铀核的裂变能为200 Mev,而1克铀的裂变能相当于燃烧30吨煤所释放出的能量,假设这么多的能量是在极短的瞬间释放出的,就会产生相当于20吨TNT炸药的爆炸力。

就像取暖需要烧煤一样,核能的释放必须有充足的可裂变物铀-235,称之为核燃料。铀在自然界中主要以两种同位素形式存在:铀-238(占99.3%)、铀-235(占0.7%),由于铀-238不易裂变,无法维持链式裂变反应,所以天然铀中只有铀-235才是真正的核燃料。为此美国化学家尤里(H. C. Urey)采用气体扩散法使铀-235得到浓缩。

毕竟天然铀-235的含量太少,满足不了链式反应的需求,必须另辟蹊径寻求其他的核燃料。在美国物理学者麦克米兰(E. M. Mcmillan)及西博格(G. T. Seaborg)等人的努力下,1943年3月实现了下面的反应:

$$^{238}_{92}U + ^{1}_{0}n \longrightarrow \, ^{239}_{92}U \xrightarrow{\beta} \, ^{239}_{93}Np(镎) \xrightarrow{\beta} \, ^{239}_{94}Pu(钚)$$

$$^{232}_{90}Th + ^{1}_{0}n \longrightarrow \, ^{233}_{90}Th(钍) \xrightarrow{\beta} \, ^{233}_{91}Pa(镤) \xrightarrow{\beta} \, ^{233}_{92}U$$

钚-239及铀-233都是很好的可裂变材料,但钚-239在地壳中不存在。因此用中子照射铀-238或钍-232,然后经过两次β衰变就可以获得这种核燃料,而且该方法能使铀-238变废为宝,成为制造核材料的原料。

2. 核电

为了能使核能技术早日服务于人类,二十世纪四十年代之后,大批科学精英进行了有关研究,终于掌握了驾驭核反应这匹烈马的技术,使核能能够在人类的控制下释放。

中子是打开链式反应的钥匙,也决定核反应的快慢。裂变反应中新产生的中子运动速率非常快,达2×10^7 m/s。这些中子要么逃逸到空气中,要么被其他物质"吃掉",由这样的快中子引起裂变的几率很少很少。当中子的运动速度降到约2.2×10^2 m/s(此速度与常温下分子的运动速度接近)时,它在铀核附近停留的时间加长,容易击中铀核使铀核发生裂变,这时的中子被称为热中子。如何使快中子减速成为热中子,在维持链式反应自持的进行同时,又使裂变能源源不断地释放出来,就必须严格控制中子的增殖速度,使中子增殖系数K等于1。因为K小于1,核裂变只能是昙花一现,链式反应根本无法进行,此时的反应犹如一头沉睡的雄狮,可称之为次临界状态。K大于1的状态为超临界状态,此时参与核裂变的原子数目急剧增加,反应激烈进行,大量的能量瞬间释放,以致发生核爆炸。只有当K等于1,产生的中子与损失的中子(外逸及被吸收的中子)相互抵消,使发生核裂变的原子数目既不增加也不减少,保持不变,链式反应自持地进行着,此状态称为临界状态,而此时核燃料铀块的质量称作临界质量,它与铀的浓度有关。

要想控制核能的释放,必须首先控制中子的增殖速度,保证堆芯中子增殖系数恒等于1,所以需要控制棒。1942年,费米等人以金属镉(Cd)为材料制成控制棒控制中子增殖速度,称为"镉棒"。这里利用的是镉对中子有较大的俘获截面,能吸收大量中子的特殊性质。把镉棒插在反应堆堆芯中上下移动,通过改变镉棒插在堆芯中的深浅度,就可以人为地控制中子的增殖速度了。其他的轻核物质如普通水、重水、纯石墨等也可以做成控制棒,作为减速剂。

世界第一座核电站投入运行始于 1954 年 6 月 27 日,位于苏联的奥布宁斯克,其热功率为 3 万千瓦,电功率为 5 000 千瓦,发电效率为 16.6%。此后,英国和法国相继建成一批生产军用钚和发电两用的气冷堆核电站;美国移植利用其核潜艇动力技术。建成了第一座压水堆核电站。20 世纪 70 年代,世界进入了发展核电站的高潮期。至 20 世纪 80 年代末,全世界共有 400 多座核电站,核电占世界总发电量的 17%。

据国际原子能机构(IAEA)统计,截至 2019 年 6 月底,全球共有 449 台机组在运转,分布在 30 个国家,核电装机容量近 4 亿千瓦,另有 54 台机组在建,装机约为 5 500 万千瓦,全球核电运行堆年超过 1.8 万年。世界核协会年度报告显示,2018 年全球核发电量超过 2 500 亿千瓦时,占全球电力供应的 10.5%。

我国从 1955 年起步的核工业,走过了艰难而又辉煌的道路。1964 年 10 月 16 日,我国第一颗原子弹爆炸成功;1967 年 6 月 17 日,我国第一颗氢弹爆炸成功;1971 年 9 月,我国第一艘核潜艇下水试航成功。我国第一座自行设计建造的 30 万千瓦的浙江秦山核电站,于 1991 年 12 月 15 日并网发电成功。另一座从法国引进的 1994 年初建成的 2×90 万千瓦的广东大亚湾核电站也在顺利的运转中。截至 2019 年 6 月 30 日,我国大陆运行核电机组共 47 台,装机容量 4 873万千瓦;在建机组 11 台,装机容量约 1 134 万千瓦,多年来保持全球首位。

切尔诺贝利事故和日本福岛核事故为世界核电界敲响了警钟,也促使中国核电行业进一步优化设计、加强安全监管和日常运行管理,不断提升核电安全运行水平。长期以来,我国核电安全运行一直保持良好业绩,根据世界核电运营者协会(WANO)的综合指数统计,2017 年,全球有 57 台机组获得满分 100 分,其中中国有 11 台;2018 年,全球 53 台机组获得满分 100 分,中国有 12 台。我国是世界上少数几个拥有完整核燃料循环体系的国家,几十年来核电建设步伐没有停止,积累的核电建造能力居世界前列。

第四节 材料化学

材料是人类存在和发展的物质基础。人类从诞生之日起,就在不断地开发和利用材料。从远古石器时代、古代青铜器时代、铁器时代、近代硅时代、高分子材料时代到如今的复合材料时代,历史已充分证明材料在人类社会发展中的巨大作用。根据材料的材质,我们可以将材料大致分为三类:金属材料、有机高分子材料、无机非金属材料。

一、金属材料的发展

人类文明的诞生和发展离不开金属。关于金属在古代社会的发展我们已经在古代实用化学中介绍。这里我们重点介绍近现代金属材料的发展。

1. 形状记忆合金

形状记忆合金的发现,最早要追溯到 1938 年格兰宁戈(Greningerh)等对 Cu-Zn 合金中马氏体随温度升降呈现收缩与扩张的可逆转变报道。进一步的工作是 1951 年张禄经和 T.A.雷迪对原子比为 1∶1 的 CsCl 型的 Au-Cd 合金的研究,发现多次的加热冷却循环过程中反复出现奥氏体与马氏体的可逆转变。1957 年 M.W.波卡迪与 T.A.雷迪又在 In-Tl 合金中观察到同样的情况。1958 年比利时布鲁塞尔国际展览会上展出了用 Au-Cd 制的周期性重物升降机的模型。但当时的这些研究并没有被人们作为形状记忆而引起特别的注意。直到 1963 年 W.J 波来尔等在美国海军武器实验室发现 Ti-Ni 合金的形状记忆效应后,研究工作进入了一个新阶段。随后的十年中,记忆合金被誉为有"神奇的功能材料",市场上出现了大量的利用记忆合金制造的产品。

形状记忆合金是一种特殊的合金,有一种不可思议的性质,即合金的形状被改变之后,一旦加热到一定的跃变温度时,它又可以魔术般地变回到原来的形状。如一种血管内支架是由镍钛合金丝制成,它具有形状记忆功能。在一定温度下发生相位变化,在 525℃ 时可以使之成螺旋状,冷却后合金丝变软,可以拉直,或缠绕于导管上引入体内,在 37℃ 或接近体温条件下,合金丝回复成原状。另有一种支架用 0.27 mm 的合金丝弯成 Z 形,其间用丝线连接,收缩时直径 2.5 mm,扩张时直径为 8~10 mm,用 8.5F 血管鞘和 5F 导管投送,此种支架具有良好的纵向柔顺性、径向支撑力及良好的生物相容性,不透 X 线,定位容易。

如今形状记忆合金的应用范围广泛,除了可用于温度控制装置、集成电路引线、汽车零件、机械零件、眼镜架外,由于其与生物体的相容性好,耐蚀性强,甚至能用于骨折部位的固定、人造心脏零件、牙齿矫正等医用材料。

2. 磁性材料

中国是世界上最早发现和使用磁性材料的国家。传说早在"三皇五帝"时期,黄帝就已经用天然磁铁制作指南车。1086 年,《梦溪笔谈》记载了指南针的制作和使用。天然磁性材料的磁性较弱,且质地较脆,无法实现工业化应用。

1822 年,法国物理学家阿拉戈(Arago)和盖·吕萨克发现,当电流通过绕线的铁块时,它能使绕线中的铁块磁化。1900 年英国冶金学家哈德菲尔德(Hadfield)等首先发现含 Si 4%的 Si-Fe 合金有良好的磁性。二十世纪四十年代,荷兰科学家发明了具有强磁性的铁氧体材料。电磁铁必须保持电流通过才能有磁性,电流一旦断了,磁力就消失了。科学家试图研制出具有永磁性的金属材料。

1947 年,科学家终于制备出了价格低廉的永磁铁氧体,这是第一代永磁材料。二十世纪六七十年代,$SmCo_5$ 和 Sm_2Co_{17} 合金被相继开发。稀土元素和 3d 过渡族元素的结合,提高了永磁体的磁特性,被称为第二代永磁材料。二十世纪八十年代初,日本科学家佐川真人等对 R-Fe-X 三元合金进行广泛的实验研究,发现了金属间化合物 $Nd_2Fe_{14}B$(四方晶结构),最高磁能积达 286。钕铁硼具有磁能高、价格低、力学性能好等特点,被称为第三代永磁体。

二十世纪五十年代初,随着电子计算机的发展,美籍华人王安首先使用磁性合金元件作为计算机的内存储器。不久,铁氧体记忆磁芯被研发出来,在六七十年代曾对计算机发展起过重要的作用。

目前,磁性材料设计在生产、生活、国防科学技术中应用广泛,被用于制造各种电机、变压器,电子技术中的各种磁性元件和微波电子管,通信技术中的滤波器,国防技术中的磁性水雷、电磁炮、航母电磁弹射等。此外,磁性材料在地矿探测、海洋探测以及信息、能源、生物、空间技术中也获得了广泛的应用。

3. 金属多孔材料

具有孔道结构的金属,最早的报道是雷尼镍。美国工程师雷尼(Raney)把镍铝合金用浓氢氧化钠溶液处理,在这一过程中,大部分的铝会和氢氧化钠反应而溶解掉,留下了的镍便具有了多孔的结构。另外一个例子便是多孔金的合成,将金银合金在强酸条件下处理,腐蚀掉银,便得到了纳米多孔金材料。然而,使用简单的刻蚀方法制备的多孔金属材料,很难调控金属的粒径和孔道的结构。二十世纪六十年代,随着应用领域的不断拓展和使用环境的要求不断提高,出现了有用的多孔金属材料。这类材料是采用预先加工好的球状或不规则的金属(Ti、Mo、W 等)粉末,通过压型、烧结等工艺,使金属颗粒熔接起来形成由表及里、纵横交错、相互贯通的众多空隙。

大约从 2010 年开始,关于合成多孔金属材料的报道越来越多。这似乎也预示着一个研究热点的产生。金属多孔材料是一种具有渗透性好、孔径和孔隙可控、形状稳定、耐高温、抗热震、能再生、可加工等特殊性能的功能材料,可广泛应用于航空、航天、原子能、石化、冶金、机械、医药、环保等行业的过滤、分离、消音、布气、催化、热交换等工艺中。如利用多孔金属对介质中固体粒子的阻留和捕集作用,可以将气体或液体进行过滤与分离,从而达到介质的净化或分离作用。多孔的青铜、不锈铜、镍过滤器几乎取代了活性炭加脱脂棉的空气过滤器,这样净化的空气非常适合各种厌氧细菌的生长,如制药行业中四环素、红霉素的生产,食品行业味精生产及制革行业酵母菌的培养和生长。在宇航工业中,多孔不锈钢用于航空器及制导舵螺中液压油的净化,在自动燃料管路中净化气体以及在碳氢化合工艺中回收催化剂,在宇航器中宇航员使用的废水净化装置利用多孔不锈钢为支撑体,采用反渗透膜完成水和污染物的分子态分离。还可以利用多孔材料的声阻特性,改善电话机、麦克风、助听器以及其他声学仪器的质量,利用泡沫材料的非线性内耗特性,开发吸音和装饰材料,等等。

二、有机高分子材料

人类的进化和社会进步的历史,始终与人类对天然高分子材料的加工和利用的进步过程密不可分。棉、麻、丝、毛的加工纺织,造纸,鞣革和生漆调制等分别是人类对天然高分子进行物理加工和化学加工的例证,虽然当时并未提出高分子的概念。直到十九世纪中期,西方化学工作者才开始对天然高分子进行化学改性。1839 年,随着交通需求的日益增长,化学家对天然橡胶进行硫化加工。与此同时,在美国等一些国家流行起"桌球"游戏。当时桌球都是用象牙制成的,价格高昂。1838 年,A.帕克制备出了第一种称为硝酸纤维素的人造塑料,并在

1862 年伦敦的国际展览会上展出。1870 年,美国的 J. Hyatt 在高温高压下制备了俗称为赛璐珞的硝酸纤维素并用它来制作桌球。这是在 1907 年贝克兰发明酚醛树脂前唯一的商品塑料。

二十世纪二十年代是高分子科学诞生的年代。1920 年,德国物理化学家施陶丁格(Staudinger)首次提出单体间以共价键联结的高分子化合物概念,他被公认为高分子科学的始祖。对十九世纪的大多数研究者而言,分子量超过 10 000 g/mol 的物质似乎是难以想象的,他们把这类物质同由小分子稳定悬浮液构成的胶体视为同一物质。Staudinger 否定了这些物质是有机胶体的观点,并假设那些称为聚合物的高分子量物质是由共价键形成的真实大分子,同时在其大分子理论中阐明聚合物由长链构成,链中单体(或结构单元)通过共价键彼此连接。较高的分子量和大分子长链特征决定了聚合物独特的性能。尽管一开始他的假设并不为大多数科学家所认可,但最终这种解释得到了合理的实验证实,为工业化学家们的工作提供了有力的指导,从而使得聚合物的种类迅猛地增长。

1934 年,美国人卡罗瑟斯(W. H. Carothers)成功地合成尼龙-66,并于 1938 年实现工业化。他的学生弗洛里(P. J. Flory)提出了聚合反应的等活性理论,并提出聚酯动力学和连锁聚合反应机理,从而获得 1974 年诺贝尔化学奖。

1955 年,德国的齐格勒(K. Ziegler)和意大利的纳塔(J. Natta)使用特殊的催化剂在低温低压下制得了聚乙烯。他们因在开发具有独特立构规整功能的新型聚合反应催化剂方面做出的贡献,共同获得了 1963 年诺贝尔化学奖。

事实上,自从二十世纪七十年代以来,高分子材料的使用量已经超过了钢铁,成为世界上应用最为广泛的材料。

离子交换膜是兼有离子交换树脂和膜功能的高分子膜,这种膜对溶液中的离子有选择性透过能力及独特性能。离子交换膜法食盐电解工业化是离子交换膜分离技术的突出成就,因食盐水电解时会产生强腐蚀性的氯气、强碱氢氧化钠并产生一定的热量,电解条件苛刻,故所用的离子交换膜必须由特殊的材料制成。1975 年杜邦公司研制出全氟磺酸膜,开始了离子交换膜法食盐电解工业化进程,保证了产品氢氧化钠的纯度。

液晶最初是由奥地利植物学家莱尼茨尔(F. Reinitzer)在 1888 年发现的。他用有机酸制造多种胆固醇酯,把它们处于熔化状态下,放入玻璃管中,在显微镜下耐心观察，最后他惊奇地发现：这些有机物在一定温度范围内呈现既有液态性质，又有晶体性质的中间状态。它的力学性质像液体，它的光学性质又像晶体，被形象地称为"两栖物质"。液晶物质多为芳香族化合物，它们的分子各向异性，形状细长，呈棒状或板状，有较大的偶极距。由于液晶分子特殊的形状和排列结构，它对各种外界微小的影响变化都很敏感，很小的外界能量引起的扰动，都能使液晶分子结构改变，从而使其功能发生变化，显示出奇妙的宏观效果。如电效应，在两块镀有透明导电电极的玻璃板之间，夹有一层10微米左右的向列液晶。当电键闭合时在电场的作用下液晶分子排列出现混乱，本来透明的液晶立即变得浑浊，失去透明度；断开电键，液晶又恢复成透明状态。这就是液晶的动态散射现象，利用这种电效应，可以制作各种显示器件。因此液晶在电子信息产业领域有着十分重要的地位。

二十世纪七十年代中期，美国农业部北方研究中心首先开发了一种高吸水性树脂，它能吸收多于自身重量 500~2 000 倍的水，这种树脂的吸水作用不同于海绵等物理吸收过程，它同水形成胶体，即使加压，水也不会被挤出，并具有反复吸水的特性。这就是高吸水性树脂。常见的高吸水性树脂有：淀粉与丙烯腈水解产物，在它的组成分子中含有羧基等强的亲水基团，所以它不溶于水，只在水中溶胀，并有惊人的吸水能力。淀粉-聚丙烯酸盐具有"岛屿"型微相分离结构。即在分子中的聚丙烯酸盐像无数的"小岛"分布在淀粉的"大海"中，淀粉使聚丙烯酸盐不再溶于水，当聚丙烯酸盐吸水溶胀时，分子伸展，使吸水凝胶具有高的强度。而当聚丙烯酸盐失水时，淀粉分子又对失水起着阻挡层的作用。像这样的高吸水性树脂还有聚丙烯酸钠的交联产物、醋酸乙烯与丙烯酸甲酯共聚体的皂化物等。高吸水性树脂首先可用做农林业的保水剂。由于高吸水性树脂具有惊人的吸水性和保水性，所以，可用它来做土壤的保水剂。只要在土壤中混入0.1%的高吸水性树脂，土壤的干湿度就会得到很好的调解，当土壤中水分过多时，树脂能把多余的水分吸收掉，当土壤干涸时，它又会把水还给土壤。其次，高吸水性树脂还用于卫生材料，成为制作婴儿"尿不湿"的材料。

早在1958年，齐格勒-纳塔催化剂的发明使配位催化聚合和立体定向聚合成为可能。日本化学家白川英树使用同样的催化剂通过特殊的处理方法得到了银色的聚乙炔（全反式），后来又制成了（全顺式）金黄色的聚乙炔。1975年，剑桥大学的马克德尔米德和黑格与白川英树合作，发现当用碘使全反式聚乙炔"掺杂"就可成为导电的高分子材料。1984年武德尔(Wudl)等合成了聚苯并噻吩,发现其具有很低的能带能垒。到目前为止,具有高力学性能的聚苯、聚苯胺、聚噻吩等导电高分子材料均已问世。马克德尔米德、黑格和白川英树合作开辟了导电高分子研究的新领域,共同荣获2000年的诺贝尔化学奖。

三、无机非金属材料

无机非金属材料是除有机高分子材料和金属材料以外的所有材料的统称。包括传统无机非金属材料(主要是硅酸盐材料:陶瓷、玻璃和水泥)和新型复合材料。

（一）陶瓷的发展

陶瓷是中华民族文化的象征之一。陶瓷发展到现代,已经从利用天然材料的传统陶瓷阶段走向了以人工合成原料为主,具有独特的力学、物理或化学性能的现代陶瓷阶段。现代陶瓷主要包括结构陶瓷、陶瓷基复合材料和功能陶瓷等。

1. 结构陶瓷

结构陶瓷是指具有力学和机械性能及部分热学和化学功能的高技术陶瓷。结构陶瓷可分为三大类:氧化物陶瓷、非氧化物陶瓷和玻璃陶瓷。

氧化物陶瓷主要包括氧化铝、氧化锆、莫来石和钛酸铝。氧化铝和氧化锆主要应用于陶瓷切削刀具、陶瓷磨料球、高温炉管、密封圈和玻璃熔化池内衬等。莫来石是铝硅酸盐在高温下生成的矿物,是一种优质的耐火材料。莫来石是陶瓷发动机的主要材料之一。钛酸铝是一种集低热膨胀系数和高熔点为一体的新型材料,其熔点高(1 860±10℃)、热膨胀系数小,是目前低膨胀材料中耐高温性能最好的一种,常被应用在金属切削的模具、增压器涡壳、涡轮叶片上。

非氧化物陶瓷是区别于氧化物陶瓷而言的,是对金属碳化物、硼化物、氮化物和硅化物等陶瓷的总称。常见的非氧化物陶瓷有碳化硅、氮化硅、氮化铝等。与氧化物陶瓷不同,非氧化物陶瓷原子间主要由共价键结合在一起,因此具有较高的硬度、模量、蠕变抗力,并且在高温下能保持这些性能,这是氧化物陶瓷无法比拟的。非氧化物陶瓷还具有极佳的高温耐蚀性和抗氧化性,是发动机的重要材料,目前已经在许多方面取代了超高合金钢零件。现有最佳超高合金钢的使用温度低于1 100℃,而发动机燃料燃烧的温度在1 300℃以上,还需要用高压水强制制冷。用非氧化物陶瓷代替超高合金钢后,燃烧温度可提高到1 400℃以上,并且不需要水冷系统,这在能源利用和环保方面具有重要的战略意义。

玻璃陶瓷,又称微晶玻璃,是经过高温熔化、成型、热处理而制成的一类晶相与玻璃相结合的复合材料。具有机械强度高、热膨胀性能可调、耐热冲击、耐化学腐蚀、低介电损耗等优越性能。可用于制作电路板、电荷存储管、光电倍增管的屏、导弹弹头、雷达天线罩、轴承、泵、反应堆中子吸收材料、绝缘支柱等。

2. 陶瓷基复合材料

陶瓷基复合材料是以陶瓷为基体与各种纤维复合的一类复合材料。陶瓷基体可为氮化硅、碳化硅等高温结构陶瓷,这些先进陶瓷具有耐高温、高强度和刚度、相对重量较轻、抗腐蚀等优异性能,而其致命的弱点是具有脆性,处于应力状态时,会产生裂纹甚至断裂导致材料失效。而采用高强度、高弹性的纤维与基体复合,则是提高陶瓷韧性和可靠性的一个有效的方法。纤维能阻止裂纹的扩展,从而得到有优良韧性的纤维增强陶瓷基复合材料。陶瓷基复合材料已用作液体火箭发动机喷管、导弹天线罩、航天飞机鼻锥、飞机刹车盘和高档汽车刹车盘等,成为高技术新材料的一个重要分支。

3. 功能陶瓷

功能陶瓷,是指在应用时主要利用其非力学性能的材料,这类材料通常具有一种或多种功能,如电、磁、光、热、化学、生物等方面的特殊性能;有的还有耦合功能,如压电、压磁、热电、电光、声光、磁光等。随着材料科学的迅速发展,功能陶瓷材料的各种新性能、新应用不断被人们所认识,并积极加以开发。

以电功能陶瓷为例。利用纳米技术制备的纳米陶瓷在电学方面具有优异的性能,可以利用其制作导电材料、绝缘材料、电极、超导体、量子器件、静电屏蔽材料、压敏和非线性电阻以及热电和介电材料等。例如用纳米陶瓷的室温介电常数达30 000以上,可用于超小型、大容量陶瓷叠层电容器等现代电子元器件的制造。通过对纳米ZnO陶瓷的研究,发现其有很强的界面效应,有着很高的导电率、透明性和传输率等优异性能,其有效介电常数比普通ZnO陶瓷高出5~10倍,而且具有非线性伏安特性,可用于压电器件、超声传感器、太阳能电池等的制造。

(二) 玻璃的发展

玻璃具易塑、透光的特性,这些特性在现代被科学家用于制造光导纤维。光导纤维是现代科学创造的奇迹之一,它可以使光像水流或电流一样沿着导线传播。

1870年,英国科学家丁达尔做了一个有趣的实验:在装满水的木桶上钻个孔,然后用灯从桶上边把水照亮。人们看到,放光的水从水桶的小孔里流了出来,水流弯曲,光线也跟着弯曲。这是光的全反射造成的结果。同样,光也能沿着玻璃传播,光导纤维正是根据这一原理制造的。1880年,亚历山德拉·格雷汉姆·贝尔发明了基于玻璃纤维的光束传话设备。但是,传统玻璃的传输损耗大于1 000 dB/km,很难实现远距离传送信息。1966年7月,英籍华裔学者高锟(G. A. Hockham)博士在《电机工程师学会学报》(PIEE)杂志上发表论文《光频率的介质纤维表面波导》,从理论上分析证明了用光纤作为传输介质以实现光通信的可能性,并预言了制造通信用的超低耗光纤的可能性。1970年,美国康宁公司三名科研人员马瑞尔、卡普隆和凯克用改进型化学相沉积法(MCVD法)成功开发了传输损耗仅20 dB/km的低损耗石英光纤。与此同时,美国贝尔实验室设计出世界上第一只在室温下连续波工作的结晶化镓铝半导体激光器。这两个事件大大加快了光通信发展的步伐。1970年也被认为是值得纪念的光通信元年。

1972年,随着光纤原材料的提纯、制棒和拉丝技术的提高,光纤的损耗降至4 dB/km。到1990年,光纤传输损耗进一步降低至0.14 dB/km,非常接近石英光纤的理论衰耗极限值0.1 dB/km。光纤已被广泛应用在工业、交通、国防、通信、医学和宇航等领域。

(三) 水泥的发展

水泥一词由拉丁文caementum发展而来,原意是碎石、片石的意思。水泥的历史最早可追溯到古罗马人在建筑中使用的石灰与火山灰的混合物,用它胶结碎石制成的混凝土,硬化后不但强度较高,而且还能抵抗淡水或含盐水的侵蚀。长期以来,水泥作为一种重要的胶凝材料,广泛应用于建筑工程。

1756年,英国工程师J.斯米顿在研究某些石灰在水中硬化的特性时发现:要获得水硬性石灰,必须采用含有黏土的石灰石来烧制;用于水下建筑的砌筑砂浆最理想的成分是由水硬性石灰和火山灰配成。这个重要的发现为近代水泥的研制和发展奠定了理论基础。

1796年，英国人J.帕克用泥灰岩烧制出了一种水泥，外观呈棕色，磨细后制成料球，先在高温度下煅烧，然后磨细制成水泥。帕克称这种水泥为"罗马水泥"，并取得了该水泥的专利权。"罗马水泥"凝结较快，在英国曾得到广泛应用，直到被"波特兰水泥"所取代。

1824年，英国建筑工人J.阿斯普丁取得了波特兰水泥的专利权。他用石灰石和黏土为原料，按一定比例配合后，在类似于烧石灰的立窑内煅烧成熟料，再经磨细制成水泥。因水泥硬化后的颜色与英格兰岛上波特兰地方用于建筑的石头相似，被命名为波特兰（硅酸盐）水泥。它具有优良的建筑性能，在水泥史上具有划时代意义。

二十世纪，人们在不断改进波特兰水泥性能的同时，研制成功了一批适用于特殊建筑工程的水泥，如高铝水泥、大坝水泥、油井水泥、隧道水泥等。水泥的制造工艺也不断进步，从最早的瓶窑、仓窑、立窑到现代的回转窑，水泥烧制效率不断提升。1936年美国胡佛大坝建成，这是人类第一次用水泥建造大型水坝。1992年，中国三峡工程开工，这是目前世界上最大的混凝土水利工程。目前全世界的水泥品种已发展到100多种。可以说，人类正生活在水泥丛林之中。

四、复合材料

自然界存在很多复合材料，如竹子是纤维素和木质素的复合体，动物骨骼是磷酸盐和蛋白质骨胶组成的复合材料。人类很早就接触和使用各种复合材料，并仿效自然界制作复合材料，如我国西安半坡村原始人遗址中发现用草拌泥作墙体和地面，即以天然纤维状材料作为黏土的增强剂，用来阻止黏土的开裂和剥落，提高墙体和地面耐受侵蚀的能力；我国春秋战国时期用含镍较低的青铜作剑身，采用两次浇注技术，在其刃部复合一层含镍量高的青铜，并在表面涂覆一层硫化铜制成花纹，使其内柔外刚，刚柔相济。

在现代，复合材料是指人们运用先进的材料制备技术将不同性质的材料组分优化组合而成的新材料。二十世纪四十年代，因航空工业的需要，发展了玻璃纤维增强塑料（俗称玻璃钢），从此出现了复合材料这一名称。五十年代，陆续发展了碳纤维、石墨纤维和硼纤维等高强度和高模量纤维。六十年代以来，为满足航空航天等尖端技术所用材料的需要，先后研制和生产了以高性能纤维（如碳纤维、硼纤维、芳纶纤维、碳化硅纤维等）为增强材料的复合材料，这种复合材料被称为先进复合材料。按基体材料不同,先进复合材料分为树脂基、金属基和陶瓷基复合材料,其使用温度分别达 250~350℃、350~1 200℃和 1 200℃以上。先进复合材料除作为结构材料外,还可用作功能材料,如梯度复合材料(材料的化学和结晶学组成、结构、空隙等在空间连续梯变的功能复合材料)、机敏复合材料(具有感觉、处理和执行功能,能适应环境变化的功能复合材料)、仿生复合材料、隐身复合材料等。

目前,复合材料中以纤维增强材料应用最广、用量最大。其特点是比重小、比强度和比模量大。例如碳纤维与环氧树脂复合的材料,其比强度和比模量均比钢和铝合金大数倍,还具有优良的化学稳定性、减摩耐磨、自润滑、耐热、耐疲劳、耐蠕变、消声、电绝缘等性能。石墨纤维与树脂复合可得到膨胀系数几乎等于零的材料。纤维增强材料的另一个特点是各向异性,因此可按制件不同部位的强度要求设计纤维的排列。以碳纤维和碳化硅纤维增强的铝基复合材料,在500℃时仍能保持足够的强度和模量。碳化硅纤维与钛复合,不但钛的耐热性提高,且耐磨损,可用作发动机风扇叶片。碳化硅纤维与陶瓷复合,使用温度可达1 500℃,比超合金涡轮叶片的使用温度(1 100℃)高得多。碳纤维增强碳、石墨纤维增强碳或石墨纤维增强石墨,构成耐烧蚀材料,已用于航天器、火箭导弹和原子能反应堆中。非金属基复合材料由于密度小,用于汽车和飞机可减轻重量、提高速度、节约能源。用碳纤维和玻璃纤维混合制成的复合材料片弹簧,其刚度和承载能力与重量大 5 倍多的钢片弹簧相当。

五、纳米材料

纳米材料是纳米级结构材料的简称。纳米是一种长度的量度单位,1 纳米等于 10^{-9} 米,大约为 4 到 5 个原子排列起来的长度,相当于头发丝直径的十万分之一。狭义的纳米材料是指纳米颗粒构成的固体材料,其中纳米颗粒的尺寸最多不超过 100 nm。广义的纳米材料是指微观结构至少在一维方向上受纳米尺度(1~100 nm)限制的各种固体超细材料。

研究纳米材料已有多年历史了。1959 年,诺贝尔物理学奖获得者理查德·费曼(Richard P. Feynman)在加州理工学院物理学年会上作了一次被认为是纳米技术源头的演讲。1963 年,日本超微粒子专家上田良二(R. Uyeda)用气体蒸发冷凝法制得了金属纳米微粒,并对其进行了电镜和电子衍射研究。1984 年德国萨尔兰大学的格莱特(H. Gleiter)以及美国阿贡实验室的西格尔(J. S. Siegel)相继成功地制得了纯的纳米金属粉末。格莱特在高真空的条件下将粒子直径为 6 nm 的铁粒子原位加压成形,烧结得到了纳米微晶体块,从而使得纳米材料的研究进入了一个新阶段。1990 年 7 月在美国召开了第一届国际纳米科学技术会议,正式宣布纳米材料为材料科学的一个新分支。

纳米材料由于其小尺寸效应、表面效应、量子尺寸效应等性质,使之在磁、光、电、敏感等方面呈现常规材料不具备的特性。因此在发光材料、催化材料、非线性光学材料、光敏感传感器材料等方面有广阔的应用前景。

纳米材料研究的内容主要集中在两个方面:

一是系统地研究纳米材料的性能、微观结构和波谱特性。通过和常规材料对比,找出纳米材料特殊的规律,建立描述和表征纳米材料的新概念和新理论,发展完善纳米材料科学体系。

二是发展新型纳米材料。纳米尺寸材料的合成为发展新材料提供了新途径,这就大大地丰富了纳米材料制备科学。从研究的内涵和特点大致可划分为三个阶段。

第一阶段(1990 年以前)主要是在实验室探索用各种手段制备各种材料的纳米颗粒粉体,合成块体(包括薄膜),研究评估表征的方法,探索纳米材料不同于常规材料的特殊性能。对纳米颗粒的纳米块体材料结构的研究在 20 世纪 80 年代末期一度形成热潮。研究对象一般局限在单一材料和单相材料。

第二阶段(1990—1994 年)人们关注的热点是如何利用纳米材料挖掘出来的特殊的物理、化学和力学性能,设计纳米复合材料。这一阶段纳米复合材料的合成及物性的探索一度成为纳米复合材料的主要方向。

第三阶段(1994 年到现在)纳米组装体系、人工组装合成的纳米结构材料体系越来越受人们的关注,正在成为纳米材料研究的新热点。

目前,根据纳米材料的特性也制造了一些复合型材料。纳米结构铜或银的块体材料的硬度比常规材料高 50 倍,屈服强度高 12 倍。纳米陶瓷材料提高了陶瓷的断裂韧性,降低脆性。纳米结构碳化硅的断裂韧性比常规材料高。将纳米材料添加到塑料中,使其抗老化能力增强,提高使用寿命。近年来人们根据纳米材料的特性又设计了紫外反射涂层、各种屏蔽的红外吸收涂层、红外涂层及红外微波隐身涂层。如:8 nm 的二氧化锡及 40 nm 的二氧化钛,20 nm 的三氧化铬与树脂复合成静电屏蔽涂层，80 nm 的 $BaTiO_3$ 可以作为高介电绝缘涂层，40 nm 的 Fe_3O_4 可以作为磁性涂层等。

美国《新技术周刊》指出，纳米技术在电子信息产业中的应用，将成为 21 世纪经济增长的一个主要发动机。我国著名科学家钱学森在 1991 年曾预言"纳米左右和纳米以下的结构将是下一阶段科技发展的重点，会是一次技术革命，从而将是 21 世纪又一次产业革命"。今天纳米材料科学的飞快进展正在把这个预言变为现实。人们已经能够制备包含几十个原子的纳米微粒，并把它们作为基本结构单元，适当排列形成零维的原子点、一维的量子线、二维的量子膜和三维的纳米固体，创造出组成相同、性能独特的各种纳米材料。这对生产力的发展将产生深远影响，并有可能从根本上解决人类面临的能源、交通、环保及健康等一系列问题。经过几十年对纳米技术的研究探索，现在科学家已经能够在实验室操纵单个原子，纳米技术有了飞跃发展。纳米技术的应用研究正在半导体芯片、癌症诊断、光学新材料和生物分子追踪四大领域高速发展。

虽然目前纳米材料从整体上看仍然处于实验研究和小规模生产阶段，但从历史的角度看，纳米材料必将在未来取得更大的发展。

第十三章 走向交叉:化学发展新领域

第五节 化学信息学

　　什么是信息？信息是"含义",是一种"代码",它被用来精确地描述物体或事件(以消除不确定性)。信息是独立于物质和能量以外的自然的第三属性。例如,基因包含了物种遗传所需的生物信息,语言是人们用来表达思想、情感和传递知识的人类信息。计算机和网络通信中的二进制编码是现代信息技术的基础。当今世界是信息社会,信息已经成为与材料、能源同等甚至更为重要的资源,成为促进和发展科学、教育、政治、经济的基础。

　　化学信息包括化学化工及其相关领域的科学研究、化学工业生产技术、投资与商务活动、教育与教学过程中所涉及的化学结构的信息、化学与化工反应信息、图谱与物理化学性质等数值信息、化学文献信息、专利、化学化工商务信息、远程教学、远程会议与在线交流、网络上的其他信息等等。更为广义的看法认为化学信息应该包括化学过程中分子间的相互适应、相互识别,例如在超分子的化学形成过程和分子自组装过程中所表达的分子信息。化学信息学是一门应用信息学方法来解决化学问题的学科,是化学、化工与信息科学、计算科学的交叉学科,它涉及化学化工信息的获取、管理、处理与控制、计算推演与模拟和图形表示的技术和方法。

　　化学是一门古老的科学。在很长的发展历史中,积累了大量的实验事实、数据与文献。在中世纪,炼丹术的秘方是由师傅通过口授方式传递给他的徒弟的;十五世纪以后,化学信息开始以教科书的方式传递;从十九世纪开始,科学技术的飞速发展引起信息的大爆炸;近50年来,新的实验方法、实验技术所产生的信息量极其浩繁,化学文献更是以每年数倍的速度迅速增加。近代科学的信息范围甚广,所涉及的学科范围很宽。

　　二十世纪中后期,伴随着计算机技术的发展,化学家开始意识到,多年来所积累的大量信息,只有通过计算机技术才能让科学界容易获得和处理,换言之,这些信息必须通过数据库的形式存在才能为科学界所用。1973年,由NATO高级研究所夏季学校在荷兰举办了一次名为"化学信息学的计算机表征与处理"研讨班,参加这次会议的科学家主要从事化学结构数据库、计算机辅助有机合成设计、光谱信息分析和化学计量学等方面的研究。研讨班期间,这些化学家意识到,一个新的研究领域已经形成,而且它隐含在化学各分支之间。从那之后,应用于化学问题的计算机科学和信息学方法悄然进入了化学的各个领域。

第一个尝试使用信息概念来解释化学问题的化学家是1987年诺贝尔化学奖获得者法国化学家莱恩(J. M. Lehn)。1987年,莱恩在研究复杂分子的反应过程中发现分子具有自组织、自识别的化学智能反应现象,识别的概念包含着信息的展示、传递、鉴别和响应等过程,这也就是化学信息学研究的开始,主要包括超分子化学和分子识别。

今天,被称为信息高速公路的互联网上存在着数以百万计的计算机主机,信息就分布在这些世界各地的主机上,信息资源极其丰富,约占全部信息资源的20%以上。随着图书情报界、图书出版界进入网络化、电子化和图书馆虚拟化的时代,这个百分率数值正在迅速增加。互联网是当今世界上最大的信息传播媒介,它把世界的各个大学、机构和研究室联系在一起,把学习者、教育者、研究人员联系在一起,共享各种信息资源。互联网极大地影响着化学信息学的形成和以后的发展。在线文献检索、在线数据库检索、在线交流、远程学习和远程计算都已经成为现实。因此,在信息时代,对化学文献、化学数据仅仅以传统的方式处理和传递就会不适应实际的需要了,人们要学习运用计算机管理、处理和表达化学信息,通过互联网获取与传递化学信息。

获取化学信息的三个基本途径是:检索、阅读文献;实验测量、查阅数据或图谱、数据处理;根据已有化学知识和物理定理通过计算机推演、大规模计算预测与模拟,或再现化学结构、化学性质和化学过程。这三个基本途径效率的提高大都得益于计算机技术和互联网通信技术的高速发展。

一、化学信息学领域范围

化学信息学曾经被狭义地定义为化学文献学,主要指化学、化工及其相关领域文献的检索与利用,而计算机与信息技术的发展和日益普及大大地拓展了信息技术为基础的边缘学科,并涉及生物、材料、环境、能源、地球与空间资源、冶金、器件(传感器、分子器件与纳米机器)等相关领域。化学信息包括两大类:即化学物质的化学信息和媒体形式的化学信息。前者是利用科学的原理和方法通过测量得到的化学成分的相关信息,如物质的物理、化学性质,物质中各成分的定性、定量以及结构信息,分子间的相互作用信息(包括化学反应信息)等。而后者是化学信息的记录形式,如书籍、文献、专利、数据库以及音像资料等,通过化学信息的传播使化学家们共享测量的原理、方法及测量结果。

化学信息学包括以下六个方面:

① 化学、化工文献学:传统方式和电子与网络时代的文献信息检索与个人资料管理。

② 化学知识体系的计算机表示、管理与网络传输:化学结构、化学反应的计算机表示,化学数据库技术,化学信息的网际通信语言。如化合物登记,包括将每一个化合物的立体化学参数,相关光谱数据(如NMR)、纯度数据(如HPLC)、各种生物活性测定数据等各种相关数据动态组合在数据库中。

③ 大型数据的可视化表达。对成千上万个分子的构效关系的模型进行表达,如通过图表的方式用计算机程序自动地进行数据的过滤和表达,进而有利于分析。

④ 化学信息的解析与处理:化学实验设计,实验数据处理,图谱的分辨与解析,生物分子的信息解析,多元分析与数据挖掘技术。如主成分分析、因子分析等被广泛地用来进行分子描述因子的减维,从而可以更加简单有效地表述分子信息并降低计算的复杂程度。

⑤ 化学知识的计算机推演:结构与性质关系,分子及其聚集体系的计算与模拟,分子与材料设计,化学反应的分析与设计,化工过程计算与仿真,专家系统。

⑥ 化学教育与教学的现代技术与远程信息资源。

二、化学信息学的成就

化学信息科学近年来最值得注意的成就之一是化学结构的计算机编码和图形检索方法的发展。传统的文献信息产品经过发展与转化后无一不可实现电子化、网络化,例如,美国《化学文摘》(CA)的光盘版"CA on CD"、《科学引文索引》(SCI)的网络版"Web of Science"和"Chemistry Sever"等。

化学计量学中多元统计分析、人工神经网络、遗传算法、小波分析等先进的数据挖掘技术在化学的许多领域都有成功的应用。

今天化学领域的知识并非都来自于传统实验室的经验测量,其中部分是根据已有知识和定理通过计算机推演、大规模计算预测与模拟得到的。美国化学会在期刊《Journal of Chemical Information and Computer Sciences》（化学信息与计算机科学）上增加了副标题"Includes Chemical Computation and Molecular Modeling"（包含化学计算和分子建模）。化学信息学正在设法提供一个以用化学结构为框架的通用化学语言来组织化学领域的全部知识。

近年来，可视化和虚拟技术、分子建模和计算化学、分子的物理性质和光谱技术、化工仿真技术取得了巨大成功，影响着化学、化工信息产品的发展，例如ChemOffice、Cerius2、WebLab、Viewer、Gaussian、MOPAC、AspenPlus、Designll、WinSim，等等。典型的化学信息产品有：网络与文献信息产品，分子建模图形与设计软件，化工仿真与工艺设计软件，化学化工专家系统，化学化工数据库（化学与物性数据库，化学反应数据库，晶体结构数据库，图谱数据库，基因、蛋白质等生物大分子数据库），各种化学应用软件，化学教学课件与远程课程等。

2013年诺贝尔化学奖颁给了犹太裔美国理论化学家马丁·卡普拉斯（Martin Karplus）、美国斯坦福大学生物物理学家迈克尔·莱维特（Michael Levitt）和南加州大学化学家亚利耶·瓦谢尔（Arieh Warshel），他们给复杂化学体系设计了多尺度模型，让计算机做"帮手"揭示化学过程，从而使传统的化学实验走上了信息化的快车道。如在模拟药物如何同身体内的目标蛋白耦合时，计算机会对目标蛋白中与药物相互作用的原子执行量子理论计算；而使用要求不那么高的经典物理学来模拟其余的大蛋白，从而精确掌握药物发生作用的全过程。对于今天的化学家，计算机是同试管一样重要的工具，计算机对真实生命的模拟已为化学领域大部分研究成果的取得立下了"汗马功劳"。通过模拟，化学家能更快获得比传统实验更精准的预测结果。目前他们的研究成果，已经应用于废气净化及植物的光合作用的研究中，并可用于优化汽车催化剂、药物和太阳能电池的设计。

我国的现代计算机化学与技术研究起步于二十世纪七十年代，南京大学忻新全教授运用计算机开始在数值处理和非数值运算方面展开工作，并率先在南京大学开设了计算机化学类课程，推动了我国计算机辅助化学教学的研究活动；中国科学技术大学张懋森教授开展计算分析和专家系统领域的研究工作，并成为1984年我国的第一本计算机化学期刊《计算机与应用化学》的主编；中国科学院上海冶金研究所陈念贻教授将化学模式识别和计算机模拟方法应用于材料研究；中国科学院北京化工冶金研究所许志宏教授提出建立化学化工数据库。方维海课题组采用高精度的量子化学计算对萤火虫发光机理进行了进一步探索，提出了渐进可逆电荷转移引发荧光的新机理，首次在电子态的水平阐明了萤火虫生物发光的化学起源。高毅勤课题组致力于用理论与计算方法研究生物分子的溶液构象、生物酶催化机制和化学反应中的溶剂化效应。他们成功地预言了一系列蛋白质多肽链折叠机制和其中的共溶剂效应。国内还有许多学者在计算机化学和计算化学的重要领域中作出了贡献。

三、化学信息学的发展

随着互联网的普及和生物信息学等相关学科的发展，目前化学信息学这一名词已被广泛接受，无论是化学信息的含义还是化学信息学的内容均有了较大的发展。化学信息学的内容更加强调了化学文献、化学信息数据库、特别是互联网中的化学资源等内容。化学信息学的发展更明确的是：化学信息学是化学学科的分支学科，其研究对象和研究目的均属于化学的学科领域。化学信息学研究手段为计算机技术和计算机网络技术，研究内容则包括如何利用计算机和计算机网络技术对化学信息进行表示、管理、分析、模拟和传播等。化学信息学的目的是为了实现化学信息的提取、转化以及化学家之间的资源共享，从而为促进化学学科的发展与知识创新做出贡献。

目前化学信息学的研究内容越来越多地聚焦于：1.利用计算机技术和计算机网络技术对化学信息进行表示和管理，包括化合物的结构编码、分子图形学、虚拟真实(Virtual Reality)技术、数据库、专家系统与人工智能等。2.利用计算机网络技术对化学信息进行收集、传播和共享，主要包括利用互联网服务进行的化学信息交流和共享，如基于 Email 服务的通信讨论组、基于 Gopher、WWW 的化学信息数据库、化学信息服务网站以及虚拟社区等等。3.化学体系的计算机模拟或建模，包括波谱模拟、电化学模拟以及分子模拟。4.利用计算机技术对复杂的化学信息进行解析，以快捷方便的方式最大限度地提取和利用有用信息，主要包括各种化学计量学方法用于复杂体系化学信号和弱化学信号的信号处理，进行化学信号的平滑滤噪、基线校正、信号分辨等。

第十四章　多元分析：化学发展新趋势

化学是一门基础的自然科学，也是社会文化的一部分。在化学学科外，对化学进行多种角度的分析，可以从另一视野把握化学发展的趋势。

一、化学发展的哲学分析

化学的发展历史证明，化学知识的增长、发展过程是理论和实践的矛盾斗争过程，是化学概念、原理的更迭和发展过程，是用包含较少谬误的理论代替较多谬误理论的一个曲折的历史发展过程，是一个由相对真理向绝对真理逐步演进的过程。

史前时期人类掌握了对火的运用是人类开始化学实践活动的起点，它使得以后一系列的化工实践如制陶、冶金、酿造乃至于后来的炼金术成为可能。

古代时期，人类的化学活动基本上分为两个方面：一方面是工匠们对实用化学工艺的发展，另一方面是思辨哲学家们在观察自然及化学工艺基础上的理论认识。最初是化学工艺占主导，古希腊时期，化学理论变为占主导，这时的理论问题主要包括物质本原和物质转变两方面的问题。在以后的长期的历史发展中，有时是化工占主导，有时是理论占主导，在一些引人注目的时期，二者共同繁荣，使化学得以更快地发展。从哲学的角度讲，理论与实践共同进步的时期，会使得二者互相促进并得到更好的发展。这两大分支最后合而为一，理论和实践融为一体，发展成为在黑暗的中世纪中艰难发展的金丹术。

化学在当时那样一种历史背景下，采取金丹术这样一种形式是历史的必然，也有其学术理论基础。西方炼金术是在亚里士多德的四元素说和元素嬗变学说的基础上发展起来的，中国的炼丹术是在阴阳五行学说基础上发展起来的。金丹术是人类最早尝试把化学哲学和化学实践相结合并用理论去指导实践的活动。但是，最终因其理论基础的谬误而导致了整个金丹术历史所反映出的艰难

第十四章 多元分析：化学发展新趋势

发展状态，并最终当成了一块科学发展的绊脚石而被逐出了科学的殿堂。金丹术的发展历史正好告诉我们，建立一个正确的化学哲学体系的重要性。当然，朴素唯物主义的合理成分也使得金丹家们的工作并非完全失去了意义，正是他们积累了较为丰富的化学知识，制造了一些实用的化学实验工具，在某种程度上为近代化学的建立准备了条件，所以化学史界普遍认为金丹术是"化学的萌芽"。

十六世纪，欧洲发生了文艺复兴运动，人们崇尚科学和人性的解放，对整个封建制度和宗教发起了攻击，封建教会逐渐失去了独裁统治地位，宗教内部也掀起了改革运动，文艺复兴使得整个人类的思想发生了一次质的飞跃。17 世纪中叶，英国爆发了工业革命，工业革命的结果是打破了旧的生产方式，巩固了资本主义，生产力得到了迅速发展。文艺复兴和工业革命给自然科学各门学科的蓬勃发展打下了良好的物质文化基础，成为自然科学发展的强大外力。在这样一种历史背景下，化学从 17 世纪迈进了近代时期，历时两个半世纪。这个时期的最大特点就是把化学知识的积累由工厂转向实验室，实验方法的确立以及职业化学家的出现使得把化学建成一门独立的学科成为可能。

化学实验方法来源于文艺复兴时期的独立科学实践活动，而职业化学家的出现得力于社会生产力的发展、思想的解放、工业对化学的要求以及社会分工的发展。在已积累的经验知识的基础上，化学家们逐步发展了一系列的概念、定律和理论。化学从多方面展开，建立起无机化学、有机化学、分析化学和物理化学等重要的基础理论分支学科，具备了较为丰富的实验基础和理论基础，这时的一系列化学实验和理论方法的建立为以后化学长足的发展打下了扎实的基础。

近代化学时期是化学全面发展时期，这一时期化学界经历的大事件很多，发生了五次重大的突破，使得化学大厦牢固地确立起来。第一次重大突破是 17 世纪中期，波义耳（R.Boyle）提出了科学的元素概念，否定了亚里士多德的"四元素"说，把化学确立为科学。化学从此开始了正确的发展方向。

第二次是十八世纪下半叶，拉瓦锡（A.L.Lavoisier）提出了燃烧氧化理论，否定了长达一百年之久的错误的燃素学说，把被燃素学说颠倒了的化学理论正立过来，建立了科学的化学燃烧理论，促进了化学的迅速发展。

第三次是十九世纪上半叶原子-分子论的建立，1803 年，道尔顿在质量守恒定律、定组成定律、倍比定律等基础上提出了原子论；此后，阿佛加德罗（Avogadro）在盖·吕萨克（Gay-Lusac）气体反应体积关系的基础上提出了分子学说,而康尼查罗综合两种学说,论证了原子-分子学说,解决了两种学说的争论,开创了化学发展新时期,为化学发展开拓了广阔道路。近代化学的崛起首先应该归功于氧化理论和原子-分子学说这两大范式的建立,这两种范式是在扬弃化学的第一个范式——金丹术的基础上发展起来的。

第四次是1824年,德国有机化学家维勒(F. Wöhler)首先从无机物人工合成了有机物——尿素,使得当时流行的生命力学说得以破产,生命论者把有机物质神妙化,使有机化合物和无机化合物之间人为地制造了一条不可逾越的鸿沟,这样就严重地阻碍了有机化学的发展,生命论是唯心主义和不可知论在有机领域内的反映。尿素的合成,突破了有机化合物和无机化合物之间的绝对界限,动摇了生命力的基础,解放了人们的思想,为有机合成开辟了广阔的道路。

第五次是十九世纪下半叶,俄国化学家门捷列夫(D. I. Mendeleyv)在总结前人的基础上发现了元素周期律。元素周期律的建立,不但为新元素的发现提供了理论指导,而且使化学从仅限于从大量个别零散事实作无规则排列中摆脱出来,奠定了现代无机化学的基础;元素周期律的伟大意义还在于它不再把自然界的元素看成一个个彼此孤立、不相倚赖的偶然堆积,而是把各种元素看成一个有内在联系的统一体,它表明了元素性质变化的过程是由量变到质变的过程,是由低级到高级、由简单到复杂的演变过程,所以元素周期律的发现不但在化学上有重要意义,而且在哲学上也有着重要意义。

整个近代化学发展时期是化学史上一个承前启后的重要时期,一方面,在短短的两百多年时间里,建立了一个完整的具有各种分支学科的化学体系,建立了基本的化学概念、定理和定律,为现代化学的快速发展打下了坚实基础;另一方面,也是十分重要的方面,近代化学时期是一个思想全面解放的时期,它逐步破除了一些严重妨碍化学发展的错误或迷信思想。这个时期在化学思想、化学方法论上占有重要地位,许多普遍适用的化学研究方法就是在这个时候确立起来的。所以说,近代化学发展时期也是化学哲学的一个奠基时期。

二十世纪以来,由于科学对生产的推动作用,使得整个人类的物质文明达到了空前繁荣,生产力得到迅速发展,这反过来又对化学的进一步发展提供了强大的物质技术保证,化学也迈进了现代化学发展时期。这个时期的化学开始由宏观领域进入微观领域,把宏观的理论研究和微观的理论研究结合起来,更深刻地揭示了化学现象的本质,化学哲学的研究也就有了基本的理论保证。微观化学从量子化学、结构化学和核化学三个方向发展并向化学的许多方向渗透,突出表现在化学动力学、生命过程的化学和人工元素合成方面,人工合成化学到了一个崭新的阶段,合成的新物质随时间加速增长,表现了人类对自然的强大改造能力。化学向其他学科的交叉渗透和综合,预示着化学将要揭示人类更为本质的奥秘。在这个成果爆发式发展的年代里,在理论、方法、实验技术和应用方面都发生了深刻的变化,具有了一些新的显著的特点,概括起来,要有以下几点。

第一,发展速度的加速化。整个人类社会生产力即科学的发展都处于一个加速状态,其基数的不断增加导致了其成果的不断膨胀,化学的发展也不例外。化学小气候与整个科学大气候是一致的。

第二,纵向分化和横向联合。近代化学虽然建立了完备的化学体系,但现代化学的迅猛发展使得原有的分支学科不断地分化成更多的子学科,而这些学科的内部分化,也得力于与外部的"联姻"。自身的膨胀及多学科的渗透正是这些学科分化的原因。实验设备的仪器化促进了化学研究的精密化,这是化学尤其是分析化学中的一个新特点;这个特点其实也是化学与现代机械、光学、声学和电子学等方面的新技术"联姻"的结果。

第三,从宏观深入到微观层次。这是现代化学显著的特点,它建立在现代化学实验及电子、X射线和铀射线三大发现的基础之上,其他特点都与之有着关联并互相渗透和促进,达到辩证的统一。微观大门的打开,是现代化学的起点,是人类认识水平的一个飞跃。

第四,由静态向动态发展。近代化学一般注重化学现象的结果,而现代化学则开始关心化学反应的过程,研究化学变化的动力学性质。这是由人类的认识规律所决定的,人类对事物的认识总要经历一个由外及里、由表观到本质的过程。把握化学反应过程的本质特点更有利于把握化学变化的外在规律。整个现代化学发展的历程告诉我们,化学科学实现了科学理论、实验研究和工业生产的高度辩证统一,正经由"必然王国"向"自由王国"发生飞跃式的发展。

二、化学发展的方法分析

化学方法论是关于化学科学一般研究方法的规律性理论,它既有自然科学方法论的一般特征,也反映了化学科学研究方法的特殊规律。它是一般自然科学方法与化学相互交叉渗透的方法。化学方法论是化学研究的锐利武器和有效工具。随着现代科学方法统一化、综合化的特点和趋势,结合化学的现状来看,系统地研究化学方法论对确定化学研究方向、选择科研课题和探索化学新的分支学科都有着促进作用。同时,历史上的多次化学革命总是与化学方法的变革相联系,在一定的意义上来说,化学方法推动着化学的进步,化学方法论的研究也得到日益广泛的重视。

一般来说,化学研究的对象是物质、实物。所以实验的方法是化学研究中的重要方法,观察与实验是化学工作者所不可缺少的。特别是对分子、原子等微观层面物质的研究,在一般过程中不能直接看到这些微粒,也无法直接确定这些微粒间的相互关系,这就需要用思维去把握,用模型去具体化,这样,就需要有比较、类比、推理、假说和模型等方法,以作为化学研究的重要工具。化学科学的发展反映了这些手段和方法在化学研究中的深入和扩展,也推动着化学理论不断深化和完善。从发现问题→明确研究对象→根据已有理论提出假设→设计实验进行考察→提出新的化学假说→设计实验进行检验→形成新化学理论。

一是实验研究方法的改进:化学研究的客体,首先是分子,其次是原子、原子核、基本粒子和超分子等,研究的对象是物质、实物。所以实验的方法是化学研究中的重要方法,观察与实验是化学工作者所不可缺少的。现代化学的发展,使经验方法基础的实验手段发生了根本性的变化。不仅传统的实验技术由于科学技术的进步得到进一步的改善,还出现了仪器现代化。如微量分析和痕量杂质分析方面,出现了原子吸收光谱、极谱分析、库仑分析以及萃取、离子交换分离、色谱、电泳、层析等新的分析和分离方法。扫描隧道显微镜让科学家可以观察和定位单个原子,激光闪光光解技术、瞬态光谱和时间分辨光谱得到普遍的应用和完善,使得测定快速反应速率常数和证实光致电子转移过程瞬间产物成为可能。另外,电子计算机的应用已经在图谱、数据储存和检索等方面发挥越来越大的作用,有力地促进了化学操作的自动化过程。现代化学研究如果脱离了现代实验手段很难得到发展。

二是理论研究方法的深入:在现代化学研究中,理论方法和经验方法的结合更加严密,关系也更加复杂,特别是理论作用更加直接,往往需要先运用理论方法加以考察,直至"猜测"到了某些化学事实,然后才以经验方法加以检验、修正和确实。且随着学科的融合,形成理论的方法也发生了变化。

用物理学的理论或方法研究化学物质的变化规律,是把较复杂的化学变化

"还原"到较简单的物理模型中进行考察,从而解释化学变化的本质。近代,很多化学家同时也是物理学家,他们自然而然地把物理方法带入化学研究。戴维利用电解的方法发现钾、钠、钙等元素,之后提出了化合物的"电化二元说";道尔顿通过对气体的研究发现化合物的倍比定律,之后提出科学的原子论。物理化学的诞生更是一批化学家把物理的理论引入化学研究的结果。特别是吉布斯把物理学的热力学理论引入化学,以定量地描绘化学反应中物质的传播方向,由此开拓出以力学-物理学-化学相结合的化学热力学领域,建立了经典的化学反应理论。以物理学三大发现开端的现代化学,物理学方法在化学上的运用更加普遍。普里果金借助于物理学的热力学原理研究了浓度随着时间变化的化学振荡现象,建立耗散结构理论,探索一个远离平衡的化学开放体系的非线形区从混沌走向有序的共同机制,开创了一种全新的研究方法,对社会学研究也产生了深远的影响。今天,物理方法仍然是化学研究的重要方法。

运用数学手段研究和处理化学问题,使得化学研究更加定量化、精确化和模型化,是化学理论化的重要表现。在近代无机化学、有机化学及分析化学领域中,化学运用数学的方法主要是用于处理实验数据。当化学发展到研究化学变化规律和能量变化关系时,微积分成为经典化学热力学、化学动力学和化学统计力学的主要数学方法。20世纪以来,以数学抽象思维建立起来的量子力学等理论,已经成为化学探索微粒间关系和化学反应过程的主要手段,构建了化学键、过渡态理论等化学理论模型。随着电子计算机的广泛应用,计算机成为处理化学问题的有力工具,使许多过去难以计算的问题在短时间内就迅速得到解决,分子设计成为人们合成目标产物的重要方法。随着化学实验手段的改进和理论水平的提高,化学与数学的关系更加密切,使化学这门过去以经验为主的学科,正在走向比较成熟、完善和精确化、理论性的学科。

系统方法是化学面对生物、环境等复杂化学体系的研究方法。从系统的观点出发,始终着重从整体与部分之间,整体与外部环境的相互联系、相互作用、相互制约的关系中综合地、精确地考察对象,实现最佳处理问题的效果,是系统方法的宗旨。美国生物化学家尼伦贝格破译出生物遗传的第一个密码,发现了核酸中碱基和蛋白质中氨基酸的本质联系,最终破译出全部的64个遗传密码,发现了DNA分子控制蛋白质合成的生物机制。化学家们也在努力探索和模拟生物界经过亿万年进化过程中所形成的一整套有关化学反应中能量转换、信息传递、物质输送等高效功能,以便能够使复杂的生物化学反应在常温、常压、等温的条件下准确、稳定、快速地实现,找到一条彻底改造化学反应过程的有效途径,并已取得了初步成果。

为了更好地研究复杂体系,化学研究也正在不断地在空间和时间上实现突破。在空间的复杂性上,越来越多地关注多组分、多层次和多尺度特征的真实系统结构,关注真实系统中反应物的定位、反应的定位、传质的定向等。在时间上的复杂性上,更关注认识在上述反应系统中,多个反应如何组合形成事件,在上述多事件过程中关注事件如何实现调控,而且是多级的调控,由快慢差别很大的若干反应如何构成大时间跨度的过程,而极慢的过程如何表现为演化等。

三、化学发展的文化分析

文化的词源是英语中的 calture,而 calture 的词源是拉丁语中的 cultus,该词的词义中有种植、耕作的意思。文化一词原指人们在自然界中劳作,从中获取成果的意思。

二十世纪以来,文化一直是世界范围内探讨的热门话题,许多学者从自己的所属的学科和研究对象出发,对文化的定义提出了各自的解说,目前,有关文化的定义已经不下三百种。

最早的、最经典的文化定义是泰勒在《原始文化》一书中提出的:"所谓文明或文化,就其广泛的民族学意义来说,乃是包括知识、信仰、艺术、道德、法律、习俗和任何人作为一名社会成员而获得的能力和习惯在内的复杂整体。"

1952 年,美国人类学家克罗伯和克拉克洪在他们合著的《文化、关于概念和定义的检讨》一书中说,从 1871 年至 1951 年的 80 年间,关于文化的定义就有 160 余种,他们还将这些定义归纳为五种类型:描述性定义、历史性定义、规范性定义、心理性定义、结构性定义等。

狭义的文化特指人类的知识创造活动,是用概念、范畴、法则等抽象形式建构的理论观念体系。

广义的文化则是与自然相对的人化,它是在历史发展过程中人类形成的物质和精神力量的积累程度和表现方式的确证。

文化,有一些基本的特征:

(1) 人为性。人是文化的创造者,文化是一种人化的现象,自然物只有经过人类的实践活动作用,经过人的加工制作之后,才打上了人的智慧和劳动创造的烙印,成为人工制品,才能体现人的智慧和实践创造作用,成为人们生活的一部分,这样才能称之为文化。

(2) 群体性。人是社会的人,个体是社会的个体,个体后天习得和创造的物质、思想观念等只有在被他人接受之后,才能称为文化。文化是人们在社会活动中创造的,它为一定的人群或社会共有、共享,是一种有普遍性的存在物。

从另一个角度看,也有范围大小的不同,最普遍的文化当然是为人类所共有,还有民族文化、地区文化、某些社会群体具有的群体文化等。

(3) 创新性。文化并不是与生俱来的,它是人类在后天社会环境中经由学习通过实践活动创造而得来的。创新是文化的重要特征之一,文化在不断创新中发展和变化,新观念传承并改变旧观念,新技术代替并发展旧技术等等,有了创新才有文化的进步。

(4) 多元性。自然界是复杂的,那么人与真实生活环境相互作用的过程、方式、视角就是多样化的、复杂的,因而文化是多元的、开放的,它包含着众多不同的形态和类别。

英国人类学家马林诺夫斯基提出关于文化的基本组成是:

(1) 物质设备。人类要生存就要不断地作用于自然,创造器具和人工环境。其中,利用化学方法制造的器具体现了化学物质文化的作用,而化学文化自身的生存亦必须借助于最原始或最先进的仪器设备。

(2) 精神传统。倘若只有物质设备,而缺乏所谓精神的相配部分,那么所有的工具和设备就会失去生命力。因为物质设备的运用和占有不仅包含着相当的价值欣赏,而且需要众人的合作与分配,需要一整套相应的制度和社会组织。化学文化,无论是考古学的成就还是眼前可见的现实,都意味着一套知识系列、一种道德、创造情感和社会价值体系。只有这种精神方面的东西才能创造出化学物质文化,并使人类有可能依据其相应的理智和价值判断去使用它们。这种精神方面的逐步积累和演变,便形成了化学文化的习惯和传统。

(3) 语言符号。运用语言和符号传达信息是人类独具的一种机能。它与人类认识自然和求图生存而互相联结的群聚方式密切相关,是人类进行广泛的社会互动的重要手段。化学文化是人类认识自然界变化过程的产物。它在演变与发展过程中,逐步形成了自我表意性的语言习惯、概念模式和符号体系。这些习惯、模式和体系是置身该文化系统之中的人必须掌握并熟练运用的。

（4）社会组织。组织是人类文化的普遍现象，即使是一盘散沙式的社会也不是无组织的。一种社会组织的构成有其特殊的要素或条件：它由一定数量的经过挑选的人员组成；是一个具有特定目标的社会团体；有指导人们行为、要求其成员集体遵循的规范和章程；有权力和地位分层的领导和管理的结构体系；有一定的物质基础和技术设备。很显然，人类的化学活动离不开上述组织过程。事实上，社会组织正是以业缘为纽带划分出来的。化学共同体的组织方式本身就是化学文化的一个有趣的议题。

由此我们可以确信，化学具有一般文化的基本构成。且化学文化在物质、知识体系、语言符号和组织形式等方面具有其特殊的体现。

（1）化学是追求真理和崇尚人性统一的文化

科学的化学从它诞生的那天起，就把追求真理作为己任。近代化学的奠基者波义耳在《怀疑的化学家》一书中指出："化学，到目前为止还只是认为在制造医药和工业品方面具有价值。但是我们所说的化学，绝不是医学或药学的婢女，也不应甘当工艺和冶金的奴仆。化学本身作为自然科学中的一个独立部分，是探索宇宙奥秘的一个方面。化学，必须是为真理而追求真理的化学。"事实上，后世的许多化学家也正是向着这个方向孜孜不倦地努力着，他们用化学的方法寻找自然界变化的规律，用化学知识解释大自然的各种变化现象，用化学的手段模拟自然界的变化过程。随着化学的不断发展，自然界的许多奥秘在不断被破解，自然界的变化有了越来越合理的解释。

化学不仅是追求真理的科学，同时也是崇尚人性的科学。这从化学研究的目的从古至今都是为了人类更好地生存和更美好的生活可见一斑。在十七世纪中叶以前，化学虽只是"医学或药学的婢女"和"工艺和冶金的奴仆"，地位卑微，没有成为独立的科学，但我们可以看到，原始的化学就是直接为人类的健康和生产服务的。在化学成为独立科学后不久，化学很快就有一个独特的分支学科——化工，化学家们追求把自己的研究成果转化为实用的工业产品或为化工生产服务，从而体现了化学的实用价值。如今，化学产品的触角几乎已延伸到人们学习、生活、工作的每一个角落。而为了人类的可持续发展，化学家们又进一步发展着绿色化学，研究合理开发自然资源，创造更多无污染的化学产品，改善人类的生活及环境。

(2) 化学是创造化学物质和科学精神统一的文化

化学是在原子、分子水平上研究物质的组成、结构、性质及其应用的一门基础科学。由于研究的内容和研究方法的不同,不同的化学家有不同的分工,但非常重要的目的都是为了创造各种不同功用的化学物质。通过化学家们的创造活动,化学可以用与大自然不同的方法制造自然界中存在的物质,也可以利用自然资源创造大自然中根本不存在的物质。马克思就曾因化学家用煤焦油在几周内合成茜素实现大自然需要用几年才能完成的工作而对化学大加赞赏。到如今,化学家创造的化学物质还以每年700万种左右的速度增加,到2005年,美国化学文摘(CAS)收录的化合物约有9000万种,2015年超过1亿种。正因为化学创造了丰富的物质财富,化学有着无穷的魅力。

化学创造的主体是化学家,他们在创造化学物质的同时,与其他科学家一起创造了丰富的科学精神。他们在科学共同体中建立了一些基本的道德规范,如科学家的普遍性、科学成果的公有性、科学目的无私利性和科学研究的有条理怀疑,形成了一些共同的价值观念,如把追求真理、崇尚道德和创造美好生活作为科学的基本价值观,把科学作为一种革命的力量,用于提高社会的生产力和公众的素养。这些基本的道德规范和价值观念,不仅约束科学家的行为,内化为科学家的良心,同时也能影响大众的思想,成为他们的科学意识。

(3) 化学是追求理性美与形式美统一的文化

化学作为一门科学最重要的特征之一是形成了系统化的知识体系。化学知识体系包括两部分:一是化学事实性知识,二是化学理论知识。化学事实性知识是关于各种化学物质的结构、性质、存在、合成、用途等方面的具体知识。它们通常是通过科学观察或化学实验得到的,体现了科学视野中化学物质的存在。由于化学物质的存在形式各异,有的表现为色彩美,有的表现为形态美,有的表现为结构美,有的表现为功能美……正是这些美妙化学物质的存在,给我们带来一个五彩缤纷的世界,为我们创造了美好的生活。

化学理论知识包括化学的概念、原理、定律,它们或是体现一类化学物质、化学变化的共同特点,或是反映一些变化的内在本质和变化规律。这些理论知识往往是通过对化学事实性知识进行分析、归纳、推理、证实、演绎等理性的方法得到的,它们往往有严密的逻辑结构形式,其中各种概念、定律、原理之间又按一定逻辑关系形成了严密的网络体系。虽然化学理论知识看起来似乎是通过一些一成不变的理性方法得到的,但这些规律中蕴含着化学独特的理性美。如:门捷列夫的元素周期表体现了统一与和谐的美;各种守恒定律体现了守恒对称美;各种化学定律体现了逻辑的简单与内在的完备美。

(4) 化学是改变人们生活方式和价值观念统一的文化

化学在积累知识、创造知识的同时,也在潜移默化地改变着人类的生活方式和价值观念。

化学创造的物质不断地改变着人类的生活方式。火中化学反应的利用使人类告别了茹毛饮血的时代;化学纤维和化学染料的发明使人类穿着风格更加丰富多彩;钢筋、水泥、玻璃、塑料的发明使用提高了人类的居住条件;化学能源的开发利用使人们的交通更加便捷多样;芯片、光纤的应用使电脑联网,通信便捷……当然有些化学品的使用在给人们带来益处的同时也造成一些麻烦:如防腐剂、食品添加剂等对人体健康的影响,塑料、橡胶、电池等对环境的影响。这又使人们对绿色的生活方式产生一种向往。

化学的发展在改变人类生活方式的同时,也会使人们的价值观念产生变化。美国的《普及科学——2061 计划》中明确指出:"从文化的角度看,可以把科学看成既是革命的,又是保守的。有时,科学知识迫使我们改变,或者更新我们长期坚持的信念,改变人类在宏大的物质系统中生存的意义。"如化学中各种各样的变化,能使人们意识到世界是普遍联系的一个整体,事物总是在不断地发展变化。化学物质的结构决定性质,能使人们更加注意内因和外因的辩证关系,学会处理相互的关系;强调化学在实际生活中的应用,能帮助学生养成崇尚科学、反对迷信的态度;绿色化学能使人们更加爱护环境,节约自然资源,重视人与自然的和谐,形成可持续发展的思想。

(5) 化学是认识活动和社会活动的统一的文化

化学是一种科学的认识活动。在经验认识层面,化学家通常利用化学药品、仪器或其他设备进行化学实验,通过观察、分析、归纳,认识物质的组成、结构、性质,通过制备实验合成新的化学物质,获得化学的事实材料。在理论认识层面,化学家要对经验认识提供的、经初步加工和整理的事实材料,进一步加以分析、推理、综合、概括,上升为化学理论。当然,这两个层面的认识活动并不是截然分开的,经验认识往往会受理论的影响,而理论认识需要经验的检验。

然而,化学并不只是一种单纯的认识活动,还是一种社会建制和社会活动。

第十四章 多元分析：化学发展新趋势

作为一种社会建制，化学是现代社会不可或缺的一种社会职业，也就是说有这样一个学术群体，或称为科学共同体，他们或以化学研究作为自己谋生的手段，或以化学研究作为自己的事业的追求。由于化学是一种社会职业，因此化学家的工作也是一种社会活动。首先，化学与任何一个学术领域一样，都有不同学术观点的存在，因此化学家要经常参加各种学术团体和学术交流，进行学术观点争论或维护，这是化学家的重要社会活动，实际上也是化学发展的重要条件。其次，任何一个化学家都是社会公民，他们的价值观念毫无疑问要打上现实社会的烙印，因此他们的研究动机和研究目的往往会受社会的影响，从而使研究带有很大的社会性。再次，化学家进行化学研究的过程也不可避免地要与包括政府、基金会、企业等在内的各种社会利益集团打交道，要利用社会上的各种资源为自己的研究创造条件，因此他们的研究成果也就必定会反映特定社会利益群体的价值偏好。

附录 诺贝尔化学奖获得者一览表（1901—2020）

序号	获奖年份	获奖者	研究领域及获奖原因
1	1901	范霍夫 Jacobus van' Hoff	化学动力学和渗透压定律
2	1902	费歇尔 Emil Ficher	糖和嘌呤方面的工作
3	1903	阿伦尼乌斯 Svantc Arrhenius	电离理论
4	1904	拉姆塞 William Ramsay	发现惰性（稀有）气体元素及其在周期系中的位置
5	1905	拜耳 Adolf von Baeyer	有机染料、氢化芳香族化合物方面的工作
6	1906	穆瓦桑 Henri Moissan	分离元素氟并发明穆瓦桑电炉
7	1907	毕希纳 Eduard Buchncr	发酵和酶化学
8	1908	卢瑟福 Ernest Ruthcrford	研究放射性元素并提出其蜕变理论
9	1909	奥斯特瓦尔德 Friedrich Wilhelm Ostwald	催化、化学平衡和反应速率方面的开创性工作
10	1910	瓦拉赫 Otto Wallach	脂环族化合作用方面的开创性工作

(续表)

序号	获奖年份	获奖者	研究领域及获奖原因
11	1911	居里夫人 Maric Curie	发现天然放射现象,发现镭、钋;分离镭
12	1912	格利雅 Victor Grignard	发现格利雅试剂
13	1912	萨巴蒂埃 Paul Sabaticr	氢化有机化合物的方法
14	1913	维尔纳 Alfred Werner	配位化学
15	1914	理查兹 Theodore Richards	精确测定众多元素的原子量
16	1915	威尔施泰特 Richard Willstätter	研究植物的色素,特别是叶绿素方面的开创性工作
1916—1917 年未授奖			
17	1918	哈伯 Fritz Haber	研究氨的合成
1919 年未授奖			
18	1920	能斯特 Walther Nernst	化学热力学方面的工作
19	1921	索迪 Frederick Soddy	放射化学研究;同位素的存在和性质
20	1922	阿斯顿 Francis Aston	质谱仪方面的工作；整数定则
21	1923	普列格尔 Fritz Pregl	有机物的微量分析法
1924 年未授奖			
22	1925	席格蒙迪 Richard Zsigmondy	阐明胶体溶液的多相性质
23	1926	斯韦德伯格 Theodor Svedberg	分散体系方面的工作

(续表)

序号	获奖年份	获奖者	研究领域及获奖原因
24	1927	维兰德 Heinrich Wicland	研究胆酸成分
25	1928	温道斯 Adolf Windaus	甾醇的结构及其与维生素的联系
26	1929	哈登 Arthur Harden	研究糖的发酵和酶在发酵中的作用
27	1929	奥伊勒-凯尔平 Hans Euler-chelpin	研究糖的发酵和酶在发酵中的作用
28	1930	费歇尔 Hans Fischer	研究血红素和叶绿素:合成血红素
29	1931	博施 Carl Bosch	发明和发展化学上应用的高压方法
30	1931	伯吉乌斯 Friedrich Bergius	发明和发展化学上应用的高压方法
31	1932	朗缪尔 lrving Langmuir	发现并研究表面化学
1933 年未授奖			
32	1934	尤里 Harold Urey	发现重氢
33	1935	伊伦 Joliot-Curie lréne	合成新的放射性元素
34	1935	弗雷德里克 Joliot-Curie Frédéric	合成新的放射性元素
35	1936	德拜 Peter Debye	对偶极矩、X 射线衍射及气体中电子衍射的研究
36	1937	哈沃斯 Norman Haworth	研究碳水化合物和维生素 C
37	1937	卡勒 Paul Karrcr	研究胡萝卜素、核黄素和维生素结构和提纯方法

(续表)

序号	获奖年份	获奖者	研究领域及获奖原因
38	1938	库恩 Richard Kuhn	研究胡萝卜素和维生素结构和提纯方法
39	1939	布特南特 Adolf Butenandit	性激素方面的工作
40	1939	卢齐卡 Lcopold Ružicka	聚亚甲基和高级萜类方面的工作
1940—1942 年未授奖			
41	1943	海维西 George Hevesy	在化学研究中用同位素作示踪物
42	1944	哈恩 Otto Hahn	发现重原子核的裂变
43	1945	维尔塔宁 Artturi Virtanen	发现酸化法储存鲜饲料
44	1946	萨姆纳 James Batcheller Sumner	发现酶结晶
45	1946	诺斯罗普 John Howard Northrop	制得酶和病毒蛋白质纯结晶
46	1946	斯坦利 Wendell Stanley	制得酶和病毒蛋白质纯结晶
47	1947	罗宾森 Sir Robert Robinson	研究生物碱和其他生物产品
48	1948	蒂塞利乌斯 Arne Tiselius	研究电泳和吸附分析:血清蛋白
49	1949	乔克(吉奥克) William Giauque	对极低温下物质性质的研究
50	1950	狄尔斯 Otto Diels	发明和发展了双烯合成法

(续表)

序号	获奖年份	获奖者	研究领域及获奖原因
51	1950	阿尔德 Kurt Alder	发明和发展了双烯合成法
52	1951	西博格 Glenn Theodore Seaborg	发现并研究超铀元素
53	1951	麦克米伦 Edwin McMillan	发现并研究超铀元素
54	1952	辛格 Richard Synge	发明分配色谱法
55	1952	马丁 Archer Martin	发明分配色谱法
56	1953	施陶丁格 Hermann Staudinger	高分子化学
57	1954	鲍林 Linus Pauling	研究化学键的性质
58	1955	维格诺德 Vincent Du Vigncaud	第一次合成多肽激素
59	1956	欣谢尔伍德 Sir Cyril Hinshelwood	化学反应动力学方面的工作
60	1956	谢苗诺夫 Николай Николаевич Семёнов	化学反应动力学方面的工作
61	1957	托德 Sir Alexander Todd	在核苷酸和核辅酶方面的工作
62	1958	桑格 Frederick Sanger	确定胰岛素分子结构
63	1959	海洛夫斯基 Jaroslav Heyrovsky	发明并发展极谱法

附录　诺贝尔化学奖获得者一览表(1901—2020)

（续表）

序号	获奖年份	获奖者	研究领域及获奖原因
64	1960	利比 Willard Libby	创立放射性碳测年法
65	1961	卡尔文 Melvin Calvin	研究光合作用中的化学过程
66	1962	肯德鲁 John Cowdery Kendrew	确定血红素蛋白的结构
67	1962	佩鲁茨 Max Ferdinand Perutz	确定血红素蛋白的结构
68	1963	齐格勒 Karl Ziegler	合成高分子塑料并研究其结构
69	1963	纳塔 Giulio Natta	合成高分子塑料并研究其结构
70	1964	霍奇金 Dorothy Marry Cronfoot Hodgkin	测定抗恶性贫血生化化合物的基本结构
71	1965	伍德沃德 Robert Burns Woodward	人工合成甾醇、叶绿素和其他物质
72	1966	马利肯 Robert Sanderson Mulliken	化学键和分子中电子轨道方面的工作
73	1967	艾根 Manfred Eigen	研究极快速化学反应
74	1967	诺里什 Ronald George Wreyford Norrish	研究极快速化学反应
75	1967	波特 Sir George Porter	研究极快速化学反应

(续表)

序号	获奖年份	获奖者	研究领域及获奖原因
76	1968	昂萨格 Lars Onsager	不可逆过程的热力学理论
77	1969	巴顿 Derek Harold Barton	测定有机物分子的三维构象
78	1969	哈塞尔 Odd Hassel	测定有机物分子的三维构象
79	1970	勒洛伊尔 Luis Fredcrico Leloir	发现糖核苷酸及其在碳水化合物的生物合成中的作用
80	1971	赫茨伯格 Gerhard Herzberg	研究分子结构
81	1972	安芬森 Christian Bochmer Anfinsen	在酶化学方面的基础工作
82	1972	斯坦 William Howard Stein	在酶化学方面的基础工作
83	1972	穆尔 Stanford Moore	在酶化学方面的基础工作
84	1973	威尔金森 Sir Geoffrey Wilkinson	有机金属化学
85	1973	菲舍尔 Ernst Otto Fischer	有机金属化学
86	1974	弗洛里 Paul John Flory	研究长链分子
87	1975	普雷洛格 Vladimir Prelog	立体化学方面的工作
88	1975	康福思 John Warcup Cornforth	立体化学方面的工作

(续表)

序号	获奖年份	获奖者	研究领域及获奖原因
89	1976	利普斯科姆 William Nnnn Lipscomb	研究硼烷的结构
90	1977	普里果金 Ilya Prigogine	创立热力学的耗散结构理论
91	1978	米切尔 Peter Dennis Mitchell	研究生物体系中的能量传递过程
92	1979	维蒂希 Georg Wittig	在有机合成中引入硼和磷
93	1979	布朗 Herbert Charles Brown	在有机合成中引入硼和磷
94	1980	吉尔伯特 Walter Gilbert	生物物理学和分子生物学
95	1980	伯格 Paul Berg	首次制备混合 DNA
96	1980	桑格 Fredrick Sangcr	创立 DNA 结构的化学和生物分析法
97	1981	霍夫曼 Roald Hoffmann	化学反应轨道对称性的解释
98	1981	福井谦一 Fukui Kenichi	化学反应轨道对称性的解释
99	1982	克卢格 Aaron Klug	测定生物物质的结构
100	1983	陶布 Henry Taube	金属配位化合物的电子转移机理研究
101	1984	梅里菲尔德 Bruce Merifield	发展多肽合成方法
102	1985	豪普特曼 Herbert A. Hauptman	发展测绘小分子化学结构的方法

(续表)

序号	获奖年份	获奖者	研究领域及获奖原因
103	1985	卡尔勒 Jerome Karle	发展测绘小分子化学结构的方法
104	1986	李远哲 Yuan-Tseh Lee	分子反应动力学和光化学
105	1986	赫希巴赫 D. R. Herschbach	分子反应动力学
106	1986	波拉尼 J. C. Polanyi	发展了分析基本化学反应的方法
107	1987	彼德森 Charles J. Pedcsen	大环聚醚
108	1987	克拉姆 Donald James Cram	分子识别和宿主搜索化学
109	1987	莱恩 Jean Marie Lehn	开发出能与其他分子连接的分子,合成穴醚
110	1988	米歇尔 Hartmut Michel	发现光合作用所需蛋白质的结构
111	1988	戴森霍菲尔 Johann Deisenhofer	发现光合作用所需蛋白质的结构
112	1988	胡贝尔 Robert Huber	发现光合作用所需蛋白质的结构
113	1989	阿尔特曼 Sidncy Altman	分子生物学和DNA前驱处理
114	1989	切赫 Thomas Robert Cech	发现DNA的某些基本性质
115	1990	科里 Elias James Corey	发展合成复杂分子的反合成分析法
116	1991	恩斯特 Richard Robert Ernst	改进核磁共振波谱学
117	1992	马库斯 Rudolph A. Marcus	解释分子间电子传递

附录　诺贝尔化学奖获得者一览表(1901—2020)

(续表)

序号	获奖年份	获奖者	研究领域及获奖原因
118	1993	穆利斯 Kary Mullis	创立基因研究及使用方法
119	1993	史密斯 Michael Smith	创立基因研究及使用方法
120	1994	奥拉 George Andrew Olah	发展研究碳氢化合物分子的方法
121	1995	克鲁增 Paul Crutzen	解释地球臭氧层减少的过程
122	1995	莫利纳 Mario Molina	解释地球臭氧层减少的过程
123	1995	罗兰德 F.Sherwood Rowland	解释地球臭氧层减少的过程
124	1996	克罗托 Harold W. Kroto	发现碳的球状结构
125	1996	斯莫利 Richard E. Smalley	发现碳的球状结构
126	1996	柯尔 Robert Curl	发现碳的球状结构
127	1997	博耶 Paul D. Boyer	在酶的研究方面作出开创性工作
128	1997	斯科 Jens C. Skou	在酶的研究方面作出开创性工作
129	1997	沃克 John Ernest Walker	在酶的研究方面作出开创性工作
130	1998	科恩 Walter Kohn	在量子化学方面的研究,开创新的方法,创立发展了密度-功能学说
131	1998	波普尔 John A. Pople	在量子化学方面的研究,开创新的方法,创立发展了密度-功能学说
132	1999	兹韦勒 Ahmed H. Zewail	飞秒化学的奠基者,在化学反应动力学研究领域作出贡献

303

（续表）

序号	获奖年份	获奖者	研究领域及获奖原因
133	2000	白川英树 Hideki Shirakawa	成功地开发了导电高分子材料
134	2000	马克迪尔米德 Alan Mac Diarmid	成功地开发了导电高分子材料
135	2000	黑格 Alan Heeger	成功地开发了导电高分子材料
136	2001	诺尔斯 William S. Knowles	研究不对称催化氢化反应
137	2001	野依良治 Ryoji Noyori	研究不对称催化氢化反应
138	2001	夏普莱斯 K. Barry Sharpless	研究不对称催化氧化反应
139	2002	芬恩 John B. Fenn	生物大分子的分析研究
140	2002	田中耕一 Koichi Tanaka	发明基于质谱分析识别和分析生物大分子结构的方法
141	2002	维特里希 Kurt Wuethrich	发明对生物大分子进行识别和结构分析的方法
142	2003	麦金农 Roderick MacKinnon	发现细胞膜水通道及运作机理
143	2003	阿格雷 Peter Agre	发现细胞膜水通道及运作机理
144	2004	切哈诺沃 Aaron Ciechanover	发现泛素调节的蛋白质降解机理
145	2004	赫什科 Avram Hershko	发现泛素调节的蛋白质降解机理
146	2004	罗斯 Irwin Rose	发现泛素调节的蛋白质降解机理
147	2005	肖万 Yves Chauvin	研究烯烃复分解反应,提出烯烃复分解反应的正确机理

附录 诺贝尔化学奖获得者一览表(1901—2020)

(续表)

序号	获奖年份	获奖者	研究领域及获奖原因
148	2005	格拉布斯 Robert H. Grubbs	研究烯烃复分解反应
149	2005	施罗克 Richard R. Schrock	研究烯烃复分解反应
150	2006	科恩伯格 Roger D. Kornberg	在分子基础上研究真核基因转录的原理和规则,揭示真核转录过程
151	2007	埃特尔 Gerhard Ertl	在表面化学研究领域作出开拓性贡献
152	2008	钱永健 R. Y. Tsien	发现和发展绿色荧光蛋白
153	2008	沙尔菲 M. Chalfie	发现和发展绿色荧光蛋白
154	2008	下村修 O. Shimomura	发现和发展绿色荧光蛋白
155	2009	拉马克里希南 Venkatraman Ramakrishnan	对核糖体结构和功能的研究
156	2009	施泰茨 T. A. Steitz	对核糖体结构和功能的研究
157	2009	约纳特 Ada E. Yonath	对核糖体结构和功能的研究
158	2010	赫克 Richard F. Heck	钯催化交叉偶联反应研究
159	2010	根岸英一 Ei-ichi Negishi	钯催化交叉偶联反应研究
160	2010	铃木章 Akira Suzuki	钯催化交叉偶联反应研究
161	2011	谢赫特曼 Danicl Shechtman	发现准晶体

(续表)

序号	获奖年份	获奖者	研究领域及获奖原因
162	2012	莱夫科维茨 Robert Lefkowiz	对G蛋白偶联受体的研究
163	2012	科比尔卡 Briank Kobilka	对G蛋白偶联受体的研究
164	2013	卡普拉斯 Martin Karplus	对化学反应的计算机模拟研究
165	2013	莱维特 Michacl Levitt	对化学反应的计算机模拟研究
166	2013	瓦谢尔 Arieh Warshel	对化学反应的计算机模拟研究
167	2014	贝齐格 Eric Betzig	开发超分辨率荧光显微镜
168	2014	莫纳 Willian Esco Mocrner	开发超分辨率荧光显微镜
169	2014	黑尔 Stefan W. Hell	开发超分辨率荧光显微镜
170	2015	林达尔 Tomas Lindal	发现DNA修复机制
171	2015	莫德里奇 Poul Modrlch	发现DNA修复机制
172	2015	桑贾尔 Aziz Soncar	发现DNA修复机制
173	2016	让-皮埃尔·索维奇 Jean-Pierre Sauvage	分子机器设计合成
174	2016	J. 弗雷泽·斯托达特 Sir J. Fraser Stoddart	分子机器设计合成
175	2016	伯纳德·L. 费林加 Bernard L. Ferinsa	分子机器设计合成
176	2017	雅克·杜邦内特 Jacques Dubochet	冷冻电镜方法结合三维重构技术

附录 诺贝尔化学奖获得者一览表(1901—2020)

(续表)

序号	获奖年份	获奖者	研究领域及获奖原因
177	2017	约阿希姆·弗兰克 Joachim Frank	冷冻电镜方法结合三维重构技术
178	2017	理查德·亨德森 Richard Henderson	冷冻电镜方法结合三维重构技术
179	2018	弗朗西斯·阿诺德 Frances H. Arnold	在酶的定向演化以及用于多肽和抗体的噬菌体展示技术
180	2018	乔治·史密斯 George P. Smith	在酶的定向演化以及用于多肽和抗体的噬菌体展示技术
181	2018	格雷戈里·温特 Gregorv P. Winter	在酶的定向演化以及用于多肽和抗体的噬菌体展示技术
182	2019	约翰·B. 古迪纳夫 John B Goodenough	对锂离子电池进行的开发
183	2019	M. 斯坦利·威廷汉 M. Stanlev Whittlingham	对锂离子电池进行的开发
184	2019	吉野彰 Akira Yoshino	对锂离子电池进行的开发
185	2020	埃马纽埃尔·卡彭蒂耶 Emmanuelle Charpentier	开发基因组编辑方法
186	2020	詹妮弗·杜德纳 Jennifer A. Doudna	开发基因组编辑方法

主要参考文献

[1] 《化学发展简史》编写组.化学发展简史[M].北京:科学出版社,1980.

[2] 郭保章、董德沛.化学史简明教程[M].北京:北京师范大学出版社,1985.

[3] 《化学哲学基础》编委会.化学哲学基础[M].北京:科学出版社,1986.

[4] 《化学思想史》编写组.化学思想史[M].长沙:湖南教育出版社,1986.

[5] 赵匡华.化学通史[M].北京:高等教育出版社,1990.

[6] 朱裕贞,臧祥生,顾达.化学原理史实[M].北京:高等教育出版社,1992.

[7] 陈耀亭,叶树根,许国良,等.化学史教育的基础化学[M].北京:科学出版社,1993.

[8] 袁翰青.化学重要史实[M].北京:人民教育出版社:2000.

[9] [美]R.布里斯罗.化学的今天和明天[M].北京:科学出版社.2001.

[10] 郭保章.中国化学史[M].南昌:江西教育出版社,2006.

[11] 张家治.化学史教程[M].太原:山西教育出版社,2006.

[12] 波义耳著.怀疑的化学家[M].袁江洋译.北京:北京大学出版社,2007.

[13] 安全托万·洛朗·拉瓦锡著.化学基础论[M].任定成译.北京:北京大学出版社,2008.

[14] 柏廷顿著.化学简史[M].胡作玄译.北京:中国人民大学出版社,2010.

[15] 丁绪贤.化学史通考[M].中国大百科全书出版社,2011.

[16] 道尔顿著.化学哲学新体系[M].李家玉、盛根玉译.北京:北京大学出版社.2015.

[17] 赵祖华.现代科学技术概论[M].北京:北京理工大学出版社,1999.

[18] 童鹰.现代科学技术史[M].武汉:武汉大学出版社,2000.

[19] 宗占国.现代科学技术导论(第 2 版)[M].北京:高等教育出版

社,2000.

[20] 王佛松,王夔,陈新滋,彭旭明.展望21世纪的化学[M].北京:化学工业出版社,2000.

[21] 朱起鹤.分子的演化[M].长沙:湖南科学技术出版社,1998.

[22] 董元彦,李宝华,路福绥.物理化学[M].北京:科学出版社,1998.

[23] 王连波,赵钰琳,丁鉴.现代化学基础[M].北京:化学工业出版社,1987.

[24] 程传煊.表面物理化学[M].北京:科学技术文献出版社,1995.

[25] 蒋硕健,丁有骏,李明谦.有机化学(第二版)[M].北京:北京大学出版社,1996.

[26] 孟庆金,戴安邦.配位化学的创始与现代化[M].北京:高等教育出版社,1998.

[27] 余木火.高分子化学[M].北京:中国纺织出版社,2004.

[28] 徐光宪,黎乐民,王德民.量子化学[M].北京:科学出版社,2007.

[29] 金涌,杨基础.探索化学化工未来世界[M].北京:清华大学出版社,2016.

[30] 武汉大学.分析化学(第六版)[M].北京:高等教育出版社,2016.

[31]《大学化学》编辑委员会.今日化学[M].北京:北京大学出版社,1995.

[32] 郑金洲.教育文化学[M].北京:人民教育出版社,2000.

[33] 倪加缕,苏锵等.稀土化学三十年的主要进展[J].化学通报,1979(6).

[34] 李祥云.化学振荡反应研究简史[J].化学通报,1986(11).

[35] 戴安邦.无机化学的复兴和发展[J].大学化学,1988(1).

[36] 汤慧萍,张正德.金属多孔材料发展现状[J].稀有金属材料与工程,1997(2).

[37] 孔繁敖,熊轶嘉,吴成印.飞秒化学的先驱者[J].大学化学,2000(6).

[38] 宋心琦.飞秒化学及其启示[J].化学教育,2000(5).

[39] 彭万华.从诺贝尔化学奖看20世纪化学的发展[J].化学通报,2001(11).

[40] 杨遇春.面向21世纪的稀土工业[J].产业论坛,2000(11).

[41] 唐雯霞,祝世形,戴安邦.配位化学近期进展[J].化学通报,1991(11).

[42] 王夔.突破层次、尺度和时间跨度,向复杂系统逼近——今后化学发展的趋势之一[J].自然科学进展,2000(8).

[43] 张洪杰,洪广言等.我国稀土化学的进展[J].化学通报,2001(6).

[44] 徐光宪.今日化学何去何从?[J].大学化学,2003(1).

[45] 杨冠军,杨华斌,曹继敏.我国形状记忆合金研究与应用的新进展[J].材料导报,2004(2).

[46] 毛宗万,安燕,计亮年.关于我国生物无机化学发展战略的一点思考[J].化学进展,2004(7).

[47] 陈泓,曹庆文,李梦龙.化学信息学发展现状[J].化学研究与应用,2004(8).

[48] 白春礼.中国现代化学50年[J].科学,2005(5).

[49] 张宇燕,管清友.世界能源格局与中国的能源安全[J].世界经济,2007(9).

[50] 王伟群,龚魏魏.化学文化的特征分析及教育应用[J].化学教育,2007(10).

[51] 刘新建,王寒枝.生物质能源的现状和发展前景[J].科学对社会的影响,2008(3).

[52] 解征.化学信息学的研究进展[J].安徽化工,2008(2).

[53] 张运法.现代化学研究方法的特点[J].化学工程与装备,2009(11).

[54] 江腾.酸雨研究历史的现状及进展浅析[J].科技创新导报,2015(19).